LES
INSECTES NUISIBLES

A L'HOMME,

AUX ANIMAUX ET A L'ÉCONOMIE DOMESTIQUES

PAR

CH. GOUREAU

Colonel du Génie en retraite, Officier de la Légion d'Honneur,
Membre de la Société des Sciences historiques et naturelles de l'Yonne, etc.

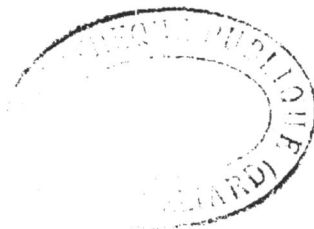

PARIS
VICTOR MASSON ET FILS
PLACE DE L'ÉCOLE DE MÉDECINE.

MDCCC LXVI.

PRÉFACE.

Cet opuscule sur l'Entomologie appliquée traite des insectes nuisibles à l'homme, aux animaux et à l'économie domestiques. Il a pour but de faire connaître ces insectes, ainsi que les maux, les dommages et les incommodités dont ils sont les auteurs. Il intéresse tout le monde, les habitants des villes comme ceux des campagnes, mais plus particulièrement ces derniers, car ils ont à défendre de leurs atteintes un bien plus grand nombre d'objets que ne leur en offrent les premiers, et ils sont ordinairement placés dans des conditions moins favorables que les citadins pour s'en garantir. Les charpentes des maisons, les lambris, les planchers, les tablettes, les meubles, lorsque ces objets sont construits en bois blanc ou en sapin, sont presque toujours rongés par les insectes ; les meubles, en noyer surtout, y sont très exposés. Le cœur du chêne est rarement atteint, mais l'aubier est bientôt vermoulu. Les bois exotiques sont épargnés par nos insectes, c'est pourquoi les meubles faits avec ces bois ont l'avantage de la conservation sur ceux qui sont établis avec nos bois indigènes. Les vêtements de laine, les tapis, les tentures, les fauteuils, les voitures garnies de drap à l'intérieur, sont rongés par les insectes; les fourrures les plus précieuses comme les plus communes sont bientôt dépouillées de leurs poils et percées en cent endroits, si elles sont abandonnées et si l'on n'apporte pas un soin minutieux à leur conservation. La viande de boucherie de toute espèce, le beurre, le fromage, la graisse, les confitures, les fruits secs et confits, le chocolat, le café, sont endommagés, gâtés par des petits animaux dont on a bien de la peine à se garantir, parce qu'ils se cachent avec soin et qu'ils échappent la plupart du temps à nos regards, à cause de leur taille exiguë. Les livres et leurs reliures, les plumes d'oie et le papier, les pains à cacheter sont la proie de certaines espèces ; les collections d'histoire naturelle, quadrupèdes, oiseaux, insectes, plantes, sont endommagés malgré la surveillance la plus rigoureuse, et détruites si elles sont négligées pendant une année ou deux. Les animaux domestiques, les oiseaux de basse-cour sont tourmentés par une multitude d'insectes incommodes ou dangereux dont quelques-uns produisent de graves maladies ; l'homme lui-même est attaqué par plusieurs espèces qui sucent son sang et l'incommodent lorsqu'il les laisse se multiplier.

Il nous a semblé utile de faire connaître ces insectes, d'indiquer pour chacun d'eux le mal qu'il occasionne, soit à l'état de larve, soit à l'état d'insecte parfait, et de répandre ces connaissances parmi le peuple qui a le plus à souffrir de leur action, afin qu'il sache le nom de ses ennemis, qu'il soit instruit de leurs habitudes, qu'il ait des idées justes sur leur influence et qu'il puisse prendre des mesures pour se garantir des dommages dont il a à se plaindre. Celles que l'on propose résultent de l'observation des mœurs de ces petits animaux et semblent propres à les combattre; mais il est vraisemblable que lorsque l'étude de l'entomologie appliquée sera plus répandue, qu'un grand nombre de personnes observeront les insectes nuisibles, il s'en trouvera quelques-unes de bien inspirées qui découvriront des moyens sûrs et peu dispendieux de nous en préserver, ou au moins d'atténuer les dommages qu'ils produisent.

Les petits animaux qui font le sujet de cet opuscule n'ont pas été étudiés, dans le détail de leurs mœurs, avec autant de soin que ceux qui sont nuisibles aux cultures, et l'on ignore les particularités de la vie de quelques-uns d'entre eux; les entomologistes s'en sont, en général, moins occupés que de ces derniers, et l'on ne connaît pas les premiers états de plusieurs, ni surtout leurs parasites, ni leurs ennemis naturels ; moi-même je ne me suis pas livré à des recherches spéciales sur leur histoire et, pour la plupart des espèces, je rapporterai ce que j'ai trouvé écrit sur elles dans les ouvrages que j'ai consultés. Tout imparfait qu'est cet ouvrage, il aura cependant l'avantage de montrer ce qui manque à la science sur le sujet dont il traite et peut-être engagera-t-il quelque zoologiste à combler, par de nouvelles observations, les lacunes qu'il présente.

Il a paru convenable de parler de plusieurs animaux qui ne font plus partie de la classe des insectes, comme les Poux, les Ricins, les Tiques, les Mites, les Scorpions, etc., qui y étaient compris du temps de Linné et des anciens entomologistes, et que maintenant tout le monde, excepté les zoologistes, appelle des insectes. Un ouvrage traitant des insectes nuisibles à l'homme et aux animaux domestiques qui omettrait de parler des Poux, de la Mite, des insectes qui produisent la gale, etc., serait très incomplet et ne satisferait pas les lecteurs auxquels il est destiné.

Cet opuscule fait naturellement suite au traité sur les *Insectes nuisibles aux arbres fruitiers, aux plantes potagères, aux céréales et aux plantes fourragères*, publié en 1862 et années suivantes dans le Bulletin de la Société des Sciences de l'Yonne, et tend, comme ce dernier, à faire entrer l'entomologie dans les sciences utiles à la vie pratique. Les sciences ne commencent à rendre des services réels à la société qu'en descendant des hauteurs de la théorie et de la spéculation pour entrer dans les applications utiles aux besoins des hommes, à l'accroissement de leur bien-être et à l'accumulation de la richesse générale, et l'entomologie peut y contribuer, pour sa part, dans une proportion minime à la vérité, mais réelle.

Il existe sans doute beaucoup d'insectes nuisibles aux animaux et à l'économie domestiques, dont il n'est rien dit dans ce petit ouvrage, parce que ni eux, ni leurs dégâts ne me sont connus. A mesure qu'ils seront signalés et étudiés, on pourra réunir leurs histoires et en composer un supplément. Les sciences d'observations ne se perfectionnent que par le concours de plusieurs personnes travaillant pendant plusieurs générations à compléter et à perfectionner les ouvrages les unes des autres.

Ce petit traité, à cause de son peu d'étendue, n'a pas été divisé en trois sections comme son titre semble le demander ; il ne forme qu'un tout dans lequel les insectes sont inscrits dans l'ordre des familles naturelles, établi par Latreille, législateur de la science pendant la première moitié du xixe siècle, mais trois tables finales et distinctes opèrent la division en insectes nuisibles à l'homme, aux animaux et à l'économie domestiques.

Les journaux, pendant les années 1863-1865, ont rapporté plusieurs accidents suivis de mort, causés par des mouches vénimeuses qui ont piqué différentes personnes dans nos départements, et quelques préfets ont pris des arrêtés pour ordonner l'enfouissement des animaux morts, dans le but d'empêcher que les mouches, se portant d'abord sur leurs cadavres, ne vinssent ensuite piquer les hommes et ne leur inoculassent un venin mortel. Dans un ouvrage de la nature de celui-ci, le lecteur s'attend naturellement à voir figurer ces mouches vénimeuses et il doit espérer les connaître par leurs noms. C'est ce qui m'engage à examiner la question de savoir s'il y a en France des mouches qui, par leurs piqûres, peuvent occasionner une maladie mortelle.

Il faut d'abord remarquer que les malades n'ont pas vu ces insectes opérer la piqûre et qu'aucune de ces mouches n'a été prise et soumise à un entomologiste pour en déterminer le genre et l'espèce ; c'est ce qu'on doit penser après avoir lu les journaux qui ont mentionné ces faits, lesquels n'entrent dans aucun détail sur la forme et la couleur des insectes accusés d'être la cause des accidents. On doit ensuite faire observer que dans le langage vulgaire on donne le nom de mouches à tous les insectes ayant des ailes transparentes et ayant quelque ressemblance avec les mouches des appartements : ainsi tous les Hyménoptères sont des mouches, Mouche-à-miel, Mouche-à-scie, Guêpe, Bourdon, etc., quoique ces insectes aient quatre ailes et qu'ils s'éloignent très sensiblement des véritables mouches. Tous les Diptères sont aussi des mouches. Les insectes vénimeux dont il est question n'ayant pas été pris et n'ayant pu être soumis à l'examen d'un entomologiste, on est réduit à rechercher si, dans les Hyménoptères et les Diptères de notre pays, il y a des espèces dont la piqûre peut causer la mort.

Tous les Hyménoptères Porte-aiguillon, comme Abeilles, Bourdons, Guêpes, Scolies, Pompiles, etc., piquent fortement et produisent une enflure et une inflammation douloureuse qui n'est jamais dangereuse et qui se dissipe d'elle-même au bout d'un jour ou deux; d'ailleurs jamais ces insectes ne se posent sur les animaux morts et en décomposition; ils vivent du miel des fleurs ou de liquides sucrés. Ce ne sont pas eux qui sont les mouches vénimeuses.

Les Diptères renferment beaucoup d'espèces qui se portent sur l'homme pour le piquer et boire son sang; ce sont les Cousins, les Stomoxes et les Taons. Mais jamais aucun insecte de ces genres ne se pose sur les cadavres, ni sur les chairs en putréfaction. Ils vivent du sang chaud sortant des blessures qu'ils font et ces blessures sont sans aucun danger. Celle des Cousins produit une enflure avec une vive démangeaison qui se dissipe d'elle-même ; les autres ne produisent absolument rien qu'une légère douleur. Ce ne sont pas encore ces insectes qui sont les mouches vénimeuses. A la vérité il existe un très grand nombre de Diptères qui se posent sur les cadavres et les chairs corrompues, tels que les Sarcophages, les Calliphores, les Lucilies, pour sucer les liquides qui en sortent et surtout pour y pondre leurs œufs, car leurs larves vivent dans ces matières ; mais aucune espèce de ces trois genres ne se pose sur l'homme sain, et, si par hasard elle s'y posait, elle ne pourrait pas le piquer, car elle est privée de dard ou d'aiguillon. Mais si un homme exposait à nu une plaie contenant des chairs mortes et corrompues, ou s'il avait une plaie dans les narines ou les oreilles, ces mouches viendraient pour y pondre leurs œufs qui produiraient des vers, comme on a eu quelquefois l'occasion de l'observer en France, et surtout dans le pénitencier de Cayenne. De ce qui précède on peut conclure que les personnes dont les journaux ont parlé n'ont pas été piquées par des mouches, mais qu'elles ont succombé par suite d'une autre cause.

J'ai eu l'occasion de voir, à Santigny, une personne atteinte d'une piqûre analogue à celles dont il est question et probablement semblable. Elle ne l'attribuait pas à une mouche, mais à une épine qui lui avait percé la peau de la main. On vit d'abord à l'endroit de la piqûre un point noirâtre entouré d'une petite auréole rouge ressemblant à une piqûre de puce. Peu à peu le point noir est devenu un bouton saillant de 2 à 3 mill., dont la tête était plate et même un peu enfoncée, l'auréole s'est agrandie et sa couleur est devenue rouge-noir ; enfin une enflure considérable a envahi toute la main, a gagné le poignet et n'a plus permis au malade de remuer les doigts. Il a fallu pratiquer dans la main une profonde incision de laquelle est sorti une grande quantité de sang noir corrompu. La prétendue piqûre était, à ce que je pense, un mauvais bouton, appelé pustule maligne, qui autrefois n'était pas très rare dans la Bourgogne et qui a causé la mort de plusieurs personnes. Le remède employé par les habitants de nos campagnes était de fendre en croix ou en quatre le mauvais bouton dès qu'ils l'apercevaient, d'exprimer le sang noir qui sortait de la blessure, de la laver et de mettre ensuite un grain de sel dans la plaie.

GOUREAU.

Santigny, octobre 1865.

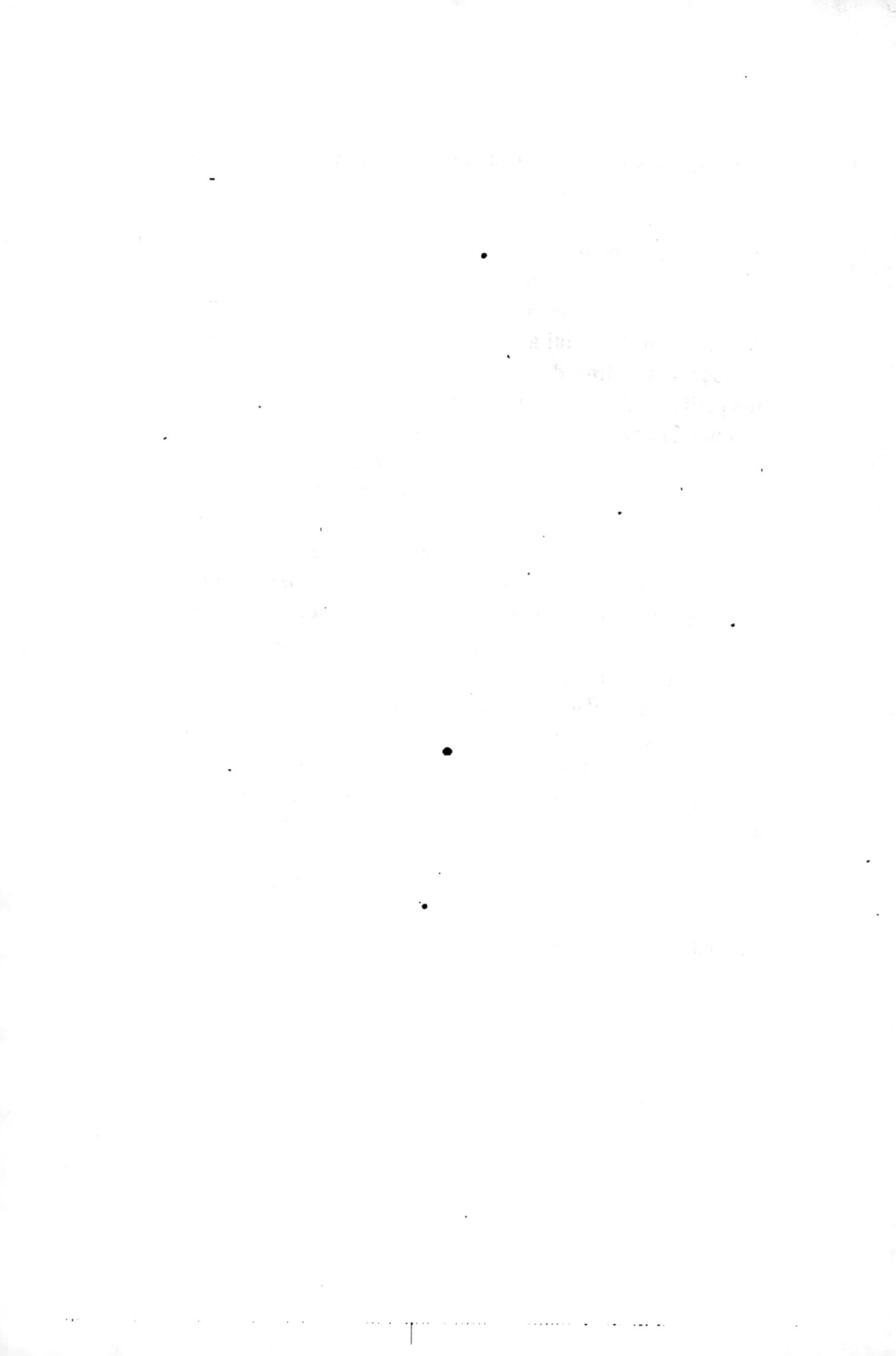

LES INSECTES NUISIBLES

A L'HOMME, AUX ANIMAUX ET A L'ÉCONOMIE DOMESTIQUES

1. — Le Dytique très large.

(*Dytiscus latissimus*, Lin.).

Le Dytique très large se trouve dans les étangs, dans les mares et dans les ruisseaux. C'est un gros Coléoptère amphibie qui passe la plus grande partie de sa vie dans l'eau, mais qui se transporte, en volant, d'une eau douce stagnante dans une autre lorsque la nourriture commence à lui manquer dans la première. Il est carnassier et vit de petits animaux aquatiques qu'il saisit à la nage. Sa larve est accusée de dévorer le frai du poisson dans les étangs et de causer un assez grand préjudice dans ceux où elle se multiplie. Elle est fort grosse et très allongée. Son corps est formé de douze segments recouverts d'une plaque écailleuse ; elle est ventrue au milieu, rétrécie aux deux extrémités, particulièrement en arrière où les derniers anneaux forment un còne allongé, garni sur les còtés d'une frange de poils flottants avec lesquels l'animal pousse l'eau et fait avancer son corps, qui est terminé par deux filets coniques, barbus et mobiles. Dans l'entre-deux sont deux petits corps cylindriques, percés d'un trou à l'extrémité et qui sont des conduits aériens, auxquels aboutissent les deux trachées ; on distingue cependant des stigmates sur les côtés de l'abdomen. La tête est grande, ovale, attachée au corselet par un cou, avec des mandibules grandes, très arquées, des mâchoires, une lèvre avec des palpes. Les trois premiers segments portent chacun une paire de pattes assez longues dont les tibias et les tarses sont bordés de poils qui sont utiles à la natation. Le premier segment est plus grand que les autres et est protégé en-dessous comme en-dessus par une plaque écailleuse.

Ces larves se suspendent à la surface de l'eau au moyen des deux appendices latéraux du bout de leur queue qu'elles tiennent à sec pour respirer. Lorsqu'elles veulent changer subitement de place, elles donnent à leur corps un mouvement prompt et vermiculaire, et battent l'eau avec leur queue. Elles se nourrissent plus particulièrement de larves de Libellules et de celles des Cousins, et dévorent une grande quantité de très-petits poissons dans les étangs : comme elles sont extrêmement voraces, on doit les regarder comme des insectes nuisibles dans ceux de ces étangs où s'opère le frai. Lorsqu'elles ont pris toute leur croissance, elles quittent l'eau, gagnent le rivage et s'enfoncent dans la terre; mais il faut que cette terre soit toujours mouillée ou très humide ; elles s'y pratiquent une cavité ovale et s'y renferment.

L'insecte parfait se montre quinze ou vingt jours après la transformation de la larve en chrysalide. Il fait partie de la famille des Carnassiers, de la tribu des Hydrocanthares et du genre *Dytiscus* ; son nom entomologique est *Dytiscus latissimus* et son nom vulgaire *Dytique très large*.

1. *Dytiscus latissimus*, Lin. — Longueur, 36 mill.; largeur, 23 mill. Il est d'un brun-verdâtre foncé, luisant; les antennes sont fauves, filiformes, de la longueur du tiers du corps; les palpes sont fauves; le devant de la tête, le chaperon, sont jaunes ; on

aperçoit faiblement une ligne en chevron sur le front, d'une couleur fauve, le corselet est transversal, en trapèze, avec les angles antérieurs avancés, bordé d'une bande jaune tout autour ; les élytres sont dilatées au bord extérieur en une lame tranchante, bordées de jaune le long de ce bord et portent une petite bande transverse de la même couleur vers leur extrémité ; elles sont marquées de deux stries ponctuées entre la suture et le bord ; le dessous du corps et les pattes sont ferrugineux ; les trois premiers articles des tarses antérieurs sont dilatés en palette circulaire ; les quatre pattes postérieures sont comprimées et ciliées ; le sternum est prolongé en deux épines divergentes.

La femelle est semblable au mâle ; mais chacune de ses élytres est sillonnée de onze stries et ses tarses antérieurs ne sont pas dilatés en palette.

On ne connaît aucun moyen de se délivrer de cet insecte nuisible, si ce n'est de le pêcher avec une truble en canevas ou en filet à mailles serrées, lui et sa larve, et de les tuer, ce qui est facile, car il vient à la surface de l'eau pour respirer. Pour exécuter cet acte important de la vie, il soulève un peu ses élytres de manière à laisser passer l'air entre elles et son corps, et lorsque les stigmates en ont pris ce qui leur convient, il les rabat et se renfonce dans l'eau. Dès qu'il est inquiété il se cache dans les herbes et les roseaux, qui empêchent de le voir quand il s'élève à la surface pour respirer. On peut encore l'atteindre en traînant la truble sur le fond de l'étang ou de la mare. Quant à la larve, comme elle se tient à la surface de l'eau, soutenue par la queue et ayant la tête en bas, pour respirer, on saisit ce moment pour l'enlever avec la truble.

Il existe d'autres espèces du même genre, d'une taille un peu moindre que celle du *Dytiscus latissimus*, et qui sont cependant de gros insectes ; ils ont les mêmes mœurs que ce dernier et ils doivent causer du dommage dans les étangs où fraie le poisson. Leurs larves sont semblables à celle que l'on a décrite plus haut, et n'en diffèrent que par une taille un peu moindre. On doit leur faire la chasse sous leurs deux états de larve et d'insecte parfait. Ce sont les :

2. *Dytiscus marginalis*, Lin. — Longueur, 29 mill.; largeur, 15 mill. Il est ovale, d'un brun verdâtre foncé ; le bord antérieur de la tête, une ligne arquée entre les yeux, tous les bords du corselet et ceux des élytres sont jaunes, ainsi qu'une petite raie transversale avant l'extrémité de ces dernières ; le dessous du corps et les pattes sont ferrugineux; le bord antérieur des segments de l'abdomen est noir; les divisions du sternum sont courtes, larges, lancéolées; les élytres de la femelle sont sillonnées.

3. *Dytiscus circumflexus*, Fab. — Longueur, 29 mill.; largeur, 14 mill. Il ne diffère du *marginalis* que par sa forme ovale-allongée, sa couleur d'un vert plus clair et son écusson jaune ; le bord antérieur des segments de l'abdomen est plus largement noir que dans le *marginalis* ; les divisions postérieures du sternum sont allongées, étroites, subulées.

4. *Dytiscus punctulatus*, Fab.— Longueur, 28 mill.; largeur, 14 mill. Il est ovale, d'un brun-verdâtre foncé; le devant de la tête, les bords latéraux du corselet et des élytres sont jaunes; le dessous du corps est noir ; les pattes sont noirâtres; les élytres de la femelle sont sillonnées; les divisions postérieures du sternum sont courtes, divergentes, obtuses.

5. *Dytiscus circumductus*, Zieg.— Longueur, 29 mill.; largeur, 15 mill. Il est semblable au *marginalis* ; sa couleur est un vert-obscur; sa tête présente une bande transversale jaune dont le bord antérieur est vert; les élytres de la femelle ne sont pas sillonnées ; les divisions postérieures du sternum sont assez longues, arquées en dedans et ponctuées.

6. *Dytiscus (cybister) ræselii*, Fab. — Longueur, 27 à 32 mill., ovale, plus large postérieurement, déprimé, d'un brun-verdâtre

en-dessus, d'un brun-fauve en-dessous ; le chaperon, les côtés du
corselet et des élytres sont bordés de jaune ; ces dernières sont
lisses chez les mâles, avec trois lignes de petits points enfoncés ;
chez les femelles elles sont chargées de stries très légères qui les
font paraître mates ; les pattes sont d'un jaune testacé ; les trois
premiers articles des tarses antérieurs des mâles sont dilatés en
palette transversale.

---

7. — Le Ténébrion meunier.
(*Tenebrio molitor*, Lin.).

On rencontre le Ténébrion meunier dans les maisons, surtout
dans les greniers, les cuisines, les boulangeries, les moulins et les
lieux peu visités. Les fentes des boiseries, les meubles lui servent
d'abri et de retraite. Il vole le soir et dans la nuit, mais point ou
rarement le jour, craignant, ainsi que son nom de Ténébrion l'indique, l'éclat de la lumière. Il marche assez bien, un peu par sac-
cades.

La larve de cet insecte vit principalement dans le son et la
la farine ; lorsqu'on la place sur un tas de ces matières elle s'y enfonce de suite ; on la trouve aussi dans le tan et la vermoulure de
bois. Son mouvement progressif se fait comme en glissant et n'est
pas fort vif. Elle change plusieurs fois de peau pendant sa croissance et la vieille peau reste étendue et conserve la forme de l'in
secte. Lorsqu'elle est parvenue à toute sa grandeur elle est longue
d'environ 32 mill. Elle ressemble à un ver par sa forme étroite,
allongée, cylindrique, de la même grosseur partout. Son corps
forme un demi-cylindre dont le dessous est la partie plane ; la peau
est d'un jaunâtre-brun, écailleuse, luisante, si lisse que l'insecte
échappe des doigts qui le saisissent ; les anneaux sont au nombre
de douze, sans compter la tête ; leur côtés débordent un peu le plan

inférieur du ventre ; chaque segment a son bord postérieur brun ou roussâtre et le corps paraît ainsi plus annelé ; le dernier seg- ment est conique et terminé par deux petites pointes ; la tête est transverse, pourvue de deux antennes très-courtes, de trois articles dont le dernier est très petit, très délié, avec un poil au bout ; la bouche offre deux lèvres, deux mandibules et des petits palpes ; les trois premiers anneaux portent en-dessous chacun une paire de pattes écailleuses composées de quatre articles ; quand elle marche elle fait sortir d'entre la jointure inférieure du dernier et de l'avant-dernier segment une grosse masse charnue blanchâtre, garnie en-dessous de deux mamelons allongés qui servent de sep- tième patte et soutiennent l'extrémité de la larve pendant la pro- gression.

C'est dans les substances dans lesquelles elle a vécu qu'elle se change en chrysalide ; cette dernière est blanche, dans les premiers temps, un peu courbée en arc ; les derniers segments du ventre sont prolongés de chaque côté en une lame à peu près carrée, bordée de petits points bruns.

L'insecte parfait est de l'ordre des Coléoptères, de la division des Hétéromères, de la famille des Mélasomes, de la tribu des Téné- brionites et du genre *Tenebrio* ; son nom entomologique est *Tene- brio molitor*, et son nom vulgaire *Ténébrion meunier*, *Ténébrion de la farine*.

7. *Tenebrio molitor*, Lin. — Longueur, 14-17 mill.; largeur, 4 1/2- 5 mill. Il est d'un noir obscur, finement ponctué ; les antennes sont de la longueur du corselet, formées de onze articles, dont le troisième allongé, les suivants sub-arrondis et les trois derniers globuleux ; les palpes maxillaires sont sécuriformes ; le corselet est presque carré, les côtés sont arrondis et rebordés, les angles postérieurs terminés en pointe et le bord postérieur bisinué ; l'écusson est petit, arrondi ; les élytres sont un peu plus larges que le corselet à la base, trois fois aussi longues que ce dernier, à

côtés parallèles, arrondies à l'extrémité, marquées de neuf stries peu profondes ; le dessous du corps est d'un brun-marron foncé ; les pattes sont de cette dernière couleur, fortes, avec les cuisses renflées ; les tarses postérieurs sont formés de quatre articles ; les autres tarses en comptent cinq.

On ne connaît aucun moyen de se débarrasser de cet insecte, si ce n'est de lui faire la chasse le soir pour l'écraser, et de chercher ses larves dans le son et la farine pour les tuer. Les rossignols sont très friands de ces dernières et c'est avec elles qu'on les nourrit dans les cages. On ne connaît pas les parasites de cette espèce ni ses ennemis naturels.

—

8 et 9. — Le Clairon des Ruches et le Clairon des Alvéoles.

(*Clerus apiarius*, Lat.; *Clerus alvearius*, Lat.).

Un rucher est un objet important de l'économie domestique et il est essentiel que le propriétaire sache le soigner et qu'il connaisse les ennemis des Abeilles afin de les défendre contre leurs atteintes, si toutefois la chose est possible. Au nombre de ces ennemis on doit signaler comme un des plus dangereux le Clairon des ruches, joli coléoptère que l'on voit très souvent dans les jardins voisins des ruchers. On le rencontre dans les mois de mai et de juin posé sur les fleurs et se nourrissant exclusivement de leur suc; mais la larve qui le produit a des mœurs fort différentes; elle est carnassière et habite dans les ruches ou dans le nid des Apiaires solitaires ; elle dévore les larves de ces Hyménoptères dans les cellules qui les renferment. Le Clairon femelle épie le moment favorable pour s'introduire dans la ruche dont l'entrée est mal gardée et va pondre ses œufs isolément sur les gâteaux ou rayons qui la remplissent. Aussitôt que les jeunes larves sont écloses, chacune d'elles

2

attaque la larve d'abeille la plus voisine et la ronge dans sa cellule, après quoi elle perce la cloison qui la sépare de la cellule contiguë, s'introduit dans celle-ci et dévore la larve qu'elle renferme; elle s'introduit de même dans une troisième cellule et continue ainsi jusqu'à ce qu'elle ait pris toute sa croissance et qu'elle soit disposée à se transformer en chrysalide; chaque larve de clairon coûte la vie à plusieurs larves d'abeilles, peut-être à cinq, six et plus. Parvenue à toute sa taille, elle se construit une petite coque dans la dernière cellule qu'elle a vidée et s'y change en chrysalide puis ensuite en insecte parfait dix à onze mois après que l'œuf a été pondu. Dans les nids de l'abeille maçonne (*Chalicodoma muraria*) on trouve cette larve ou une larve toute semblable, qui n'est pas encore transformée en chrysalide dans le mois de décembre, ce qui prouve que cette métamorphose ne s'effectue qu'au printemps suivant.

La larve du Clairon des ruches est rouge, allongée, formée de douze segments sans compter la tête qui est brune, écailleuse, armée de deux fortes mandibules cornées, arquées, pointues; elle porte deux petites antennes coniques; la larve est pourvue de six pattes écailleuses disposées par paire sous les trois premiers segments du corps. Le premier de ces segments présente trois taches brunes en-dessus; le second deux taches brunes seulement; le dernier se termine par une petite plaque prolongée en deux pointes ou crochets bruns relevés en-dessus.

L'insecte parfait s'échappe des ruches dans les mois de mai et de juin pour aller butiner sur les fleurs et pour s'accoupler, après quoi la femelle fécondée s'introduit dans une ruche ou dans un nid de l'abeille maçonne et y pond ses œufs qui propageront l'espèce l'année suivante.

L'insecte parfait entre dans la famille des Clavicornes, dans la tribu des Clairones et dans le genre *Clerus*. Son nom entomologique est *Clerus apiarius* et son nom vulgaire *Clairon des ruches*.

8. *Clerus apiarius*, Lat. — Longueur, 12 mill., largeur, 4 mill.

Les antennes sont noires, un peu plus courtes que le corselet, ayant leurs trois derniers articles en massue presque triangulaire; la tête, le corselet, le dessous du corps et les pattes sont d'un bleu foncé, très velus et ponctués; la tête est de la largeur du corselet, avec les palpes fauves; le corselet est rétréci en arrière, un peu allongé; les élytres sont quatre fois aussi longues que le corselet et plus larges que lui, un peu déprimées, ponctuées, rouges, traversées par trois bandes bleues; la première au tiers de leur longueur remontant un peu le long de la suture; la deuxième au deux tiers de la longueur; la troisième occupant l'extrémité. Les cuisses postérieures sont renflées chez les mâles.

On ne connaît aucun moyen de s'opposer aux dégâts causés par ces insectes dans les ruches; on doit les prendre sur les fleurs dans les environs des ruchers, lorsqu'on les rencontre, les saisir sur les tabliers qui portent les paniers au moment où ils cherchent à entrer dans ceux ci. On doit visiter l'intérieur des ruches et tâcher de découvrir les larves pour les tuer.

Une autre espèce du même genre, appelée *Clerus alvearius* et vulgairement *Clairon des alvéoles*, ressemble considérablement à la précédente et se rencontre très fréquemment dans les jardins pendant les premiers jours du mois de mai. Sa larve vit particulièrement dans le nid de l'abeille maçonne (*Chalicodoma muraria*) et très probablement aussi dans les ruches, car je vois tous les ans et abondamment le Clairon des alvéoles dans mon jardin, voisin d'un rucher, tandis que je ne rencontre que rarement le nid de l'abeille maçonne et je le vois toujours dans la campagne attaché aux murs de clôture des vignes, le long des chemins. On fera bien de ne pas le ménager lorsqu'on le rencontrera soit sur les fleurs des jardins, soit sur celles des champs. Sa larve est entièrement semblable à la précédente et vit de la même manière.

9. *Clerus alvearius*, Lat. — Longueur, 12 mill.; largeur, 4 mill. Les antennes sont noires, un peu plus courtes que le corselet,

ayant leurs trois derniers articles en massue presque triangulaire ; la tête, le corselet, le dessous du corps et les pattes sont d'un bleu foncé, très velus et ponctués ; la tête est de la largeur du corselet, avec le labre noir et les palpes fauves ; le corselet est rétréci en arrière, un peu plus long que large ; les élytres sont quatre fois aussi longues que le corselet, plus larges que lui, un peu dépri- mées, ponctuées, rouges, traversées par trois bandes bleues ; la première au tiers de leur longueur ; la deuxième aux deux tiers de cette longueur ; la troisième à l'extrémité ; elles portent en outre une tache carrée de la même couleur autour de l'écusson ; les pattes sont velues.

Ce qui distingue cette espèce de la précédente, à laquelle elle ressemble beaucoup, c'est premièrement la tache carrée autour de l'écusson, et secondement la bande terminale des élytres qui n'at- teint pas l'extrémité de ces dernières.

On ne connaît ni les parasites, ni les ennemis naturels de ces deux insectes nuisibles aux abeilles.

—

10. — Le Ptine voleur.

(*Plinus fur*, Lin.).

Le Ptine voleur est un petit Coléoptère qui n'a pas plus de 3 mill. de longueur et qui produit beaucoup de dégâts dans les col- lections d'histoire naturelle, comme plantes, insectes, oiseaux, qua- drupèdes et dans toutes les matières animales desséchées. Ce sont surtout les larves qui sont à craindre ; elles réduisent en poussière les plantes et les insectes ; étant très petites, elles s'introduisent partout et les fentes les plus étroites ne sauraient les empêcher de passer. Non seulement elles rongent les insectes, mais encore elles attaquent les grands animaux empaillés conservés dans les cabinets ; les pelleteries, les couvertures des livres ne sont pas épargnées.

Ces larves sont d'un blanc-jaunâtre, mais le devant de la tête et les mâchoires sont d'un brun-roussâtre; tout le corps est velu et garni de poils courts qui cependant ne cachent point la peau; le corps est allongé, cylindrique et la peau couverte de rugosités et de rides qui empêchent de distinguer les anneaux dont il est formé; la larve se tient presque toujours courbée en arc vers le derrière; elle a de la difficulté à marcher parce qu'elle ne peut étendre son corps en ligne parfaitement droite; la tête est grande, écailleuse, circulaire, déprimée, un peu plus jaune que le corps, avec une tache brune ou roussâtre en devant qui la traverse d'un côté à l'autre; les mâchoires sont fortes et brunes; les palpes labiaux sont coniques et articulés; les trois premiers segments portent en-dessous chacun une paire de pattes écailleuses, courbées, articulées, terminées par un long crochet très-fin; le dernier segment est arrondi.

Les larves se transforment en chrysalides vers le 12 août et s'enferment préalablement dans une petite coque composée de fragments des matières qu'elles ont rongées pour se nourrir, qu'elles ont réduites en poussière et qu'elles savent lier ensemble au moyen d'une matière gluante; la chrysalide est blanche et tendre; on y voit les antennes, les pattes, les ailes arrangées le long des côtés et le dessous du corps; l'insecte parfait se montre à la fin du mois d'août.

Il fait partie de la famille des Serricornes, de la section des Malacodermes, de la tribu des Ptiniores et du genre *Ptinus*; son nom entomologique est *Ptinus fur* et son nom vulgaire *Ptine voleur*.

10. *Ptinus fur*, Lin.— Longueur, 2 mill. 1/2; largeur, 1 mill. Il est d'un brun clair; les antennes sont de la longueur du corps, testacées, formées de onze articles allongés, cylindriques à partir du troisième chez les mâles, plus courts, coniques chez les femelles; la tête est petite; les yeux sont saillants; le corselet est en forme de capuchon, pubescent, avec quatre dents formant une couronne

transversale ; les élytres sont oblongues, à côtés presque parallèles, arrondies au bout, noirâtres, traversées par deux bandes grises et striées chez les mâles ; les élytres et les ailes sont nulles chez les femelles ; les pattes sont testacées.

On trouve cet insecte dans les maisons, assez souvent sur les vitres des croisées, mais plus ordinairement dans les greniers et les parties inhabitées ; il est abondant dans les criblures de blé. Il se nourrit des cadavres des mouches et des autres insectes qu'il rencontre dans ces localités. Il est malheureusement fort commun dans les collections d'insectes qu'il dévaste. Il entre dans le corps de ces petits animaux pour en ronger l'intérieur ainsi que les membranes qui réunissent les parties, ce qui occasionne la chute de la tête, de l'abdomen et des pattes ; sa larve perce le fond des boîtes lorsqu'il est en liége et même le bois, s'il est en sapin ou en peuplier, pour se creuser une cellule propre à ses métamorphoses. Il est très difficile de garantir les collections contre ses attaques ; on doit les visiter plusieurs fois pendant l'été et tuer tous les Ptines qu'on y rencontre ; on frappe avec le doigt le fond des boîtes pour faire tomber ceux qui sont cachés dans le corps des insectes. Ils font alors le mort en baissant la tête, en inclinant les antennes, en contractant leurs pattes et demeurant pendant quelque temps dans cette léthargie apparente, dont on profite pour les écraser ; on écrase également les larves qui tombent ou qui roulent dans la boîte ; si on aperçoit des trous dans lesquels elles se sont retirées, on y enfonce une épingle pour les blesser ; l'odeur du camphre, de l'essence de serpolet et peut être même celle de la térébenthine ne les tuent pas ; mais celle de la benzine les asphyxie.

Il est nécessaire de conserver les insectes dans des boîtes hermétiquement fermées, parfaitement closes, de les y placer exempts de larves et d'œufs de Ptine ou d'autres animaux destructeurs ; si une boîte se trouve infestée, il faudra l'exposer à l'ardeur du soleil ou à une chaleur modérée du foyer ou d'un four quelque temps après que le pain sera retiré. Cette chaleur fait périr les insectes, les larves et les œufs, mais elle peut altérer la boîte en la déformant; elle rend plus fragiles les insectes qu'elle renferme, et les plus délicats ont quelquefois à en souffrir. On fera bien de placer un morceau d'éponge imprégné de benzine dans chaque boîte à insecte et de l'humecter de temps à autre lorsqu'on le verra desséché. Il faut beaucoup de soin et de vigilance pour conserver les collections d'histoire naturelle.

On n'a pas encore signalé les parasites du Ptine voleur.

---

11 à 13. — Les Vrillettes.

(*Anobium tessellatum*, Fab. — *Striatum*, Fab. — *Paniceum*, Fab.).

Les vrillettes sont des petits Coléoptères de forme cylindrique, de couleur sombre, dont la tête se retire dans le corselet, plus ou moins relevé en bosse, comme dans un capuchon; on les rencontre fréquemment dans les maisons, grimpant contre les croisées, dans l'espérance de s'échapper dans la campagne; elles sont trompées par la transparence du verre dont elles n'ont pas d'idée et agissent comme tous les insectes renfermés dans les appartements qui s'élancent contre les vitres et frappent les glaces de leur tête croyant ne pas rencontrer d'obstacle dans leur vol. Ces vrillettes que l'on voit dès le printemps sortent des meubles, des boiseries, des tablettes, des chaises, etc., qui garnissent les habitations, meubles dans lesquels les larves ont vécu et subi leurs métamorphoses, ce sont ces larves qui percent les petits trous ronds que l'on y remarque et qui produisent la poussière blanchâtre qui sort de leur ouverture, connue sous le nom de vermoulure. Après un certain temps d'un travail presque incessant elles mettent ces objets hors de service; elles attaquent aussi les charpentes des maisons, surtout celles qui sont en sapin dont la fibre est plus tendre et plus facile à percer que celle du chêne; elles pulvérisent les planches en sapin et en peuplier et l'on voit quelquefois des vieilles maisons s'écrouler par suite de leur ravages ; la toiture tombe sur le plancher du grenier et l'entraîne sur le sol du rez-de-chaussée. Quand elles se jettent sur le chêne c'est pour se loger dans l'aubier, le ronger et le pulvériser, mais elles respectent le cœur qui paraît trop dur pour leurs dents ; c'est donc à l'état de larves que les vrillettes sont principalement nuisibles et qu'elles peuvent causer de graves accidents ; cependant les insectes parfaits y contribuent aussi pour une bonne part.

Les larves des différentes espèces de vrillettes se ressemblent presqu'entièrement : elles sont blanchâtres, cylindriques, courbées en arc à leur extrémité postérieure, comme celles des hannetons, molles, couvertes de petits poils fins isolés, clair-semés ; elles sont formées de douze segments, sans compter la tête qui est arrondie, écailleuse, brune, armée de deux fortes mandibules dentées au côté interne, propres à ronger le bois ; les trois segments thoraciques sont un peu renflés et portent chacun une paire de pattes écailleuses tri-articulées ; le dernier segment est un peu plus grand que les précédents et arrondi à l'extrémité ; tous portent sur le dos des spinules nombreuses, brunes, qui servent au mouvement qu'elles exécutent dans leurs galeries ; elles ressemblent, en petit, aux larves des hannetons. Elles se tiennent couchées sur le côté lorsqu'elles sont hors de leurs habitations, mais elles sont privées d'antennes apparentes, organes très visibles chez les larves de hannetons.

Les larves des vrillettes peuvent se retourner dans leurs galeries dont le diamètre ne semble guère plus grand que celui de leur corps. Pour exécuter ce mouvement elles se roulent en cercle, mettant leur tête contre leur derrière ; puis elles impriment un mouvement imperceptible de contraction aux anneaux de leur corps mouvement qui leur permet de se retourner en roulant sur elles-mêmes ; les spinules dont les segments sont armés sont courbées en arrière ; pendant le mouvement celles des derniers segments se trouvent fixées contre les parois de la galerie, tandis que celles des premiers segments glissent contre ces parois.

Ces larves rongent le bois pour se nourrir et en arrachent les fibres qu'elles broient et avalent, qu'elles digèrent et qu'elles rendent en petits grains ronds blanchâtres, qui sont leurs excréments ; elles approfondissent leurs galeries pour se procurer la subsistance et les tiennent de même diamètre dans toute leur étendue. Lorsqu'elles ont pris leur entier accroissement et qu'elles sentent venir le moment de la métamorphose en chrysalide, elles tapissent de quelques fils de soie le fond de leur galerie et s'y tiennent en repos ; c'est là qu'elles se changent en chrysalides et ensuite en insectes parfaits. Il est à remarquer que ces larves, dont le corps est mou et rempli de matières humides et liquides, ne mangent que du bois très sec et ne boivent pas, ce qui semble indiquer que, par l'action de la vie, il se fait dans le corps de la larve des décompositions et des recompositions chimiques au moyen desquelles le bois sec est converti en matières liquides.

Les insectes, après leur dernière métamorphose, sortent de leurs galeries et prennent leur essor, mais la femelle rentre bientôt dans le bois et s'accouple avec le mâle qui reste au dehors. Les deux sexes ont un moyen de s'entendre au temps de leurs amours et de s'appeler l'un l'autre ; ils produisent un petit bruit, semblable au mouvement accéléré d'une montre, que l'on appelle *horloge de la mort*. Ce bruit est le résultat de coups que l'insecte frappe avec ses mandibules sur le bois où il se tient en élevant et en abaissant successivement et rapidement son corps ; il se hausse sur ses pattes et frappe le bois avec sa tête comme avec un marteau.

Ces insectes font partie de la famille des Serricornes, de la section des Malacodermes, de la tribu des Ptiniores et du genre *Anobium*. On leur a donné le nom de *Vrillettes* à cause des petits trous ronds et droits qu'ils percent dans le bois sec comme le ferait une petite vrille ; on peut signaler comme dangereuses les espèces suivantes :

11. *Anobium tessellatum*, Fab. — Longueur, 7 mill.; largeur, 3 mill. Elle est brune et ponctuée; les antennes sont filiformes, testacées, formées de onze articles dont les trois derniers sont écartés, très allongés et épais; la tête est brune, enfoncée dans le corselet; celui-ci est court, bombé, peu élevé, brun, mélangé de duvet jaunâtre formant des taches; l'écusson est petit, couvert de poils jaunâtres; les élytres sont convexes, cylindriques, quatre fois aussi longues que le corselet, arrondies à l'extrémité, brunes, tachées de jaunâtre comme le corselet; les pattes sont couvertes de poils gris jaunâtre; les ailes sont pliées et cachées sous les élytres.

Cette espèce est la plus grande de nos environs; elle porte le nom vulgaire de *vrillette damier*, *vrillette marquetée*; sa larve vit dans les charpentes de chêne dont elle ronge l'aubier, et dans les morceaux et branches de chêne secs, comme pieux, poteaux, claies, fagots, etc.; elle y perce des galeries droites, cylindriques, dirigées dans le sens des fibres du bois; elle se creuse une cellule au fond de sa galerie dans laquelle elle se métamorphose en chrysalide, puis ensuite en insecte parfait qui sort dans le mois de juin; la larve attaque aussi le sapin et les bois blancs. Il est très vraisemblable que l'accouplement de cette espèce s'opère de la même manière que celui de l'*Anobium abietis*, Fab., qui a été observé et de la même manière que celui des autres insectes rongeurs qui creusent des galeries dans le bois, c'est-à-dire que la femelle se tient dans la galerie qu'elle a creusée, le derrière au niveau de l'entrée et la tête vers le fond, et que le mâle est placé en dehors sur le bois, les deux corps formant un angle droit, le mâle paraissant suspendu au derrière de la femelle.

12. *Anobium striatum*, Fab. — Longueur, 3-5 mill. Elle est d'un brun-noirâtre, couverte d'un duvet court, assez rare et gris; les antennes, composées de onze articles, sont d'un brun plus clair; les trois derniers articles sont séparés, allongés, plus gros que les

autres ; la tête est d'un brun-noirâtre, avec la bouche plus claire ;
elle est rentrée dans le corselet comme dans un capuchon ; celui ci
est de la même couleur que la tête, court, comprimé latéralement,
relevé en bosse à la partie postérieure, marqué de cinq enfoncements, deux aux bords latéraux, deux auprès de l'écusson et un
au-dessus du milieu ; les élytres sont convexes en-dessus, cylindriques, quatre fois aussi longues que le corselet, de la largeur de
ce dernier, arrondies à l'extrémité, à stries nombreuses formées de
points enfoncés ; elles recouvrent des ailes membraneuses ; les
pattes sont brunes.

Cette espèce varie pour la taille de 3 à 5 mill. ; on la rencontre
partout, elle doit être regardée comme très nuisible ; sa larve dévore tous nos bois ; on la trouve dans l'aubier des charpentes de
chêne, dans les charpentes en sapin et en bois blanc, dans les
planchers et boiseries de ces deux dernières essences, dans les
meubles en noyer, tels que commodes, armoires, secrétaires, lits,
tables, chaises, etc. ; elle perfore ces bois de mille trous, y creuse
des galeries cylindriques, profondes, les réduit en poussière et
finit par les mettre hors de service et en occasionner la ruine.
Geoffroy lui a donné le nom de Vrillette des tables, parce qu'elle
est commune dans ces vieux meubles construits en noyer, en
sapin ou en bois blanc. Comme toutes les espèces du genre *Anobium*, elle se laisse tomber à terre, plie ses pattes et ses antennes
contre son corps et contrefait le mort à l'approche du danger ;
elle persévère dans cette attitude malgré les attouchements et les
tourments qu'on lui fait éprouver ; elle se laisse tuer plutôt que de
s'enfuir. C'est au commencement de juillet qu'elle se montre dans
nos maisons ; son accouplement a lieu dans la galerie creusée par
la femelle, le mâle restant en-dehors ; la larve perfore les bâtons de
suc de réglisse et s'y comporte comme dans le bois.

15. *Anobium paniceum*, Fab.—Longueur, 3 mill. ; largeur, 1 1/3
mill. Elle est d'un brun-rougeâtre ou d'un fauve-marron clair

pubescent ; les antennes sont composées de onze articles un peu
plus clairs que le corps dont les trois derniers sont allongés, séparés, plus gros que les autres ; la tête est rentrée dans le corselet,
de la même couleur que le corps ; les yeux sont noirs, le corselet
est peu élevé, n'ayant pas de bosse bien formée à sa partie postérieure ; les élytres sont convexes en-dessus, cylindriques, arrondies à l'extrémité, proportionnellement moins longues que chez les
espèces précédentes, à stries formées de points enfoncés, et recouvrent des ailes membraneuses ; les pattes sont jaunâtres.

Cette espèce se trouve dans les maisons et dans les collections
d'insectes. Sa larve recherche les substances amylacées, ce que fait
aussi l'insecte parfait ; on les rencontre dans la farine, le pain, les
pains à cacheter, la colle de farine, les papiers collés ; elle ravage
les collections d'insectes et sa larve s'établit dans le liège qui gar-
nit le fond des boîtes qui les renferment ; son goût dominant pour
la farine lui a fait donner le nom vulgaire de *Vrillette de la farine*.

On ne connait pas de moyen bien assuré pour préserver les
charpentes, les boiseries et les gros meubles neufs des dégâts
produits par les Vrillettes. On peut essayer de recouvrir les pièces
de charpente en bois tendre d'une couche épaisse de peinture en
goudron cachant exactement le bois. Pour les boiseries, on les
peint à l'huile à deux ou trois couches bien appliquées ; il est
vraisemblable que les larves ne s'y introduiront pas. On peut encore empoisonner le bois destiné aux charpentes, aux boiseries et
aux meubles en introduisant dans la sève des arbres que l'on veut
abattre pour ces ouvrages, des liquides préservateurs, comme des
dissolutions salines de fer, de cuivre, de mercure, d'arsenic, etc.,
qui feront périr l'arbre et qui éloigneront les insectes du bois mis
en œuvre. On pourrait encore laisser tremper les pièces façonnées
pour meubles dans ces dissolutions jusqu'à ce qu'elles en fussent
saturées ; quant aux vieux meubles envahis, on doit les frotter
avec une éponge imbibée d'essence de térébenthine, de manière
à faire pénétrer la liqueur dans les trous occupés par les larves ou

les insectes. On obtient par ce moyen un double avantage, celui de faire périr les animaux destructeurs et de donner du lustre aux meubles ; ce procédé est très avantageux pour les tables, chaises, armoires, etc., construits en noyer ou en mérisier, polis et vernis.

Les parasites de l'*Anobium striatum* signalés par Ratzburg sont l'*Hemiteles modestus* et le *Pimpla favipes*, de la sous-tribu des Ichneumoniens ; et les *Bracon spathiiformis*, *Rogas collaris*, *Spathius clavatus*, *Taphoeus fuscipes*, de celle des Braconites.

Les parasites de l'*Anobium paniceum* sont l'*Entedon longiventris* et l'*Eulophus pilicornis*, de la tribu des Chalcidites.

• 14 et 15. — Les Ptilins.
(*Ptilinus flabellicornis*, Meg. — *Pectinicornis*, Fab.).

On voit quelquefois dans les maisons, grimpant le long des croisées, un petit Coléoptère de forme cylindrique, ressemblant un peu aux Vrillettes (*Anobium*), mais remarquable par ses antennes en panache ; il perce les boiseries, les meubles, surtout les tables en noyer, de petits trous ronds, profonds de 1 à 2 centimètres, dirigés plus ou moins obliquement à la surface ; c'est là qu'il se cache pour passer l'automne et l'hiver, et qu'il prend sa nourriture en rongeant le bois et en approfondissant sa demeure. Il est vraisemblable que c'est dans les mêmes lieux que vit sa larve, qu'elle s'y comporte comme celle des Vrillettes et qu'elle ressemble à ces dernières ; mais, comme elle n'a pas encore été observée, du moins à ma connaissance, on n'a pas de certitude à cet égard. J'ai trouvé l'insecte parfait dans le plateau d'une table en noyer recouvert d'une toile cirée qui faisait pour lui l'office de l'écorce ; cette toile était percée d'un trou rond égal à celui du plateau auquel il correspondait, et il y avait autant de trous à la toile cirée que de galeries creusées dans le plateau, ce qui fait penser que ces trous ont été pratiqués par les insectes après leur dernière métamorphose pour se mettre en liberté et ensuite pour rentrer dans le bois avec l'intention d'y pondre et d'y passer l'hiver. On trouve leurs cadavres à l'entrée des galeries, dès le mois de septembre et pendant l'hiver.

Ce petit coléoptère fait partie de la famille des Serricornes, de la section des Malacodermes, de la tribu des Ptiniores et du genre *Ptilinus*. Son nom entomologique est *Ptilinus flabellicornis*, et son nom vulgaire *Ptilin flabellicorne* ou *Ptilin jaunâtre*.

14. *Ptilinus flabellicornis*, Meg. — Longueur, 4 mill.; largeur, 1 mill. 1/3. Il est d'un brun-noirâtre; les antennes sont fauves, composées de onze articles, dentées en scie chez la femelle, émettant chacun un rameau allongé, à partir du troisième chez le mâle; la tête est noire, rentrée en partie dans le corselet; les yeux sont noirs et les palpes fauves; le corselet est noir, ponctué, avec une petite ligne élevée, lisse, luisante à la partie postérieure du dos; il est presque hémisphérique et emboîte la tête comme un capuchon; les élytres sont cylindriques, de la largeur du corselet et quatre fois aussi longues, arrondies en arrière, d'un brun jaunâtre passant insensiblement au noirâtre à l'extrémité, à stries ponctuées peu régulières; le dessous est noir; les pattes sont fauves avec la base des cuisses brune.

Pour préserver les tables des atteintes de ce coléoptère rongeur, il faut avoir le soin d'enlever de temps en temps les toiles cirées ou les tapis qui les recouvrent pour les visiter. Si on voit des trous ronds qui s'enfoncent dans le bois, on y introduira une épingle assez profondément pour blesser les larves ou les chrysalides qui peuvent s'y trouver; on fera bien de frotter la surface avec un linge ou une éponge imprégnée d'essence de térébenthine, de manière à faire entrer l'essence dans la galerie, ce qui fera périr l'insecte s'il a échappé à l'épingle; on bouchera ensuite avec de la cire les entrées des galeries; l'essence de térébenthine et le cirage rendront au meuble son premier lustre.

Une autre espèce du même genre se rencontre très communément pendant le mois de juin, sur les troncs des saules morts ou sur les parties sèches, dénudées d'écorce, des saules vivants; elle y perce des galeries cylindriques à peu près horizontales et l'on voit le mâle se promener sur l'arbre dans la région percée de trous, attendant qu'une femelle vienne présenter son derrière à l'entrée de l'un d'eux. On le surprend quelquefois suspendu au derrière de cette femelle, ayant la tête en bas. A la fin de l'hiver on remarque qu'un grand nombre de ces galeries sont bouchées par les cadavres desséchés des insectes qui sont venus y chercher un abri contre les rigueurs de l'hiver et qui y sont morts. Peut-être que les femelles qui ont pondu un œuf au fond d'une galerie viennent mourir à l'entrée et protègent ainsi leur postérité déposée au fond. Il est très probable que cet insecte se rencontre dans les charpentes, les planchers et les boiseries en saule et en peuplier, et qu'il en ronge et pulvérise le bois pour vivre et propager son espèce; il porte le nom entomologique de *Ptilinus pectinicornis*, et le nom vulgaire de *Ptilin pectinicorne*.

15. *Ptilinus pectinicornis*, Fab. — Longueur, 5 mill.; largeur, 2 mill. Il est noir et ponctué; les antennes sont fauves, dentées en scie chez la femelle, portant neuf rameaux chez le mâle; les palpes sont fauves; la tête est noire et rentre dans le corselet comme dans un capuchon; ce dernier est noir, ponctué, bombé, avec une petite ligne élevée, lisse à sa partie postérieure dorsale; les élytres sont cylindriques, noires, de la largeur du corselet, à peu près quatre fois aussi longues, arrondies à l'extrémité, à stries ponctuées; on y voit quelques côtes faibles, peu distinctes.

Le moyen de combattre cet insecte lorsqu'il envahit les boiseries de saule ou de peuplier sont les mêmes que ceux indiqués contre le précédent et contre les Vrillettes. La larve de cette espèce m'est inconnue, quoique l'insecte soit très commun. Il est très vraisemblable qu'elle ressemble beaucoup à celle des Vrillettes.

On n'a pas encore signalé en France les parasites des deux Ptilins dont on vient de parler; mais en Allemagne Ratzburg nomme comme parasites du *Ptilinus pectinicornis*, l'*Hemiteles completus*, le *Lissonota arvicola*, les *Polysphineta elegans* et *soror*, et le *Xori-*

des cryptiformis de la sous-tribu des Ichneumoniens, et l'*Eupelmus inermis* de la tribu des Chalcidites.

—

16 à 18. — **Les Anthrènes.**

(*Anthrenus pinipinellœ*, Fab. — *Verbasci*, Fab. — *Museorum*, Fab.).

Les Anthrènes sont de très petits coléoptères de forme elliptique que l'on voit fréquemment sur les fleurs au printemps, et que l'on y rencontre pendant toute la belle saison, mais en moindre quantité; on les trouve aussi dans les maisons, grimpant le long des croisées ou se promenant le long des murs. Ces insectes, par eux-mêmes, ne sont pas fort nuisibles, mais leurs larves nous portent un préjudice considérable; elles attaquent généralement toutes les substances animales desséchées; elles font surtout un grand ravage dans les pelleteries et dans les collections d'insectes, d'oiseaux et d'animaux empaillés; elles peuvent détruire, dans l'espace d'une année ou deux, les collections d'insectes les plus nombreuses, si on ne veille pas attentivement à les préserver de leurs atteintes en visitant souvent les boîtes qui les renferment et en tuant toutes les larves qu'on y aperçoit. Ces larves rongent le corps des insectes et ne laissent que les élytres et les pattes; elles réduisent en poussière les plumes et les poils; elles sont très petites, car les plus grandes, parvenues au terme de leur croissance, n'ont pas plus de 4 millimètres de longueur; leur corps est court et gros, mou, couvert de poils, vers les côtés postérieurs surtout, formé de douze segments dont les trois premiers donnent naissance à trois paires de pattes écailleuses; la tête est arrondie, écailleuse, munie de deux très petites antennes bi-articulées et de deux fortes mandibules tranchantes; leur peau est légèrement coriace; les poils qui la couvrent forment des faisceaux, des aigrettes, particulièrement ceux des côtés; l'extrémité postérieure du corps offre des espèces de houppes allongées, composées de poils serrés qui se réunissent et forment une espèce de V. L'animal peut écarter ces houppes, en hérisser les poils et les appliquer de nouveau sur le corps ; les houppes de l'extrémité du corps servent à distinguer ces larves de celles des Dermestes, qui ont beaucoup de rapports avec elles.

Les larves des Anthrènes gardent leur forme pendant sept à huit mois ; elles croissent lentement et ont le temps d'exercer leurs ravages ; plusieurs passent l'hiver sous cet état et ne laissent pas de nuire pendant cette saison. L'époque où elles sont le plus funestes est ordinairement vers la fin de l'été, car alors elles atteignent leur degré de croissance ; elles changent plusieurs fois de peau en grandissant. La chrysalide est renfermée dans la dernière peau quittée par la larve, et lorsque l'insecte parfait voit le jour, la peau de la chrysalide reste dans celle de la larve.

Ces insectes font partie de la famille des Clavicornes, de la tribu des Dermostins et du genre *Anthrenus*. Les espèces les plus nuisibles sont les suivantes :

16. *Anthrenus pimpinellæ*, Fab.—Longueur, 2 mill. 1/2 ; largeur, 1 mill. 1/2. Il est d'une forme ovale, presque ronde ; les antennes sont courtes, d'un brun-ferrugineux, en massue solide formée des trois derniers articles, très serrés, en forme de cône renversé ; la tête est petite, noire, enfoncée dans le corselet ; celui-ci est transversal, noir, avec un mélange de blanc et de roussâtre et prolongé en pointe à son milieu postérieur ; les élytres sont ovoïdes, légèrement convexes, noires, avec une large bande blanche transversale sinueuse vers le milieu, joignant presque l'écusson. On distingue vers leur extrémité deux points blancs, un de chaque côté de la suture ; l'extrémité est ferrugineuse, cette couleur est faible et quelquefois effacée ; le dessous du corps est blanchâtre, les jambes et les tarses sont rougeâtres, avec les cuisses tachées de blanc.

La larve vit dans les cadavres desséchés ou dans les plantes à demi pourries ; l'insecte parfait se trouve sur les fleurs et principalement sur celles de la pimprenelle. Il porte le nom vulgaire d'*Anthrène de la pimprenelle*, d'*Anthrène à broderie*.

17. *Anthrenus verbasci*, Fab. — Longueur, 2 mill. 1/2; largeur, 1 mill. 1/2. Il est d'une forme ovale un peu allongée; les antennes sont courtes, en massue de trois articles très serrés, de couleur noire; le corselet est noir, couvert d'écailles d'un roux-jaunâtre, avec trois bandes transverses blanches; la première allant obliquement depuis l'écusson jusqu'au bord extérieur, interrompue, formant trois taches; la deuxième fortement flexueuse sur le milieu de l'élytre, la troisième vers l'extrémité; le dessous du corps est d'un gris cendré; les pattes sont noires.

Les écailles colorées qui recouvrent ces insectes tombent très facilement et alors le fond noir des téguments se montre plus ou moins complétement à nu.

La larve vit dans les cadavres desséchés et dans les plantes à demi pourries. L'insecte parfait se trouve sur les fleurs et particulièrement sur celles du Bouillon blanc (*Verbascum*). Il est commun dans les boîtes d'insectes et est l'un des plus redoutables ennemis des collections. On lui donne le nom vulgaire d'*Anthrène du bouillon blanc*, d'*Anthrène à bandes*, d'*Amourette*.

18. *Anthrenus museorum*, Fab. — Cette espèce ressemble à la précédente, mais elle est plus petite, c'est la plus petite du genre. Son corps est noir, mais le dessous et les côtés du corselet sont gris; les élytres ont deux bandes transverses et une tache, ou une autre petite bande, d'un gris jaunâtre; les pattes et les tarses sont roussâtres.

Cette espèce se trouve fréquemment dans les maisons. On lui donne les noms vulgaires d'*Anthrène destructeur* et d'*Anthrène des Musées*, à cause des dégâts qu'elle produit dans les cabinets d'histoire naturelle.

Les naturalistes doivent prendre les plus grandes précautions pour conserver leurs collections et les préserver contre les ravages des Anthrènes. Ils doivent pour cela renfermer les insectes dans des boîtes hermétiquement closes, et les objets, trop volumineux pour être mis dans des boîtes, doivent être déposés dans des armoires fermant très exactement. Ils doivent les visiter fréquemment, surtout au printemps, saison où ces insectes font leur ponte, et tuer tous ceux qu'ils découvriront. L'huile essentielle de pétrole, passée légèrement avec un pinceau sous le corps des insectes qui peuvent supporter cette opération, éloigne les larves ; ce moyen n'est cependant pas très assuré ; on peut faire usage de benzine au lieu d'huile de pétrole. Lorsqu'une boîte d'insecte est envahie par les larves d'Anthrènes, on doit la traiter par la benzine ; on imprègne un morceau d'éponge de cette liqueur et on le place dans la boîte que l'on ferme immédiatement et hermétiquement. On peut encore exposer la boîte aux rayons du soleil pendant quelque temps, ce qui fera sortir les larves des retraites qu'elles occupent et permettra de les écraser. Des soins assidus, des boîtes fermant exactement sont les meilleurs préservatifs que l'on puisse conseiller.

On n'a pas encore signalé les parasites des Anthrènes dont on vient de parler.

———

19 à 21. — Les Dermestes.

(Dermestes lardarius, Lin. — *Vulpinus*, Fab. — *Pellis*, Lin.).

Les Dermestes sont des coléoptères d'une taille au dessous de la moyenne, connus depuis longtemps par les dégâts que leurs larves occasionnent aux peaux des animaux fraîches ou desséchées, et c'est du mot derme, qui signifie peau, que leur nom est tiré. Les insectes parfaits se trouvent sur les fleurs et ne se transportent sur les matières animales que pour y déposer leurs œufs ; leurs larves sont extrêmement voraces et sont très redoutables pour les cabinets d'histoire naturelle où elles détruisent entièrement les oiseaux, les quadrupèdes, les insectes et tous les animaux montés qu'on y conserve, et aux magasins de pelleteries qu'elles ravagent, coupant les poils, rongeant les peaux ; elles attaquent aussi les cadavres des animaux de toute espèce répandus dans les champs ; elles en consument la chair et les tendons, les dissèquent jusqu'aux os et en font des squelettes parfaits. On les trouve dans les offices, les garde-mangers et dans tous les endroits qui recèlent des matières animales qui leur conviennent; elles rongent le lard, les plumes, la corne qu'on laisse longtemps dans un tiroir. Les Dermestes jouent un rôle important dans la nature en débarrassant la terre des cadavres des animaux morts qui infectent l'air; ils sont aidés dans cet ouvrage par les Bouchers (*Silpha*), par les Nécrophores (*Necrophorus*), par la larve de la Mouche bleue (*Calliphora vomitoria*). Ils dévorent la peau et les tendons que ne touche pas cette dernière; elle se contente de la chair musculaire; la plupart des Dermestes cherchent les lieux écartés, malpropres, et paraissent fuir la lumière; ils font le mort lorsqu'on les saisit et restent longtemps dans cette position, où leurs pattes et leurs antennes sont appliquées contre le corps.

Les Dermestes sont classés dans la famille des Clavicornes, dans la tribu des Dermestins et dans le genre *Dermestes*. Quelques espèces sont particulièrement nuisibles; ce sont les :

19. *Dermestes lardarius*, dont le nom vulgaire est *Dermeste du lard*. Sa larve se trouve fréquemment dans les maisons où elle se nourrit de lard et d'autres substances animales qu'elle y trouve; elle a le corps allongé, diminuant insensiblement de grosseur du devant au derrière et se terminant en un cône tronqué; la peau est dure et coriace, d'un brun-marron en dessus, hérissée de longs poils; la tête est écailleuse, de forme arrondie; elle offre deux espèces de sutures en-dessus, deux petites antennes tri-articulées, deux mandibules fortes et dentées, des palpes et six petits grains noirs de chaque côté répondant aux yeux; le corps est formé de douze segments recouverts chacun par une plaque coriace garnie de deux rangs de poils dont ceux de l'antérieur dirigés en avant, et ceux du second en arrière; les trois premiers segments portent chacun une paire de pattes écailleuses terminées par un crochet; sur le

dernier segment on voit deux espèces de cornes écailleuses d'un brun-noirâtre, pointues, dirigées vers le derrière ; au bout de ce segment est un mamelon conique, tronqué, charnu, servant de septième patte ; l'anus est au bout de ce mamelon ; les excréments qu'elle rend sont des grains bruns ou noirs attachés les uns à la file des autres.

Cette larve change jusqu'à dix fois de peau pendant le cours de sa croissance ; ses dépouilles restent tendues et comme soufflées, de sorte qu'on les prendrait pour l'animal même. Pour se transformer en chrysalide, elle cherche une retraite et la choisit souvent entre les débris des matières qu'elle a rongées ; cette chrysalide est blanche, avec les yeux et quelques raies transversales sur le dos d'un brun-jaunâtre ; l'insecte parfait en sort au bout d'un mois.

Dermestes lardarius, Lin. — Longueur, 7-8 mill. ; largeur, 3 mill. Il est noir, pubescent et ponctué ; les antennes sont brunes, courtes, composées de onze articles, dont les trois derniers forment une massue perfoliée ; la tête et le corselet sont noirs ; la première est inclinée, cachée en partie sous le corselet ; le second est un peu rétréci en devant, ayant quelques taches cendrées sur son disque ; l'écusson est petit et noir ; les élytres sont allongées, convexes, embrassant les côtés et l'extrémité de l'abdomen, d'un roux-cendré, avec quelques points noirs depuis la base jusqu'au milieu, noires dans le reste de leur étendue, le dessous et les pattes sont noirs, avec un léger duvet roussâtre.

Cet insecte a l'odorat très fin et d'une grande portée ; il est attiré de loin par les odeurs animales fétides, comme celles des bas imprégnés de la sueur des pieds. Lorsque la larve s'introduit dans une boîte d'insectes, elle y produit un immense dégât et la remplit de débris. La femelle ne peut entrer dans cette boîte à cause de sa taille, mais elle sait pondre ses œufs sur les fissures qu'elle rencontre sur les parties mal jointes et les petites larves se glissent dans l'intérieur, attirées par la nourriture qu'elles sentent.

On ne connaît aucun moyen de préservation contre les dégâts produits par le Dermeste du lard ; on doit le rechercher dans les lieux qu'il fréquente et le tuer, surtout ne pas épargner sa larve lorsqu'on la rencontre ; on peut essayer de l'attirer par des matières animales odorantes, comme le vieux lard, des débris de vieilles peaux d'animaux crues, des bas imprégnés de sueur, etc., et écraser tous les individus qui viendront dans ces piéges. Une grande propreté dans les cuisines, les offices, les garde-mangers, de la vigilance, sont les moyens de se préserver de cet insecte nuisible.

20. *Dermestes vulpinus.* — Cet insecte, appelé vulgairement *Dermeste renard*, est fort dangereux ; sa larve envahit quelquefois les magasins de peaux et s'y multiplie au point d'y produire des ravages très considérables. Il est fort difficile de se débarrasser de la présence de ce coléoptère, parce qu'il trouve facilement des retraites qui le dérobent aux recherches les plus minutieuses ; sa larve ressemble à celle du Dermeste du lard et en a les dimensions, la voracité et les habitudes.

Dermestes vulpinus, Fab. — Longueur, 7 mill ; largeur, 3 mill. 1/3. Il est noir, peu luisant, ponctué ; les antennes sont noires, avec la base d'un brun-rougeâtre et l'extrémité en massue perfoliée, composée de trois articles ; le devant de la tête est couvert de poils roux, avec deux points blancs au milieu. Les bords latéraux et antérieurs du corselet, ainsi que l'écusson, sont garnis de poils gris-cendrés, un peu roussâtres sur ce dernier ; le disque du corselet et les élytres sont couverts de poils cendrés, rares ; la poitrine et l'abdomen sont revêtus de poils serrés, blancs, avec un point noir de chaque côté de la poitrine et des anneaux de l'abdomen. L'anus est noir et les cuisses sont marquées à la base d'un anneau de poils blancs.

On peut essayer contre cet insecte l'emploi de la benzine. On en versera dans des soucoupes que l'on placera dans le magasin infesté en nombre proportionné à son étendue, ayant préalablement soin de le fermer très hermétiquement en calfeutrant les fenêtres, les portes et toute espèce d'ouverture qui pourrait laisser sortir la vapeur. Il est vraisemblable que l'odeur de ce liquide, si elle est très forte, tuera les larves et les insectes parfaits qui la respireront: vingt-quatre heures après l'opération, on ouvrira le magasin pour laisser l'odeur se dissiper et pour ramasser les cadavres répandus sur le plancher et entre les peaux. On pourrait encore vider le magasin de toutes les peaux qu'il contient, le nettoyer à fond, le parfumer de benzine ou d'essence de térébenthine, ou de vapeurs de soufre et n'y replacer les peaux qu'après les avoir visitées, secouées, nettoyées, et au besoin parfumées.

21. *Dermestes pellio.* — Cet insecte porte le nom vulgaire de *Dermeste pelletier*, *Dermeste à deux points blancs*. On le rencontre très fréquemment dans les maisons, sur les murs, les croisées, etc., dans les magasins de fourrures où vit sa larve. Il faut bien que cette larve habite ailleurs et se nourrisse d'autres substances que celles contenues dans ces magasins, car on voit l'insecte dans les jardins et les parterres quelquefois en quantité innombrable sur les fleurs des spirées pendant le mois de juin; ce qui porte à conjecturer qu'elle se développe dans le fumier ou dans les amas de végétaux en décomposition rassemblés en quelque coin pour donner du terreau. Cette larve produit beaucoup de dégâts dans les fourrures dont elle tond les poils contre la peau et y trace des chemins et des espaces entièrement dénudés; elle se nourrit aussi des plumes des oiseaux et de toutes les substances animales desséchées.

Cette larve, parvenue à toute sa taille, a 6 à 7 mill. de long; elle est allongée, d'un brun roussâtre, luisante, garnie de poils roux; ceux de l'extrémité forment une longue queue, la tête est petite, arrondie, armée de deux fortes mâchoires; on y voit deux petites antennes de quatre articles et six petits points oculaires de chaque côté; les segments du corps sont au nombre de douze et vont en s'atténuant graduellement depuis le premier jusqu'au dernier. Les trois premiers portent chacun une paire de pattes ; elle marche en glissant comme par secousses.

L'insecte parfait, à cause de la forme allongée de la massue de ses antennes, a été classé dans un genre particulier démembré de celui de *Dermestes*, et désigné sous le nom de *Attagenus*. Son nom entomologique est *Attagenus pellio*, Lat., et son nom vulgaire *Dermeste pelletier*, comme on l'a déjà dit.

Dermestes (Attagenus) pellio, Fab. — Longueur, 5 mill.; largeur, 2 mill. Il est noir ou d'un brun-noirâtre, ponctué, légèrement pubescent ; les antennes sont composées de onze articles dont les trois derniers forment une massue allongée ; la tête est petite, inclinée ; le corselet est en trapèze élargi en arrière, avec deux petites taches blanches près des angles postérieurs et une troisième au milieu du bord postérieur ; les élytres sont oblongues, convexes, embrassant l'abdomen sur les côtés et l'extrémité, ayant un petit point blanc de chaque côté de la suture vers le milieu, et quelquefois un petit trait blanc au-dessous de l'angle numéral ; ces taches sont formées par des petits poils blancs ; la base des antennes, les palpes et les pattes sont d'un brun-testacé obscur.

Pour dérober les fourrures aux attaques de cet insecte, il faut les renfermer dans des boîtes hermétiquement closes, afin qu'il ne puisse pas venir pondre ses œufs sur elles. Si on s'aperçoit qu'elles commencent à être atteintes, il faudra les visiter minutieusement, les exposer à la lumière, les battre, les nettoyer et tuer toutes les larves qu'on y trouvera ; et lorsqu'on les replacera dans les boîtes il faudra mettre dans un angle un morceau d'éponge trempé dans la benzine dont l'odeur fera probablement périr les larves qu'on aurait oubliées.

On préserve de la dent des Dermestes les oiseaux et les quadrupèdes empaillés en enduisant leur peau à l'intérieur, avant de les monter, avec une composition arsenicale, connue sous le nom de savon de Bécœur ; par ce moyen on peut les laisser, sans beaucoup de danger, dans des armoires vitrées et même à l'air libre.

22. — La Cantharide.

(*Cantharis vesicatoria*, Lat.).

La Cantharide est un insecte fort commun et connu de tout le monde ; elle est fréquemment employée en médecine comme vésicatoire et produit des effets très salutaires dans beaucoup de circonstances ; on doit en conséquence la regarder comme un insecte utile et sous ce point de vue elle semblerait ne devoir pas figurer ici ; mais, si elle est très avantageuse lorsqu'elle est employée à propos et convenablement par un médecin prudent, elle peut être nuisible et même mortelle si on en fait un usage immodéré et à contre temps. Prise à l'intérieur, elle cause une violente inflammation des voies urinaires et occasionne le pissement de sang. Employée en frictions, elle produit le même effet à un degré moindre, mais quelquefois assez sensible pour qu'on soit obligé de suspendre l'usage des vésicatoires. Il émane de l'insecte vivant une odeur forte et pénétrante, désagréable, d'un caractère particulier qui fait connaître de très loin sa présence. On doit éviter de respirer cette odeur et se garder de rester longtemps sous un arbre chargé de ces insectes ; il pourrait en résulter une indisposition plus ou moins grave. Il faut également éviter de porter sur soi des Cantharides vivantes ou récemment mortes, et si on doit les réduire en poudre pour en préparer des vésicatoires, il faut avoir soin de couvrir le mortier dans lequel on les pile, afin de ne pas respirer la poussière qui en peut sortir. Un insecte qui exige tant de précautions dans sa manipulation peut être, à juste titre, regardé comme nuisible.

Les Cantharides se trouvent toujours réunies en grand nombre sur les arbres dont elles rongent les feuilles pour se nourrir ; ces arbres sont le troène, le frêne, le lilas, le serynga, le chèvrefeuille et le sureau ; elles les dépouillent de leurs feuilles en peu de temps et s'envolent ensuite toutes ensemble sur un autre arbre ; c'est ,un

insecte lourd qui se laisse tomber le matin et le soir lorsqu'on secoue l'arbre sur lequel il est posé.

La Cantharide se montre vers le 20 juin et dure pendant une
quinzaine de jours ; elle s'accouple sur les arbres et la femelle
fécondée pond ses œufs dans la terre en un seul tas et les recouvre de poussière ; ces œufs sont petits, jaunâtres, de forme cylindrique, aplatis aux deux extrémités. Au bout de quinze jours il en
sort des petites larves d'un blanc-jaunâtre, molles, allongées,
aplaties, parsemées de petits poils dont deux plus longs en forme
de soies à l'anus ; leur tête est arrondie, pourvue de deux petites
antennes, de deux mandibules fortes, arquées, pointues, et de deux
palpes ; le corps est formé de douze ou treize segments dont les
trois premiers portent chacun une paire de pattes.

On ne sait pas ce que ces larves deviennent après leur naissance ;
on ignore de quoi elles vivent et le lieu qu'elles habitent jusqu'au
moment de leur transformation en insectes parfaits. On a conjec-
turé qu'elles vivaient dans la terre de la racine des plantes, ce qui
est peu probable, vu la forme de leurs mandibules, qui annon-
cent des mœurs carnassières. La supposition la plus satisfaisante
que l'on a faite sur leurs habitudes est celle-ci : les petites larves
nées dans la terre en sortent et montent sur les plantes en fleur
qui se trouvent dans le voisinage ; elles s'attachent aux guêpes,
aux bourdons qui viennent butiner sur ces fleurs ; elles se cram-
ponnent sur leur corps ou sur leurs ailes et sont transportées dans
les nids de ces insectes ; elles y vivent en dévorant les larves qui
les peuplent, lesquelles sont toujours nombreuses : elles subissent
leurs métamorphoses dans les nids d'où les insectes parfaits sortent tous ensemble au solstice d'été. Les Cantharides ne se rencontrent jamais isolément ; on les voit toujours en familles ou plutôt
en bandes composées d'un grand nombre d'individus, ce qui indique qu'elles ont vécu et se sont développées toutes ensemble dans
un même lieu. Un nid de guêpes ou de bourdons, par exemple,
satisfait à ces conditions. Il n'est pas rare de rencontrer à la cam-

pagne des Bourdons et des Guêpes, et mêmes d'autres hyménoptères qui nichent dans la terre, portant sur leurs corps ou sur leurs
ailes plusieurs petites larves semblables à celles que l'on vient de
décrire, provenant de Cantharides ou de Méloés. Ces derniers insectes sont des coléoptères de la même famille que les Cantharides,
jouissant de la propriété vésicante, pondant dans la terre des petits
œufs jaunâtres, dont les larves, semblables à celles des Cantharides,
montent sur les fleurs après leur naissance et s'attachent aux hyménoptères mellifères.

La Cantharide fait partie de la famille des Trachélides, de la
tribu des Epispastiques ou Vésicants, et du genre *Cantharis*. Son
nom entomologique est *Cantharis vesicatoria*, et son nom vulgaire
Cantharide ou *Mouche d'Espagne*.

22. *Cantharis vesicatoria*, Lat. — Longueur, 16-28 mill. Tout le
corps est d'une belle couleur verte dorée, souvent un peu bleuâtre ; les antennes sont noires, filiformes, composées de onze articles un peu plus courtes que la moitié du corps ; la tête a une
ligne enfoncée, longitudinale à sa partie postérieure ; le corselet
est inégal, plus étroit que la tête, étranglé antérieurement et terminé de chaque côté par une pointe mousse ; les élytres sont trois
fois aussi longues que la tête et le corselet pris ensemble, flexi-
bles, finement chagrinées, un peu plus larges que le corselet à la
base, à côtés parallèles, arrondies au bout ; le dessous du corps
est couvert d'un léger duvet grisâtre ; les tarses sont d'une belle
couleur bleu-noirâtre ; les postérieurs sont formés de quatre articles ; les antérieurs et les moyens en ont cinq.

C'est cette différence dans le nombre des articles des tarses qui
a fait ranger cet insecte et tous les autres coléoptères qui ont la
même organisation tarsienne dans une grande section de cet ordre
désignée sous le nom de Hétéromères.

23. — Le Charançon paraplectique.

(*Lixus paraplecticus*, Fab.).

La Phellandrie, appelée vulgairement Ciguë aquatique (*Phellandium aquaticum*, *Œnanthe phellandrium*), est une plante qui croît dans les marais, aux bords des ruisseaux et dans les terrains aquatiques ; elle est vénéneuse et cependant elle a été employée quelquefois en médecine, à très petite dose, dans les fièvres intermittentes ; sa tige est grosse, creuse, spongieuse, cannelée à la surface et très rameuse ; elle nourrit dans son intérieure une larve de coléoptère qui s'accommode très bien de sa substance. Linné pense que cette plante donne aux chevaux qui la mangent une maladie appelée paraplégie, qui est une paralysie de tous les membres, de toutes les parties du corps situées au dessous du cou ; il prétend que ce n'est pas la plante elle-même qui est dangereuse, mais les larves qui vivent dans les tiges ou plutôt les Charançons qui en proviennent qui sont l'unique cause de la maladie, et il a cru observer que les plantes de cette espèce, qui ne sont pas habitées par les insectes, peuvent être mangées sans risque par les chevaux. Quoique l'opinion de Linné ne soit pas totalement hors de doute, il n'en est pas moins intéressant de connaître l'histoire du Charançon paraplectique.

Lorsque la femelle veut pondre, elle se porte sur la plante et perce la tige jusqu'à la moëlle avec son rostre long et cylindrique et place un œuf dans le trou qu'elle a fait ; cette opération s'exécute dans le mois de juin. Il paraît qu'elle ne place qu'un œuf dans la même tige et qu'elle s'adresse à autant de plantes qu'elle a d'œufs à pondre. Lorsqu'on veut trouver la larve qui sort de cet œuf, il faut fendre la tige du haut en bas et on l'y trouve, placée la tête en haut, presque toujours dans la partie submergée. Elle se nourrit en rongeant la moëlle de la plante ; elle grandit pendant l'été et arrive au terme de sa croissance à la fin de cette saison, et lorsqu'elle veut se changer en chrysalide elle tamponne, avec des détritus et des fibrilles de la plante, les deux extrémités de sa galerie et y perce un trou jusqu'à l'épiderme, qu'elle conserve soigneusement pour masquer l'ouverture par laquelle l'insecte parfait sortira; ensuite elle se change en chrysalide sans filer de cocon; celle-ci est entièrement nue et on la trouve dans les tiges vers la fin de juillet.

La larve, parvenue à toute sa taille, a 20 mill. de long sur 4 mill. de grosseur. Elle est blanche, molle, apode, subcylindrique, formée de douze segments, sans compter la tête qui est ovale, lisse, luisante, subécailleuse, ferrugineuse, armée de deux mandibules courtes, fortes, noirâtres; le labre et l'épistome sont ferrugineux; la face et le front présentent une ligne enfoncée en forme de V qui partage le cran en deux lobes peu saillants; la lèvre inférieure est garnie de trois petites parties coniques dont celle du milieu ressemble à la filière des chenilles; elle a encore quatre barbillons coniques divisés en articulations, dont les deux extérieurs, plus grands que les autres, sont fourchus et représentent les mâchoires. Le corps, qui est de grosseur à peu près égale partout, excepté vers le derrière où il est terminé en forme conique, est divisé en douze anneaux dont les trois premiers ont chacun en-dessous deux mamelons pédiformes pouvant servir à la progression; les anneaux sont garnis sur le dos de rides transversales y formant des éminences et des inégalités charnues qui l'aident à avancer dans sa galerie; sur les côtés du corps, dont la peau est rase, on voit une espèce de plis et des petits points d'un brun-pâle au nombre de neuf de chaque côté, qui sont les stigmates. placés comme sur les chenilles; le derrière, qu'elle tient ordinairement un peu courbé, est un peu fourchu, ayant une petite incision où se trouve l'anus.

La chrysalide est presque de la longueur de la larve et grosse à proportion; elle est blanche, mais l'abdomen tire sur le jaune; le bout du derrière est arrondi et garni de pointes écailleuses courbées, d'un brun-obscur à l'extrémité, et sur chaque anneau de l'abdomen en-dessus on voit un rang de pointes écailleuses, courtes, brunes, placées transversalement. A l'aide de ces épines et des mouvements ondulatoires qu'elle donne à son abdomen, elle peut se mouvoir dans sa galerie; lorsque le moment de sa métamorphose en insecte parfait est venu, ce qui a lieu à la fin de juillet, la chrysalide s'élève dans sa galerie jusqu'à la partie située hors de l'eau et se dépouille de sa peau. Le Charançon, après que ses membres se sont raffermis, sort par le trou ménagé par la larve et se met en liberté. D'après Olivier, c'est le Charançon lui même qui perce la tige et non la larve qui prend ce soin avant de se changer en chrysalide. Je n'ai pas eu l'occasion de vérifier la vérité de cette opinion sur le *Lixus paraplectieus*, mais elle est vraie pour d'autres espèces du même genre.

L'insecte parfait est classé dans la famille des Porte-Bec, dans la tribu des Rhynchines, dans la sous-tribu des Erirhinites et dans le genre *Lixus*. Son nom entomologique est *Lixus paraplec ticus*, et son nom vulgaire *Charançon paraplectique*.

23. *Lixus paraplecticus*, Fab. — Longueur, 16-20 mill. Le corps est étroit, allongé, fusiforme, couvert d'un duvet gris et d'une poussière d'un jaune verdâtre; les antennes sont coudées, insérées près de l'extrémité du rostre, grêles, d'un brun ferrugineux, terminées en massue oblongue de quatre articles d'un cendré noirâtre. Le rostre est allongé, cylindrique, un peu arqué, notablement épais; la tête est un peu plus large que le rostre, pulvérulente comme celui-ci; elle est engagée en partie dans le corselet; les yeux sont grands et noirs; le corselet est un peu conique, plus étroit en devant qu'en arrière, de la longueur du rostre, pulvérulent, marqué d'un faible sillon dorsal à sa partie postérieure; les élytres sont ovales, de la largeur du corselet à la base, deux fois aussi longues que celui-ci et le rostre pris ensemble, à stries fines de points, terminées en pointes divergentes dépassant l'abdomen et pulvérulentes; le dessous est couvert d'une épaisse pous-

sière jaunàtre ; les pattes sont noires, pulvérulentes, et les tarses ont quatre articles.

La poussière colorée qni recouvre le corps et les membres de l'insecte tombe facilement par le frottement, et alors on voit à nu le derme, qui est noir. Cette poussière est sécrétée par les pores du derme et se renouvelle pendant tout le temps qne l'animal vit et prend de la nourriture.

Les chevaux, en broutant l'herbe, peuvent avaler le *Lixus paraplecticus* ou sa larve, mais on ne conçoit pas aussi bien comment ils peuvent les manger dans le fourrage sec qu'on leur donne, lors même qu'il contiendrait quelques tiges de Phellandrie. Il est probable qu'il en est de cet insecte comme de beaucoup d'autres qui éclosent en été, lesquels laissent en réserve une partie de la génération qui ne se transforme qu'au printemps suivant, afin d'assurer la perpétuité de l'espèce qui pourrait périr sans cette sage précaution de la nature, et c'est cette portion de la génération restant dans le fourrage que les chevaux peuvent manger en hiver. Je n'ai jamais entendu citer un exemple de paraplégie causée par l'ingestion de cet insecte.

—

24. — Le Charançon du Riz.

(*Sitophilus oryzæ*, Schœn.)

Le riz est exposé, comme le blé, à être rongé par un petit Charançon qui s'en nourrit à l'état de larve et d'insecte parfait. On trouve quelquefois ce dernier en abondance dans les magasins où l'on conserve ce grain, et il n'est pas rare d'en trouver les cadavres dans les petites provisions qu'on achète chez les épiciers pour les besoins du ménage. Je ne sais si on a fait des observations particulières et suivies sur cet insecte et si son histoire est bien connue. Il est du même genre que le Charançon du blé (*Sitophilus granarius*, Schœn), il ressemble presque entièrement à ce dernier et l'on peut conjecturer, avec beaucoup de vraisemblance, qu'il en a les mœurs et les habitudes, c'est à-dire que la femelle place ses œufs dans le riz, un dans chaque grain, en ayant soin de percer, avec son rostre, un petit trou pour le recevoir et le cacher. La petite larve sortie de l'œuf mange la farine contenue sous l'écorce sans altérer la forme du grain et agrandit son logement à mesure qu'elle consomme sa provision. Parvenue à toute sa croissance, elle se change en chrysalide dans son habitation et bientôt après en insecte parfait qui perce la peau du riz pour se mettre en liberté, prendre ses ébats et recommencer à pondre comme ses parents. Chaque larve consomme la farine d'un grain et chaque insecte en ronge plusieurs autres en partie pour se nourrir. Il a plusieurs générations pendant la belle saison et l'animal multiplie considérablement en peu de temps, en sorte qu'il cause beaucoup de dommages dans les magasins qu'il a envahis.

Telle est, par conjecture, l'histoire de ce petit insecte qui est de la famille des Porte-Bec, de la tribu des Rhynchines, de la sous-tribu des Calandrites et du genre *Sitophilus*. Son nom entomologique est *Sitophilus oryzæ*, et son nom vulgaire *Charançon du riz*.

24. *Sitophilus oryzæ*, Schœn. — Longueur, 3 mill. Sa forme est allongée ; tout le corps est brun ; les antennes sont coudées, d'un brun-ferrugineux, terminées en massue ovalaire ; le rostre est long, légèrement courbé, aminci à sa base, un peu plus épais à l'extrémité, presque de la longueur du corselet ; la tête est arrondie ; le corselet est presque cylindrique, mais un peu rétréci en-devant, fortement ponctué, déprimé en-dessus ; les élytres sont de la longueur du corselet, de la même largeur que ce dernier, arrondies en arrière et ne couvrant pas entièrement l'extrémité de l'abdomen ; elles portent des stries ponctuées et sont marquées de deux taches ferrugineuses, l'une à la base, l'autre à l'extrémité. Les pattes sont courtes, de la longueur du corps.

Cet insecte est commun dans les pays étrangers où on cultive le riz comme nous cultivons le blé en Europe. Les procédés indiqués pour la conservation du blé peuvent être employés pour la conservation du riz. Si on le garde dans des caisses ou des tonneaux hermétiquement fermés immédiatement après la récolte, en ayant soin de ne l'y placer que nettoyé, sec et exempt de Charançons, il sera préservé de ces insectes, qui ne pourront pas pondre leurs œufs dans les grains, et alors il pourra se conserver fort longtemps.

On n'a pas encore signalé les parasites et les ennemis naturels de cette espèce.

—

25. — Le Callidie sanguin.
(*Callidium sanguineum*, Fab.).

On voit souvent courir autour des maisons, dans les appartements, surtout dans les bûchers et les chantiers de bois à brûler, un fort bel insecte, d'une forme un peu allongée, d'une belle couleur rouge, portant de longues antennes ; il est très printanier, car il se montre dès le mois de mars. Cet insecte sort des bûches de chêne destinées au feu et il s'en échappe quelquefois au moment où on les met dans le foyer; si on examine ces bûches, on y remarque des trous ovales qui traversent l'écorce et qui s'y trouvent en plus ou moins grand nombre, et si on enlève celle-ci, on s'aperçoit qu'il règne un grand désordre tant à sa surface interne qu'à la surface extérieure du bois; on y voit des sillons ou des galeries imprimées dans le bois et dans l'écorce remplies de poussière noirâtre pressée dans lesquelles on trouve des larves qui en sont les légitimes habitants. Chacune d'elles occupe une galerie distincte remplie de vermoulure, excepté dans une sorte de chambre occupée par l'insecte; les galeries n'ont pas une forme régulière ; elles varient pour la longueur, la largeur et la direction qui est rarement droite, mais qui serpente d'une manière irrégulière. Elles sont dirigées dans le sens des fibres et se terminent ordinairement

4

par un trou de forme ovale qui s'enfonce obliquement dans le bois à la profondeur de un centimètre; les dimensions de cet ovale parfait sont de 4 à 5 mill. sur 3 mill. Il correspond exactement au trou que l'on a remarqué sur l'écorce. Il y a des bûches tellement rongées par les larves que la première couche de l'aubier est presqu'entièrement disparue et que l'écorce ne touchant plus au bois que par un petit nombre de points s'en détache d'elle-même ou tombe sous le plus léger effort.

Les larves qui habitent les galeries vivent de bois sec; elles en détachent les fibres avec leurs mandibules robustes et dentées, les mastiquent avec leurs mâchoires et les avalent: elles les digèrent et en rendent les parties grossières, impropres à la nutrition sous la forme de poussière brune ou de vermoulure; elles grandissent lentement et mettent au moins deux ans pour parvenir à leur croissance entière, car on en voit en même temps de très petites et d'autres qui paraissent arrivées à leur taille complète. Lorsque cette larve est parvenue à toute sa croissance, à la fin de février ou au commencement de mars, elle creuse un trou ovale dans le bois et s'y enfonce pour attendre le moment de sa métamorphose en chrysalide et ensuite en insecte parfait; celui-ci, après s'être raffermi, perce l'écorce qui le couvre, y pratique un trou ovale d'une dimension égale à celle de son corps et prend son essor

La larve, au moment de sa métamorphose, a 14 mill. de long; elle est d'un blanc légèrement jaune, elle est un peu déprimée, c'est-à-dire moins épaisse que large, formée de treize segments sans compter la tête qui est petite, cachée en partie dans le premier segment. On y distingue deux fortes mandibules brunes, un labre, des palpes et des poils roux qui entourent la bouche ; on y voit aussi deux petites antennes. Le premier segment est très grand par rapport aux autres, luisant, et portant deux taches écailleuses jaunâtres; il recouvre la tête en-dessus et lui est adhérent; les deuxième et troisième segments sont très petits ; le treizième ou dernier est un simple bouton que l'on doit, peut être, regarder

comme un appendice du douxième, auquel cas il n'y aurait que
douze segments comme dans les larves de la plupart des insectes.
Cette larve est pourvue de six pattes thoraciques presque imperceptibles, impropres à la marche; elle se meut en rampant.

L'insecte parfait est un coléoptère de la famille des Longicornes,
de la tribu des Gérambycins et du genre *Callidium*. Son nom
entomologique est *Callidium sanguineum*, et son nom vulgaire
Callidie sanguin; c'est la *Lepture veloutée, couleur de feu*, de
Geoffroy.

25. *Callidium sanguineum*, Fab. — Longueur, 9 mill. Les antennes sont noires, filiformes, de la longueur du corps; la tête est
noire, avec une petite tache rouge au milieu ; le corselet est arrondi, déprimé, tuberculé, coûvert d'un duvet rouge sanguin, quelquefois noirâtre; les élytres sont plus larges que le corselet, cinq à six
fois aussi longues, à côtés parallèles, arrondies au bout, d'un beau
rouge sanguin velouté; le dessous du corps est noir ou brun, avec
l'extrémité de l'abdomen rouge-brun; les pattes sont noires, velues, à cuisses renflées; le corps est généralement déprimé, ayant
dans sa coupe la forme elliptique, ce qui explique pourquoi les
trous que l'insecte perce dans l'écorce pour se mettre en liberté
sont ovales.

On trouve cet insecte depuis le mois de mars jusqu'à la fin de
mai. Il s'accouple dès sa naissance, et la femelle fécondée va
pondre ses œufs isolément sur l'écorce du bois de chêne sec, les
plaçant dans les fissures et les crevasses qu'elle rencontre ou sous
l'écorce soulevée des extrémités des bûches. Les petites larves
qui en sortent s'introduisent entre l'écorce et le bois et y creusent
chacune une galerie pour se loger et pour vivre, comme on l'a dit
plus haut.

On ne connaît aucun moyen de s'opposer aux dégâts produits par
cet insecte, si ce n'est celui d'écorcer le bois de chêne en l'abattant
et de ne mettre dans le bûcher que du bois dépouillé de son écorce.
La méthode d'écorcer le bois de chêne en le coupant a le double

avantage du produit de l'écorce et de l'éloignement du *Callidium*. Cet insecte n'attaque pas les autres essences de bois. Dans l'ordre général de la nature, le *Callidium sanguineum* joue un rôle important : il contribue à faire tomber l'écorce des chênes morts sur pied ou abattus par les ouragans pour accélérer la décomposition du bois et sa réduction en terreau.

On pourrait croire qu'une larve cachée sous l'écorce dure du chêne sec vit en parfaite sécurité et n'a rien à craindre de ses ennemis : elle est cependant atteinte par la tarière d'un Ichneumonien qui parvient à loger ses œufs dans son corps après avoir percé l'écorce. On a peine à concevoir comment cette tarière, de la grosseur d'un cheveu, poussée par un faible insecte, parvient à traverser l'écorce ; le fait est cependant certain. La femelle, après avoir choisi l'emplacement qu'elle veut piquer, amène sa tarière dégagée de sa gaine perpendiculairement à son corps et en appuie le bout sur le point choisi, puis elle la raidit, la pousse et s'efforce de la faire pénétrer, et après beaucoup de temps, de patience et d'efforts, elle parvient à la faire entrer dans l'écorce de presque toute sa longueur. Les larves sorties des œufs de l'ichneumonien rongent la larve du Callidie et finissent par lui donner la mort; elles se transforment en chrysalides dans la galerie et ensuite en insectes parfaits qui s'ouvrent un passage avec leurs dents pour se mettre en liberté.

Ce parasite est un Ichneumonien de la sous-tribu des Braconites, et du genre Bracon. Il ressemble un peu au *Bracon dispar.*, N. d. E., mais il en diffère par plusieurs caractères ; je lui ai donné le nom provisoire de *Bracon truncorum*.

I. *Bracon truncorum*, G. — Longueur, 4 mill. La tête est arrondie et noire ; les antennes sont filiformes, composées d'un grand nombre d'articles peu distincts, noires, avec les premier et deuxième articles jaunes en-dessous; les palpes sont longs, filiformes, d'un jaune-pâle ; le corselet est noir, ayant un enfoncement ponctué sur le dos; l'abdomen est ovale, à pédicule extrêmement court,

de la longueur de la tête et du corselet, noir à la base, brun de
poix à l'extrémité, noir luisant au milieu ; le premier segment
porte en dessus une sorte d'écusson finement strié ; les pattes sont
d'un blanc-jaunâtre, avec les crochets des tarses blancs ; les ailes
sont couchées horizontalement sur le dos et dépassent l'abdomen ;
elles sont transparentes, à nervures et stigma noirs; elles sont
pourvues d'une grande cellule radiale (les supérieures) fermée à
l'extrémité de l'aile et des trois cellules cubitales; la première
presque carrée, recevant la nervure décurrente ; la deuxième plus
longue que large ; la troisième terminée au bout de l'aile ; la tarière est de la moitié de la longueur de l'abdomen.

Le mâle ressemble à la femelle, mais il est un peu plus petit ; il
n'a que 3 mill. de long ; son abdomen est presque cylindrique et
dépourvu de tarière.

—

26. — Le Callidie variable.
(*Callidium variabile*, Fab.).

Cet insecte a la même taille, la même forme et les mêmes
mœurs que le *Callidium sanguineum*, dont on vient de parler. Sa
larve vit dans le bois sec et ressemble à celle de ce dernier; elle
s'établit quelquefois dans les cercles en chêne des tonneaux et des
barils qu'elle ronge et dont elle occasionne la rupture. En 1847,
on s'aperçut à Cherbourg que les cercles des barils à poudre de
l'un des magasins de la guerre étaient réduits en poussière par
cet insecte, en compagnie de l'*Anobium striatum*. Ces barils
étaient renfermés dans d'autres barils appelés chapes, comme on
le fait toujours dans l'administration de la guerre pour garantir la
poudre de l'humidité, ce qui n'avait pas empêché les insectes de
s'établir et de se propager dans les cercles. On fut obligé de trans-
vaser les poudres, ce qui est toujours une opération dangereuse,
afin de réparer les barils et de les cercler à neuf. Il est vraisem-

blable que ces insectes, ou leurs larves ou leurs œufs, existaient
dans les cercles au moment où les barils ont été enchapés.

La larve du *Callidium variabile* est blanchâtre, molle, un peu
déprimée, allant en se rétrécissant légèrement depuis le premier
segment, qui est le plus gros, jusqu'à la queue. Elle est formée de
treize segments, non compris la tête, qui ne montre en dehors que
le chaperon, le labre et les mandibules; le reste paraît enchassé
dans le premier segment. Le dernier anneau est un petit bouton
que l'on pourrait regarder comme un appendice du précédent;
elle est pourvue de six pattes thoraciques, rudimentaires, presque
imperceptibles; c'est avec ses fortes mandibules qu'elle ronge le
bois sec dont elle se nourrit. On la trouve dans les sillons qu'elle
trace, partie dans l'aubier, partie dans l'écorce, et qu'elle remplit
de vermoulure laissée derrière elle, à mesure qu'elle avance.
Comme elle reste toujours couverte, elle s'enfonce d'autant plus
dans l'aubier que l'écorce est moins épaisse; elle emploie deux
ans à prendre son entière croissance et se change en chrysalide
dans une cellule qu'elle creuse à l'extrémité de sa galerie. L'insecte parfait se montre pendant le mois de juin.

Il est de la même famille, de la même tribu et du même genre
que le précédent. Son nom entomologique est *Callidium variabile*,
et son nom vulgaire *Callidie variable*, nom qui lui a été donné à
cause des couleurs différentes qu'il présente d'un individu à un
autre.

26. *Callidium variabile*, Fab. — Longueur, 12 mill. Le corps
est déprimé; les antennes sont d'un brun-clair, avec l'extrémité de
chaque article d'un noir-bleuâtre; la tête est noire, les mandibules
et les pattes sont fauves; le corselet est déprimé, arrondi, d'un
rouge-jaunâtre, ayant ordinairement une tache noire au milieu;
les élytres sont un peu plus larges que le corselet, cinq fois aussi
longues que ce dernier, à côtés parallèles, arrondies au bout, d'un
bleu-obscur, très finement chagrinées; l'abdomen est noir, avec
l'extrémité roussâtre; les pattes sont roussâtres, légèrement velues;
les cuisses sont renflées en massue noirâtre.

Cette espèce présente deux variétés, savoir :

1° *Callidium præustum*, Fab. — Le corps est entièrement d'un roux testacé, avec l'extrémité des élytres d'un bleu violacé.

2° *Callidium testaceum*, Fab. — Le corps est entièrement d'un roux-testacé sans aucune tache.

Aussitôt après sa naissance cet insecte s'accouple et la femelle va déposer ses œufs isolément sur le bois de chêne sec couvert de son écorce, qu'elle trouve à sa portée.

Les larves sont atteintes dans leurs galeries par la tarière d'un Ichneumonien, qui pond ses œufs dans leur corps. Ce parasite est un Braconite du genre *Spathius*, qui ressemble beaucoup au *Spathius clavatus*, N. d. E., mais qui en diffère probablement. Je lui ai donné le nom provisoire de *Ferrugatus*.

II. *Spathius ferrugatus*, G. — Longueur, 6 mill., et avec la tarière, 11 mill. Il est d'un brun-ferrugineux, la tête est arrondie; les antennes sont filiformes, testacées ; les palpes blanchâtres ; le thorax est ovalaire, noirâtre, portant sur le dos une tache testacée s'étendant jusqu'à l'écusson et jusque près des ailes, divisée par une ligne médiane noire ; le métathorax est ferrugineux . le pédicule de l'abdomen est long, ferrugineux, bordé de noir de chaque côté et strié ; le reste de l'abdomen est ovoïde, testacé, lavé de noirâtre à l'extrémité et de la longueur du pédicule ; les pattes sont testacées ; les hanches et les trochanters antérieurs sont blanchâtres ; le milieu des cuisses est brun ; les hanches postérieures sont brunes à la base ; leur extrémité et leurs trochanters sont blanchâtres : les cuisses sont renflées au milieu, d'un brun-ferrugineux, avec les extrémités testacées ; les tibias sont marqués d'un anneau brun près de la base ; les tarses sont testacés ; les ailes sont transparentes, un peu obscures, avec le stigma noir, une grande tache obscure en-dessous, traversée par un trait blanc hyalin le long de la nervure de séparation des deuxième et troisième cellules cubitales ; la tarière est de la longueur du corps.

Le mâle est semblable à la femelle, mais il n'a que 4 mill. de long, ses antennes sont noirâtres à l'extrémité, et ses cuisses postérieures sont testacées.

On ne connaît aucun moyen de préserver les bois secs des atteintes du *Callidium variabile*, si ce n'est de les écorcer immédiatement après l'abattage. Si l'on doit employer des menus bois ou des bois de faibles dimensions avec leurs écorces pour faire des cercles, ou à des usages qui exigent qu'ils restent dehors, on peut essayer de les faire tremper dans des liquides tenant en dissolution des sels de fer, de cuivre, d'arsenic, etc., et laisser le bois s'imbiber de ces liquides qui empêcheront les insectes de s'y loger et les préserveront de la vermoulure.

Il est vraisemblable que les autres espèces du genre *Callidium*, telles que les : *C. Luridum*, Fab., *C. Bajulus*, Fab., *C. Alni*, Fab., etc.. se développent également dans le bois sec et sont des insectes nuisibles à l'économie domestique.

On a signalé plusieurs fois, comme un fait extraordinaire, des lames de plomb qui ont été perforées par des insectes. Ce fait est parfaitement exact et n'a rien de surprenant pour celui qui connaît un peu les mœurs de certains insectes. Lorsqu'une feuille de plomb est appliquée sur une planche ou sur une pièce de bois et qu'elle recouvre la cellule contenant une larve ou une chrysalide de *Callidium*, il arrive, après la transformation de cette dernière en insecte parfait, que celui-ci cherche à se mettre en liberté ; il ronge avec ses fortes mandibules le bois qui le sépare du plomb et ensuite le plomb lui-même pour se faire une ouverture elliptique par laquelle il s'échappe. D'autres insectes agissent de même, tels que : l'*Apate capucina*, Fab., coléoptère xylophage dont la larve vit dans le chêne ; l'*Urocerus gigas*, Lat., très grand hyménoptère qui se développe dans le sapin. Ce n'est pas pour manger le plomb que ces insectes l'entament; ils n'avalent pas les fragments qu'ils détachent ; c'est seulement pour le percer et se mettre en liberté qu'ils l'attaquent et le rongent.

—

27. — La Gracilie de l'Osier.

(*Gracilia pygmæa*, Serv.).

La Gracilie de l'osier est un très petit coléoptère de la famille des Longicornes et de la tribu des Cérambycins, que je n'ai pas eu l'occasion d'étudier moi-même et sur lequel je n'ai pu me procurer des renseiguements circonstanciés et détaillés. Il parait que sa larve vit et se développe dans l'osier avec lequel on tresse les paniers, les corbeilles, etc., qu'elle le ronge, le réduit en poussière et met bientôt ces ustensiles hors de service. Elle se tient aussi dans le bois de châtaignier débité en baguettes pour la construction des treillages dans les jardins, soit pour clôture, soit pour palissage le long des murs. Elle les crible de ses galeries et l'insecte parfait les perce d'une multitude de trous pour se mettre en liberté après sa dernière transformation.

J'ai vu des seaux en osier fortement goudronnés en-dedans faisant partie de l'attirail d'une pompe à incendie qui, après avoir été gardés en magasin pendant 15 à 20 ans, sont devenus hors de service par l'action de cet insecte, à ce que je suppose, parce que je ne l'ai pas vu lui-même dans le travail de destruction. L'osier était apparent à l'extérieur et c'est par là qu'il a été attaqué ; il était percé d'une multitude infinie de petits trous d'où tamisait une poussière abondante. Presque tous les brins étaient creusés en galerie et n'avaient plus de consistance ; il a fallu réformer ces seaux qui, en cas d'incendie, se seraient brisés dans les mains de ceux qui auraient voulu s'en servir. Je n'ai pas vu l'insecte destructeur, comme je viens de le dire, et je ne peux affirmer que le dégât a été produit par la *Gracilia pygmæa*, car il a pu l'être par l'*Anobium striatum*, dont l'histoire est donnée plus haut, qui perfore non seulement les bois gros et moyens, mais encore les plus petits brins, comme les branches sèches de lierre de la grosseur de 2 à 3 mill. de diamètre et les réduit en poussière.

Il est à désirer que les entomologistes qui auront l'occasion d'observer ce petit Longicorne dans des ouvrages tressés en osier ou dans des treillages, veuillent bien prendre la peine de décrire sa larve, de suivre attentivement les phases de la vie de l'insecte et de publier son histoire. Quant à l'insecte parfait, il sort du bois dans la première quinzaine de juillet.

Ce petit Longicorne a été placé dans le genre *Callidium* par Fabricius, dans celui de *Saperda* par Olivier, et maintenant il fait partie de celui de *Gracilia*.

28. *Gracilia pygmæa*, Serv. — Longueur, 4 mill. Le corps est étroit, linéaire, fortement déprimé, entièrement brun ; les antennes sont filiformes, glabres, testacées, de la longueur du corps chez le mâle, plus courtes chez la femelle ; le corselet est déprimé, pointillé, arrondi et mutique sur les côtés ; l'écusson est petit, arrondi ; les élytres sont linéaires, finement ponctuées, arrondies et mutiques au bout ; les pattes sont brunes, peu longues, avec les cuisses renflées en massue allongée.

Lorsqu'on a des paniers et des corbeilles attaquées par cet insecte ou par tout autre insecte qui en ronge l'osier, on pourra essayer de les plonger dans l'eau de lessive ou dans une décoction de tabac et les laisser s'imbiber, afin que les larves ou les chrysalides logées dans les galeries soient atteintes et tuées. On peut encore mettre ces ustensiles dans un four après que le pain en est retiré, ce qui fera périr les insectes et même leurs œufs s'il y en a. En les frottant avec une éponge imbibée de térébenthine, on ferait très probablement périr ces petits animaux. Quant aux treillages, il faut les couvrir d'une bonne couche de peinture à l'huile et renouveler cette peinture tous les trois ou quatre ans. Si malgré ce soin le bois, découvert sur quelques points, est attaqué par les insectes, il faudra laver ces points avec de l'essence de térébenthine.

28. — La Nécydale fauve,

(*Necydalis rufa*, Lin.).

La Nécydale fauve est un coléoptère à longues antennes dont les élytres sont brusquement rétrécies au-dessous des épaules et terminées en alène et dont les pattes postérieures sont beaucoup plus longues que les autres. On la trouve fréquemment dans les jardins, sur les fleurs, pendant les mois de juin et de juillet ; elle recherche particulièrement les ombellifères et les fleurs composées. L'insecte parfait ne nous cause aucun préjudice par lui-même, mais il n'en est pas de même de sa larve, qui vit et se développe dans le bois sec et qui perce quelquefois les meubles pour se loger et se nourrir. Je n'ai pas vu cette larve et je ne sais combien il lui faut de temps pour acquérir sa croissance complète, mais j'ai trouvé le cadavre de l'insecte parfait à l'entrée d'une galerie creusée dans le plateau d'une table en noyer recouverte d'une toile cirée et renfermée dans une chambre. Cette table était construite depuis sept à huit ans, et la Nécydale était morte depuis plusieurs années, à ce que je suppose. Elle habitait ce plateau en compagnie du *Ptilinus flabellicornis*, dont on a parlé précédemment. Il est vraisemblable que c'est par accident que cet insecte s'introduit dans les appartements pour y pondre ses œufs et que dans ses habitudes ordinaires il les confie au bois sec qui se trouve dans les jardins et autour des maisons de campagne ; et comme ce coléoptère est fort commun, on doit le ranger au nombre des insectes nuisibles et ne se faire aucun scrupule de le tuer lorsqu'on le rencontre sur les fleurs.

Il est classé dans la famille des Longicornes, dans la tribu des Cérambycins, et dans le genre *Necydalis*. Son nom entomologique est *Necydalis rufa*, Lin.; *Stenopterus rufus*, Ill., et son nom vulgaire *Nécydale fauve*; c'est la *Lepture, à étuis étranglés*, de Geoffroy.

Necydalis rufa, Lin. — Longueur, 10 mill. Les antennes sont fauves, velues, un peu moins longues que le corps, ayant leurs deux premiers articles noirs; la tête est noire et chagrinée, les yeux sont échancrés; le corselet est chagriné, noir, rétréci en-devant et en arrière, avec trois tubercules lisses sur le dos et quatre petites taches de poils jaunes, deux au bord antérieur et deux au bord postérieur; l'écusson est couvert de poils jaunes; les élytres sont rousses, ponctuées, ayant les épaules et l'extrémité noires, plus larges que le corselet à la base, rétrécies au-dessous des épaules, subulées à l'extrémité; la poitrine et l'abdomen sont noirs; le bord des segments de ce dernier porte une bande de poils jaunes; les pattes sont rousses; les cuisses antérieures et moyennes sont noires, renflées en massue; les postérieures sont plus longues que les autres, ayant seulement le petit bout de la massue noir.

On ne connait pas encore assez complétement les mœurs de cet insecte pour apprécier son importance sous le rapport des dégâts qu'il peut produire et pour indiquer le moyen de le combattre. Mais si l'on s'aperçoit qu'il s'est établi dans un meuble ou une boiserie, il faudra avoir recours au procédé que j'ai employé; c'est à-dire, introduire de l'essence de térébenthine dans les trous ovales qu'on verra dans le meuble et en frotter toute la surface supérieure et inférieure avec une éponge imbibée de ce liquide, par ce moyen on fera périr les insectes qui sont dans le bois et on empêchera leurs pareils d'y venir établir leur domicile; on bouchera ensuite, avec de la cire, les trous qu'ils ont faits.

—

29. — Les Blattes.

(*Blatta americana*, Lin. — *Orientalis*, Lin. — *Lapponica*, Lin. — *Germanica*, Lin. — *Livida*, Lin).

Les Blattes sont des insectes dont la taille est au-dessus de la moyenne, dont la forme est ovale et plate, qui ont des ailes membraneuses pliées en éventail, sous des élytres coriaces couchées sur le dos, de longues antennes filiformes et six pattes terminées par un tarse de cinq articles. Elles sont très agiles et fuient la lumière. On en trouve deux espèces dans les maisons où elles sont très incommodes lorsqu'elles y sont nombreuses. On les voit dans les moulins, les boulangeries, les cuisines, les offices, etc., elles rongent et mangent tout ce qu'elles trouvent, principalement le pain, la farine, le cuir, le fromage, le sucre, toutes les provisions de ménage, les vêtements, etc. C'est le soir, pendant la nuit, qu'elles sortent de leurs retraites pour se mettre en quête et se nourrir. Durant le jour elles se tiennent cachées dans les trous, les fentes des murs et des boiseries, derrière les tapisseries, dans les angles des armoires. Elles sont incommodes par les dégâts qu'elles font et par l'odeur infecte qu'elles répandent. Les œufs que pond la femelle sont renfermés dans une espèce de capsule oblongue, lisse, de couleur marron, longue de 10 mill. environ, cylindrique, arrondie aux deux bouts, garnie tout le long d'une sorte de languette finement dentée en scie. La femelle porte pendant quelque temps cet espèce d'œuf à son derrière jusqu'à ce que son enveloppe se soit durcie et colorée, après quoi elle l'abandonne. Les petites larves qui en sortent ont la même force que leurs parents, avec la seule différence qu'elles n'ont pas d'ailes : elles cherchent leur vie, croissent, changent plusieurs fois de peau en grandissant ; elles acquièrent des rudiments d'ailes à leur avant-dernière mue et sont alors passées à l'état de nymphe ; elles continuent à manger et à courir jusqu'au moment où, par une dernière mue, elles deviennent ailées et adultes, en état de propager leur espèce et sont alors passées à l'état d'insectes parfaits.

Les Blattes font partie de l'ordre des Orthoptères, de la famille des Coureurs, de la tribu des Blattiens et du genre *Blatta*. Les deux espèces nuisibles que l'on trouve en France sont les suivantes :

29. *Blatta americana*, Lin. — Longueur, 27-34 mill. Elle est d'une

couleur rousse ferrugineuse ; la tête est petite, cachée sous le corselet; celui-ci est presque ovale, considéré transversalement, d'un jaune d'ocre obscur, avec deux taches au milieu plus obscures ; les élytres et les ailes dépassent l'abdomen ; elles sont en ovale allongé, d'un roux foncé plus on moins obscur; les premières portent une ligne élevée longitudinale placée vers le milieu, une autre ligne arquée et enfoncée qui va aboutir vers le milieu du bord interne ; enfin, une troisième moins enfoncée placée vers le bord externe ; les ailes sont rousses, transparentes, pliées en éventail ; l'abdomen est d'un roux vif, avec les bords et les côtés des anneaux noirâtres ; les pattes sont fauves, grandes, armées de piquants noirâtres ; les appendices latéraux du dernier segment de l'abdomen sont notablement longs et multiarticulés ; les filets sexuels du mâle sont un peu moins longs ; les antennes sont brunâtres, glabres, plus longues que le corps et vont en diminuant d'épaisseur jusqu'à l'extrémité qui est de la grosseur d'un cheveu.

Cette espèce porte le nom vulgaire de *Blatte américaine*, de *Kakerlac*. Elle est originaire de l'Amérique méridionale et elle a été apportée en Europe par les vaisseaux du commerce ou des marines militaires ; elles est répandue dans toutes les contrées. Dans son pays originaire, elle habite les champs et les maisons, attaquant et rongeant toutes sortes de substances; chez nous elle se tient dans les maisons seulement. La capsule qui renferme ses œufs, au nombre de seize, porte une languette dentelée des deux côtés ; elle s'ouvre en deux dans le sens de la longueur et chaque moitié contient huit œufs.

30. *Blatta orientalis*, Lin. — Longueur, 22-28 mill.; largeur, 10 mill. Elle est d'une couleur brune plus ou moins foncée ; les antennes sont brunes, sétacées, un peu plus longues que le corps; la tête est petite, presque cachée sous le corselet; les élytres sont d'une couleur un peu plus claire que le reste du corps, d'un tiers plus courte que l'abdomen chez le mâle, rudimentaires chez la

femelle ; les ailes sont un peu plus courtes que les élytres chez le mâle, nulles chez la femelle ; les pattes sont de la couleur du corps, épineuses ; les postérieures sont plus longues que les antérieures ; l'abdomen est terminé par deux appendices filiformes, articulés, de la couleur du corps.

On donne à cette espèce les noms vulgaires de *Blatte des cuisines*, de *Caffard*. Elle nous est venue de l'Orient et s'est répandue dans toute l'Europe, et même dans tout l'univers. Elle s'est considérablement multipliée chez nous et se tient constamment dans nos maisons. La capsule qui contient ses œufs n'a qu'un de ses côtés garni d'une languette dentée en scie.

On ne connaît pas d'autre moyen de détruire les Blattes que de les empoisonner en leur offrant de la farine dans laquelle on a mélangé du phosphore. On place cet appât dans les lieux obscurs et tranquilles qu'elles fréquentent et dans lesquels elles se retirent. On pourrait essayer un mélange de farine et de chaux vive en poudre ou de plâtre tamisé qui produirait vraisemblablement le même effet.

On trouve dans nos bois et quelquefois dans les environs de nos maisons, mais jamais dans leur intérieur, trois autres espèces de Blattes qui sont les : *Blatta germanica*, Lin., — *livida*, Fab., — *lapponica*, Lin., lesquelles vivent exclusivement dans les habitations en Russie et en Laponie, et dévorent les provisions qui y sont rassemblées pour les besoins de la famille. Elles sont d'une taille moindre que les précédentes et d'une couleur pâle.

31. *Blatta lapponica*, Lin. — Longueur, 11-13 mill. La tête est noire, les antennes sont noires, sétacées, presque aussi longues que le corps ; le corselet est court, large, laissant le front à découvert, d'un gris jaunâtre avec une large tache noire dans son milieu ; les élytres sont de la même couleur que le corselet, avec une strie arquée noire et quelques petits points placés dans le sens de la longueur ; les ailes sont pâles, sans taches ; l'abdomen est noir avec

son bord jaune ; les pattes brunes ayant les trochanters et le premier article des tarses d'un jaune clair.

Cette espèce se rencontre dans nos bois. Linné remarque qu'elle se trouve dans les cabanes des Lapons en si grand nombre qu'elle dévore, souvent en un seul jour, les poissons que ce peuple fait sécher pour lui servir de nourriture.

32. *Blatta germanica*, Lin. — Longueur, 11-13 mill. La tête est d'un jaune pâle, marquée d'une tache brune sur le vertex ; les antennes sont longues, sétacées, brunâtres ; le corselet est court, large, laissant le front à découvert, de couleur jaune avec deux petites lignes noires longitudinales ; les élytres sont lisses, glabres, jaunes, sans aucune tache ; les ailes sont grisâtres, ne dépassant pas ou dépassant peu l'abdomen ; celui-ci est d'un jaune clair, étroit et allongé ; les pattes sont déliées de la couleur de l'abdomen.

Cette espèce se trouve dans les bois

33. *Blatta livida*, Fab. — Longueur, 8 mill. Le corps est court, large, de forme ovale ; la tête est d'un jaune-doré ; les antennes sont sétacées, d'un jaune pâle ; le corselet est large, ayant ses côtés très pâles et diaphanes, et le centre roussâtre ; les élytres sont d'un gris-jaunâtre avec quelques points noirs dans le sens de leur longueur ; les ailes sont transparentes, très claires ; l'abdomen est d'un jaune pâle, large et arrondi, ayant en dessus son milieu noir, et en dessous trois lignes roussâtres, une au milieu et une de chaque côté. Les pattes sont d'un jaune pâle.

On la trouve dans les bois.

—

34. — La Punaise des lits.

(*Cimex lectuarius*, Lin.)

La Punaise des lits est un insecte très incommode pour les personnes qui habitent les maisons dans lesquelles elle s'est établie. Elle est nocturne et se cache pendant le jour dans les fissures des meubles et des boiseries, sous les papiers et les tapisseries qui couvrent les murs, etc , et comme son corps est très plat, elle s'introduit dans les plus petites fentes et échappe aux recherches qu'on en fait. Elle sort de sa retraite pendant la nuit et se transporte sur les personnes couchées et endormies ; elle enfonce son bec pointu dans la peau et boit le sang qui sort de la blessure. Lorsqu'elle est repue, elle retourne dans sa cachette. La piqûre laisse un point rouge sur la peau et la succion du sang produit une petite ampoule et un cercle rougeâtre autour de ce point; cette blessure ne présente aucun danger et disparaît bientôt sans qu'on y apporte aucun soin. Cet insecte répand une odeur très fétide sur son chemin et si on le touche avec les doigts, ils en sont infectés pendant assez longtemps. Le bec avec lequel la punaise nous blesse est couché contre la poitrine lorsque l'insecte n'en fait pas usage ; il part de la tête et ne dépasse pas l'insertion des pattes antérieures; sa substance est cornée et il est composé de trois articles ; il renferme dans une rainure creusée en dessus trois ou quatre soies écailleuses fines comme des cheveux ; le bec étant introduit dans la peau, le sang afflue dans la blessure; les soies s'écartent un peu à l'extrémité pour en saisir une petite gouttelette, puis elles se resserrent pour la faire remonter jusqu'à l'œsophage par une pression graduelle. Peut-être que le sang monte entre les soies par le seul effet de la capillarité, et forme un courant continu. Il n'est pas facile de voir ce qui se passe dans cette circonstance, mais ce qui paraît certain, c'est que les punaises, ne respirant pas par la bouche, ne peuvent pomper le sang qui doit s'élever par une action mécanique jusque dans l'œsophage.

La femelle pond des œufs blanchâtres, oblongs, un peu courbés à l'une de leurs extrémités où l'on aperçoit un petit couvercle entouré d'une sorte de bourrelet; elle les place dans les angles et les fissures des murailles ; lorsque les petites punaises sortent de l'œuf, leur couleur est d'un blanc sale, mais après plusieurs changements de peau elles deviennent d'un brun-rougeâtre plus ou moins foncé, selon la quantité de sang qu'elles ont absorbé ; elles n'acquièrent jamais d'ailes et la larve, la nymphe et l'insecte parfait ne se distinguent que par la taille. L'odeur fétide n'est pas particulière à ce dernier, la larve et la nymphe la possèdent également. Elle est produite par un organe interne situé à la base de l'abdomen et s'ouvrant au-dehors par une petite fente située entre les quatre pattes postérieures. L'insecte la répand à volonté et particulièrement lorsqu'il se croit menacé. Toutes les punaises des bois et des jardins qui laissent une mauvaise odeur sur leurs chemins possèdent le même organe.

Les Punaises se multiplient très rapidement, et une maison dans laquelle entre une femelle fécondée en est bientôt infestée. Elles sont susceptibles de supporter une longue diète sans périr ; malheur alors à celui qui vient habiter un appartement vacant depuis quelque temps, s'il est rempli de punaises affamées ! Ces insectes meurent en grande partie pendant l'hiver, mais il en reste un certain nombre qui passent la mauvaise saison engourdies dans les fissures des boiseries ou dans les chambres chauffées. D'ailleurs elles se conservent par les œufs qui résistent au froid et qui éclosent au printemps.

La Punaise fait partie de l'ordre des Hémiptères, de la section des Hétéroptères, de la famille des Géocorises, de la tribu des Aradiens et du genre *Cimex*. Son nom entomologique est *Cimex lectuarius*, et son nom vulgaire *Punaise des lits*, ou simplement *Punaise*.

34. *Cimex lectuarius*, Lin. — Longueur, 4-5 mill. Le corps est d'un brun-ferrugineux rougeâtre, très déprimé, à peine plus long que large, presque rond ; les antennes sont sétacées, composées de quatre articles dont le dernier est long et délié ; le corselet est fort court, très échancré en devant, arrondi sur les côtés, rétréci en arrière, finement granuleux, avec quelques poils bru-

nâtres; l'écusson est triangulaire, large à la base; les pattes et les antennes sont de la couleur du corps ; les élytres et les ailes manquent complètement.

On a proposé beaucoup de procédés et de recettes pour détruire les punaises et l'on vend des liquides spéciaux pour cet effet. Si on ne veut pas en acheter ou si l'on n'est pas à portée de s'en procurer on peut en composer un soi-même dont l'éffieacité est prouve et dont voici la recette:

On fait dissoudre une *demie once* (15 grammes) de térébenthine dans de l'esprit de vin ; on fait encore dissoudre *deux gros* (4 grammes) de sublimé corrosif dans le même liquide, puis encore une demie once (15 grammes) de camphre dans l'esprit de vin. Quand ces trois dissolutions sont faites, on mélange le tout dans un vase et on y ajoute une pinte (0 l: 93) d'eau pure en ayant soin de remuer continuellement.

Chaque fois que l'on veut faire usage de cette préparation, il faut avoir soin de remuer le vase dans lequel on la conserve. Pour détruire les punaises d'une chambre, on démonte les lits et on lave les tenons et les mortaises, les fentes et les creux avec la liqueur indiquée en se servant d'un pinceau qui puisse l'introduire partout. Les insectes et les œufs touchés périssent sur-le-champ. On introduit le même liquide dans les fissures des boiseries, des parquets et des meubles où les punaises se réfugient ordinairement.

A défaut de cette liqueur préparée, dont le maniement n'est pas sans danger, on peut se servir d'essence de térébenthine ou de benzine dont l'effet sera probablement le même.

Si les punaises se tiennent cachées derrière une boiserie et qu'on ne puisse les atteindre avec la liqueur insecticide on prépare un mastic fait avec de l'ail et du blanc d'Espagne broyés; on y ajoute un peu d'essence de térébenthine qu'on aura préalablement fait dissoudre dans de l'esprit de vin; on introduit alors un peu de poussière de camphre et d'essence de térébenthine dans les trous, on les mastique et on les bouche hermétiquement avec cette composition, de manière que les punaises ne trouvent aucune issue pour sortir.

On a recommandé, pour la destruction des punaises, de faire brûler du soufre dans les appartements infestés en ayant soin de tenir les portes et les fenêtres fermées, les cheminées très exactement closes et d'y laisser la vapeur sulfureuse pendant vingt-quatre heures ; cette vapeur les tue immédiatement. On pourrait essayer la benzine répandue dans l'appartement ou placée dans des vases découverts en prenant la même précaution de tenir toutes les ouvertures fermées. Il est vraisemblable qu'elle produirait le même effet.

On se contente le plus souvent de claies d'osier larges de 0ᵐ 50 et aussi longues que le lit est large ; on en place une à la tête du lit dans une position verticale entre le bois et les matelas, et une autre au pied dans la même situation. Tous les matins on les secoue pour faire tomber les punaises qui sont venues s'y cacher au point du jour et on les écrase.

Lorsque l'appartement est propre, que les papiers de tenture sont bien collés sur les murs, que les boiseries sont bien appliquées et bien jointes, il est facile de se préserver des punaises ; il suffit pour cela d'y entretenir la propreté, de faire une recherche exacte de ces insectes au printemps, s'il s'en montre quelques-uns, et on en sera promptement délivré. Mais, lorsqu'un vieil appartement est envahi par les punaises, il faut démolir les parquets et les boiseries et les remanier, arracher les papiers de tenture, refaire les enduits et les plafonds et poser de nouveaux papiers; peindre les portes, croisées, boiseries à l'huile et au vernis, et on sera sûr que les punaises seront détruites.

Ces insectes sont tellement dégoûtants et si incommodes que l'on cherche toujours les moyens de s'en débarrasser lorsqu'on en a dans son appartement. Je crois devoir mentionner les moyens indiqués par Linné pour atteindre ce résultat. Ce grand naturaliste dit qu'elles sont chassées par les vapeurs de térébenthine répandue sur les charbons ardents ; par la Menthe des champs (*Mentha arvensis*) ; par la Passe-Rage des décombres (*Lepidium ruderale*) ; le Geranium Robert (*Geranium Robertianum*) ; l'Agaric-aux-Mouches (*Agaricus muscarum*) ; l'Actée chasse-punaise (*Actea cimifuga*) ; par les graines et l'herbe du chanvre ; par les baies de l'obier (*Opuli baccis*) ; par le Lédon des marais (*Ledo palustris*) ; par une infusion de plombagine d'Europe ; par la fumée du piment (*Capsici fumo*) ; par l'huile de hanneton répandue *(Olea melolonthæ infuso)* ; par l'huile de tabac ; par la Punaise-à-masque (*Cimice personato*). Il ajoute très judicieusement que l'on tue facilement l'insecte vivant, mais que c'est en vain si l'on ne détruit pas les œufs. Je ne voudrais pas me rendre garant de l'efficacité de toutes les recettes indiquées par Linné, dont plusieurs me paraissent d'un effet douteux.

La Punaise-à-masque, qu'il indique comme un ennemi de la Punaise des lits, capable de la faire disparaître des appartements, mérite d'être connue. C'est un Hémiptère-Hétéroptère de la tribu des Réduviens et du genre *Reduvius*, dont le nom entomologique est *reduvius personatus*.

III. *Reduvius personatus*, Fab. — Longueur, 16-18 mill. Le corps est assez long, déprimé, d'un brun-noirâtre, couvert de poils fins peu serrés ; les antennes sont formées de quatre articles dont les deux derniers sont très grêles ; la base et l'extrémité de chaque article sont plus pâles que le milieu ; la tête est ovalaire, saillante ; les yeux sont proéminents ; le rostre est court, arqué ; le corselet présente un étranglement ou ligne transversale placée vers la partie antérieure ; ses angles postérieurs sont pointus, mais non prolongés en épines ; les élytres sont grandes, couvrant entièrement l'abdomen, de la couleur du corps, sans taches ; les pattes sont épaisses, d'un brun-roussâtre, avec les cuisses antérieures renflées et la base des jambes blanchâtre.

On trouve cette espèce ainsi que sa larve dans les maisons, sous les lits, dans les coins et les lieux obscurs ; elle se couvre de duvet et de poussière pour se cacher et se masquer, dans le but de guetter les punaises et autres insectes dont elle suce les humeurs lorsqu'elle s'en est emparée, ne vivant que de proie prise à la chasse et à l'affut. Sa larve lui ressemble, sauf qu'elle est plus petite et qu'elle n'a pas d'ailes ; elle se couvre aussi de poussière pour tromper et saisir les insectes dont elle se nourrit. On ne rencontre pas cet insecte dans les maisons tenues proprement.

Il est bon de prévenir que la Punaise-à-masque pique très fortement et qu'on fera bien de s'en défier en la prenant.

—

35 et 36. — Les Termites.

(*Termes flavicolle*, Fab; — *lucifugum*, Ross.)

On ne possède que des connaissances très incomplètes sur ces insectes nuisibles, qui habitent les contrées les plus chaudes du globe, où ils ont été peu étudiés et rarement observés dans leur police et leur manière de vivre. Il en existe deux espèces dans le midi de la France où vraisemblablement elles ont été apportées par les navires du commerce et par ceux de l'Etat ;. c'est pourquoi il me paraît convenable d'en parler et de rapporter ce que Latreille dit de ces insectes.

« Les Termites, propres aux contrées situées entre les tropiques ou celles qui les avoisinent, sont connus sous les noms de *Fourmis blanches*, *Poux de bois*, *Carias*, etc. Ils y font d'horribles dégâts, sous la forme de larves plus particulièrement. Ces larves ou les *Termites ouvriers*, *travailleurs*, ressemblent beaucoup à l'insecte parfait ; mais elles ont le corps plus mou, sans ailes, et leur tête, qui paraît proportionnellement plus grande, est ordinairement privée d'yeux ou n'en possède que de très petits.

Elles sont réunies en société dont la population surpasse tout calcul, vivant à couvert dans l'intérieur de la terre, des arbres et de toutes les matières ligneuses, comme meubles, planches, solives, etc., qui font partie des habitations; elles y creusent des galeries qui forment autant de routes conduisant au point central de leur domicile et ces corps ainsi minés, ne conservant que leur écorce, tombent bientôt en poussière. Si des obstacles les forcent d'en sortir, elles construisent au dehors, avec les matières qu'elles rongent, des tuyaux ou des chemins qui les dérobent toujours à la vue. Les habitations ou les nids de plusieurs espèces sont extérieures, mais sans issue apparente. Tantôt elles s'élèvent au-dessus du sol en forme de pyramides, de tourelles, quelquefois surmontées d'un chapiteau ou d'un toit très solide, et qui, par leur hauteur et leur nombre, ont l'apparence d'un village ; tantôt elles forment, sur les branches des arbres, une grosse masse globuleuse. Une autre sorte d'individus, des neutres, appelés aussi Soldats et que Fabricius prend faussement pour des nymphes, défend l'habitation. On les distingue à leur tête plus forte et plus allongée, et dont les mandibules sont aussi plus longues, étroites et très croisées l'une sur l'autre ; ils sont beaucoup moins nombreux, se tiennent près de la surface extérieure de l'habitation, se présentent les premiers dès qu'on y fait brèche, et pincent avec force. On dit aussi qu'ils forcent les ouvriers au travail. Les *demi-nymphes* ont des rudiments d'ailes et ressemblent d'ailleurs aux larves.

« Devenus insectes parfaits, les Termites quittent leur retraite primitive, s'envolent le soir ou la nuit en quantité prodigieuse, perdent, au lever du soleil, leurs ailes qui se sont desséchées, tombent et sont en majeure partie dévorés par les oiseaux, les lézards et leurs autres ennemis. Au rapport de Smeathmann, les larves recueillent les couples qu'elles rencontrent, enferment chacun d'eux dans une grande cellule, une sorte de prison nuptiale où elles nourrissent les époux ; mais j'ai lieu de présumer que l'accouplement a lieu, comme celui des fourmis, dans l'air ou hors de l'habitation et que les femelles occupent seules l'attention des larves, dans le but de former une nouvelle colonie. L'abdomen des femelles acquiert, à raison de l'innombrable quantité d'œufs dont il est rempli, un volume d'une grandeur étonnante. La chambre nuptiale occupe le centre de l'habitation, et autour d'elle sont distribuées avec ordre celles qui contiennent les œufs et les provisions.

« Les Nègres, les Hottentots sont très friands de ces insectes. On les détruit avec de la chaux vive, et mieux encore avec de l'arsenic que l'on introduit dans leur domicile. Les deux espèces suivantes que l'on trouve dans nos départements méridionaux vivent dans l'intérieur des arbres. »

Les Termites font partie de l'ordre des Névroptères, de la famille des Planipennes, de la tribu des Termitines ou Corrodants, et du genre *Termes*. Leurs ailes, au nombre de quatre, sont couchées horizontalement sur le corps et très longues ; leur tête est arrondie ; leurs antennes sont courtes, en forme de chapelet ; leur corselet est presque carré ou en demi-cercle ; leur corps est déprimé ; leur abdomen est terminé par deux pointes coniques de deux articles ; les pattes sont courtes et terminées par un tarse de quatre articles ; les ailes sont d'ordinaire légèrement transparentes, colorées, à nervures très fines et très serrées, ne formant pas un réseau bien distinct. Ils portent sur la tête trois yeux lisses dont un peu distinct sur le front et un de chaque côté, près du bord interne des yeux ordinaires.

Les deux espèces qui habitent le midi de la France sont les suivantes :

35. *Termes flavicolle*, Fab. — Enverg., 20 mill. Il est d'un noir-roux ; la tête est d'un roux obscur, avec la bouche plus pâle ; les antennes sont jaunâtres ; le thorax est transversal, aussi large en arrière qu'en devant, ayant les angles et les côtés arrondis, de couleur jaune ; les pattes sont jaunâtres ; les ailes sont au moins

deux fois aussi longues que le corps, à bords presque parallèles, légèrement opaques, comme finement pointillées, à nervures secondaires très fines, à peine visibles, médiocrement nombreuses; l'espace costal entre les deux principales nervures est traversé par des nervures obliques assez nombreuses, épaisses.

La larve ou le *travailleur* est entièrement jaunâtre, ayant les yeux peu visibles.

Le *soldat* est d'un testacé pâle, plus obscur à la partie antérieure de la tête, celle-ci comprenant plus du tiers de la longueur totale de l'insecte; ses mandibules sont longues, dentées et noires.

Cette espèce habite le midi de la France, l'Espagne, l'Algérie ; elle vit dans l'intérieur des arbres qu'elle ronge sans cependant les faire périr, car elle épargne l'écorce et les premières couches du bois. Ses dimensions varient beaucoup, selon les auteurs qui en ont parlé. Rambur (suites à Buffon) lui donne près de 20 mill. d'envergure; Blanchard (Hist. nat. des Ins.) lui attribue 6 à 7 lig. (13 à 15 mill.) de long et 21 à 22 lig. (47 à 50 mill). d'envergure. Son nom vulgaire est *Termite flavicolle*.

36. *Termes lucifugum*, Ross. — Il est un peu plus petit que le *T. flavicolle*, d'un brun obscur, un peu roussâtre; la bouche est un peu plus claire; les antennes sont brunâtres; le prothorax est noir, étroit, un peu plus que demi-circulaire, arrondi sur les côtés et postérieurement où il est légèrement échancré, un peu déprimé antérieurement de chaque côté, un peu relevé à son bord antérieur, légèrement rugueux sur les bords; les pattes sont d'un jaune obscur, brunâtre sur les cuisses; les ailes sont grandes, un peu brunâtres, elles ne sont pas sensiblement plus foncées au bord antérieur, qui n'est pas traversé par des nervures ; les nervures secondaires sont assez épaisses, plus ou moins réticulées.

La larve ou le *travailleur* est entièrement d'un jaune pâle.

Le *soldat* est de la même couleur que le travailleur; ses mandibules sont lisses, courbes, non dentées.

Cette espèce s'est tellement multipliée à Rochefort dans les chantiers et les magasins de la marine, au dire de Latreille, qu'on ne peut réussir à la détruire et qu'elle y fait de grands ravages. Elle s'est transportée à Tonnay-Charente et probablement dans d'autres lieux environnants où elle ronge le bois sec qu'elle rencontre. J'ai ouï dire à M. Leclerc, directeur de l'artillerie de marine à Cherbourg en 1847, que les Termites font beaucoup de dégâts à la Martinique et à la Guadeloupe. Pendant les guerres du premier empire ils avaient rongé, sans qu'il y parût à l'extérieur, les affuts des canons, les madriers et gîtes des plate-formes des batteries, et lorsque les Anglais vinrent attaquer ces colonies en 1809, les troupes françaises, privées d'artillerie, ne purent opposer qu'une faible résistance. C'est à cause de ces redoutables insectes que l'on a remplacé dans ces lieux les affuts en bois par des affuts en fer, afin que l'artillerie soit, au besoin, en état de service. Dans les colonies dont on vient de parler, on détruit les Termites en composant une pâte avec de la farine, les corps broyés de ces insectes et de l'arsenic et l'on introduit des boulettes de cette pâte dans leurs nids dès qu'on les découvre.

L'histoire des Termites laisse beaucoup à désirer, et les deux espèces qui se trouvent en France ne paraissent pas avoir été étudiées avec tout le soin que méritent des insectes vivant en sociétés très nombreuses, composées au moins de trois sortes d'individus, qui doivent, dans leur police, présenter des faits curieux qu'il est important de connaître.

---

37 à 43. — Les Fourmis.

(*Formica ligniperda*, Lat. ; — *fuliginosa*, Lat. ; — *nigra*, Lat. et *Myrmica cespitum*, Lat.; — *unifasciata*, Lat.; — *fugax*, Lat., etc).

Les Fourmis sont ordinairement très incommodes lorsqu'elles s'introduisent dans les maisons; les petites espèces pénètrent par

tout à cause de l'exiguité de leur taille, et on a beaucoup de peine
à défendre certaines provisions de ménage contre leur rapacité.
Si elles parviennent à découvrir des matières sucrées dans l'office
ou dans une armoire, comme des confitures, du miel, des fruits
cuits, du sucre, etc., elles y pénètrent et s'y rendent à la file ; elles
se gorgent, puis elles retournent à la fourmilière ; on voit sur leur
chemin deux lignes de voyageuses, les unes allant à la picorée
l'estomac vide, les autres revenant le ventre plein ; elles ont bientôt consommé toute la provision. D'autres espèces, d'une taille un
peu plus forte, établissent leurs habitations dans le bois carié et le
percent d'une multitude de galeries irrégulières, de chambres, de
rues, de carrefours et achèvent de faire périr les arbres qui ont
encore des parties vertes très saines et qui auraient pu vivre
longtemps, ou bien elles mettent son bois hors de service. Les
fourmis sont nuisibles à l'horticulture en ce qu'elles attaquent les
fruits mûrs et sucrés sur les arbres de toute espèce et en ce que
certaines espèces transportent sur les racines des plantes potagères
des Pucerons qui occasionnent la mort de ces plantes ; elles sont
nuisibles à l'économie domestique en attaquant, comme on vient
de le dire, toutes les provisions de ménage sucrées ou prenant un
goût un peu sucré ; et sous tous ces rapports elles méritent d'être
étudiées et signalées parmi les insectes nuisibles.

On a exposé ailleurs (1) les généralités qui concernent leur histoire. Il suffit de rappeler ici que les fourmis vivent en sociétés
nombreuses composées de trois sortes d'individus, qui sont : des
femelles pourvues d'ailes au moment de leur naissance et qui les
perdent lorsqu'elles sont fécondées et qu'elles commencent à pondre ; des mâles toujours ailés, mais qui n'habitent la fourmilière
que pendant peu de temps ; enfin des ouvrières toujours aptères,
en grand nombre, chargées de tous les soins et de tous les travaux

(1) Insectes nuisibles aux arbres fruitiers, aux plantes potagères,
aux céréales et aux fourrages.

de l'habitation, comme de construire celle-ci, de l'agrandir selon les besoins de la population, de nourrir les habitants sédentaires et les larves et de les soigner jusqu'à ce qu'elles soient devenues insectes parfaits.

Les fourmis établissent leurs demeures dans des lieux différents, selon les espèces : les unes la placent sous un monceau de fragments de bois, de brins de paille, de fétus de graminées, de graines, de morceaux de feuilles, de cadavres de petits insectes, etc., qu'elles ramassent dans les environs et qu'elles transportent à l'habitation ; d'autres se logent sous terre et recouvrent leur cité d'une taupinée formée des parcelles extraites de leur souterrain ; d'autres habitent sous les pierres ou dans les fentes des murs, ou entre les racines des gazons. Il y en a qui s'établissent dans des troncs d'arbres cariés et les percent d'une multitude de galeries qui se croisent en tous sens ; d'autres, dont les sociétés sont peu nombreuses, nichent dans les petites branches sèches des arbres.

Les espèces qui sont le plus à craindre sont celles qui s'établissent dans le voisinage de nos maisons, dans les cours, les jardins, entre les pavés. Ces insectes étant toujours en courses et en recherches, finissent par découvrir les provisions sucrées que l'on garde soigneusement, et dès que l'une les a trouvées elle en instruit les autres, qui accourent au pillage.

Les fourmilières essaiment chaque année à une époque de l'été particulière à chaque espèce. Lorsque les larves nourries dans un nid ont subi leur transformation en insectes parfaits, l'habitation regorge de fourmis, surtout de mâles et de femelles qui, tous ensemble en sortent vers le soir par un temps calme et très chaud, s'élèvent dans l'air où ils tourbillonnent, formant un nuage au-dessus de la fourmillière. Pendant cette danse aérienne les mâles saisissent les femelles et chaque couple tombe sur une feuille d'arbre ou une tige de plante où la fécondation s'opère. Le lendemain matin les mâles qui ne sont pas accouplés descendent à terre et se réunissent en masse dans un lieu isolé où ils périssent bientôt, dévorés par leurs ennemis ou succombant à une mort naturelle. Ceux qui ont saisi des femelles périssent aussitôt après qu'ils s'en sont séparés. Quant à ces dernières, qui courent sur la terre après l'accouplement, les unes sont ramenées à la fourmilière par les ouvrières qui les rencontrent dans les environs ; les autres, plus éloignées de l'ancienne habitation, se font suivre par quelques ouvrières qu'elles rencontrent sur leur chemin et vont, avec elles, fonder une nouvelle cité qui commence avec de très faibles moyens et qui s'augmente rapidement par la fécondité de la mère et l'activité de ses enfants. La première action des jeunes femelles fécondées, soit en rentrant dans l'ancienne fourmilière, soit en en fondant une nouvelle, est de s'arracher les ailes, ce qu'elles font en passant dessus leurs pattes postérieures qui les tournent et les tirent jusqu'à ce qu'elles tombent; dès ce moment, elle ne quittent plus jamais leur nid.

La famille des Fourmis ou des Hétérogynes est partagée en deux tribus ; la première renferme les Fourmis proprement dites qui ont le pédoncule de l'abdomen formé d'un seul nœud, qui portent une petite écaille verticale à la base de l'abdomen, dont les femelles et les ouvrières manquent d'aiguillon; leurs larves se renferment dans un cocon pour se transformer. La deuxième tribu ou les Myrmices ont le pédoncule de l'abdomen formé de deux nœuds ; les femelles et les ouvrières ont l'abdomen armé d'un aiguillon et leurs larves se transforment à nu en chrysalides.

Dans la première tribu on peut signaler comme nuisibles les espèces suivantes :

37. *Formica ligniperda*, Lat. *Ouvrière.* — Longueur, 7-14 mill. Les antennes sont noires, filiformes, un peu moins longues que le corps, ayant le premier article ou scape un peu plus court que la tige; la tête est noire, en carré un peu plus long que large, à angles arrondis ; les mandibules présentent cinq dents à leur extrémité; le corselet est d'un rougeâtre-brun, plus étroit que la tête,

comprimé dans sa moitié postérieure; l'écaille est de la même couleur que le corselet, de forme ovée, portant quelques petits poils à sa circonférence; l'abdomen est noir, ovoïde, plus court que le corselet, beaucoup plus large que lui, ayant la base du premier segment d'un fauve rougeâtre et les autres garnis de petits poils blancs isolés; les pattes sont d'un brun-rougeâtre, avec les tibias et les tarses un peu plus bruns que les cuisses.

Femelle. — Longueur, 16-18 mill. Elle est d'un noir luisant comme l'ouvrière; le corselet est rougeâtre et lavé de noirâtre en dessus; les pattes, le pétiole de l'abdomen et la partie antérieure du premier segment de celui-ci sont plus ou moins rougeâtres; les tibias et les tarses sont un peu plus obscurs; l'écaille est ovée, légèrement obtuse à l'extrémité ou obscurément échancrée; l'abdomen est brillant; les ailes dépassent l'abdomen. Les supérieures ont 17 mill. de long et sont d'un jaune brunissant; elles sont pourvues d'une cellule radiale lancéolée, n'atteignant pas le sommet de l'aile et de deux cellules cubitales subtriangulaires opposées à leur somme.t

Mâle. — Longueur, 10-12 mill. Il est d'un noir un peu brillant; l'extrémité des mandibules, la tige des antennes, surtout vers le bout, sont pâles ainsi que les articulations des pattes et les tarses; les métatarses sont un peu plus obscurs; les ailes dépassent l'abdomen, sont flavescentes; les supérieures ont 10-11 mill. de long.

Cette grande espèce niche dans les troncs cariés des arbres; je l'ai trouvée dans un vieux chêne de lisière encore vigoureux, mais commençant à s'altérer au centre. Elle s'était établie dans la partie cariée et contribuait, par son travail, à en avancer la ruine. Elle essaime à la fin de juin ou au commencement de juillet. Son nom vulgaire est *Fourmi ronge-bois, fourmi gâte-bois.*

38. *Formica fuliginosa*, Lat. *Ouvrière.* — Longueur, 4-5 mill.

Elle est d'un noir lisse très brillant ; les mandibules et la tige des antennes sont roussâtres, la tête est grande, subcordiforme, l'occiput largement échancré ; elle est beaucoup plus large que le corselet qui est comprimé, étranglé un peu avant le milieu, et porte deux bosses sur le dos ; l'écaille est petite, sub-ovée avec les bords latéraux parallèles et le sommet arrondi ; l'abdomen est ovale, subglobuleux, un peu plus large que la tête ; les pattes sont noires et les genoux roux.

Femelle. — Longueur, 6 mill. Elle est noire, très brillante, avec quelques petits poils épars ; les mandibules, les antennes et les pattes sont roussâtres ; les tarses sont roux ; la tête est subcordiforme et l'écaille est petite sub-ovée ; les ailes dépassent l'abdomen ; les antérieures ont 8 mill. de long, les nervures et le stigma sont obscurs.

Mâle. — Longueur, 4-5 mill. Il est noir, brillant ; la tige des antennes, les articulations des pattes, les tarses sont d'un pâle-obscur ; l'occiput est un peu concave ; l'écaille est petite, sub-carrée, un peu arrondie ; l'aile antérieure a 5-5 mill. 1/2 de long. Pour le reste il ressemble à la femelle, mais avec une teinte le plus souvent adoucie.

Cette espèce établit son nid dans les vieux troncs d'arbres cariés, je l'ai souvent vue dans des vieux saules ayant la moitié de leur tronc morte et l'autre vivante ; ses colonies sont très nombreuses et travaillent activement à la destruction de l'arbre ; elle répand une odeur aromatique ayant quelque analogie avec celle de l'huile ; elle essaime vers la fin du mois de juin. Son nom vulgaire est *Fourmi fuligineuse.*

39. *Formica cunicularia*, Lat. *Ouvrière.* — Longueur, 5-7 mill. Elle est d'un roux ferrugineux ou d'un roux-obscur, avec un reflet cendré et des petits poils jaunâtres isolés sur le corps. Le premier article des antennes est roux et la tige d'un brun-noirâtre ;

la tête est ovale, tronquée à la base, rousse, ayant le sommet compris entre les antennes et les yeux d'un brun noir ; le corselet est roux-ferrugineux, quelquefois brunâtre en dessus, plus étroit que la tête, comprimé, étranglé au milieu, portant deux bosses sur le dos ; l'écaille est assez grande, triangulaire, à angles arrondis, entière ou légèrement échancrée en-dessus ; l'abdomen est ovale, presque globuleux, de la largeur de la tête, d'un brun-noirâtre cendré ; les pattes sont d'un brun-ferrugineux.

Femelle. — Longueur, 8-9 mill. Elle est d'un roux-ferrugineux paraissant légèrement cendré, avec quelques petits poils sur le corps ; le dessus de la tête, la tige des antennes et l'abdomen sont d'un brun-noirâtre ; le dessus du corselet porte trois taches longitudinales noires ; l'écusson, le post-écusson, les côtés du mésothorax et le mésosternum sont bruns ; l'écaille est large, sub-arrondie ou tronquée en-dessus, légèrement inégale ; les ailes dépassent l'abdomen : les antérieures sont aussi longues que l'insecte, hyalines, à nervures et stigma bruns ; elles sont pourvues d'une cellule radiale fermée avant l'extrémité de l'aile, lancéolée, flexueuse au côté interne et de deux cellules cubitales sub-triangulaires, opposées au sommet, séparées par un trait.

Mâle. — Longueur, 8-9 mill. Il est noir, un peu pubescent ; l'abdomen paraît cendré, les parties de la génération sont testacées ; les pattes sont de la même couleur, excepté les hanches qui sont brunes et les tarses légèrement obscurs ; ou bien les pattes sont brunes, avec l'extrémité des cuisses, les tibias et les tarses pâles, ces derniers plus obscurs ; les yeux sont nuds ; l'écaille est largement échancrée ; l'aile antérieure est presque de la longueur de l'insecte.

Cette espèce habite dans la terre où elle creuse des galeries pour arriver à ses souterrains ; elle n'élève pas de taupinée sur son nid. Elle essaime au mois de juillet ; elle est commune dans les jardins, où elle cherche avec empressement les Pucerons, les Psylles, les

Gallinsectes sur les arbres, pour sucer le liquide sucré qu'ils sécrètent. J'ai vu cette espèce entourer d'un manchon de parcelles de terre fine une petite branche de poirier chargée d'une famille de *Psylla rubra* pour préserver ces insectes de la pluie qui les aurait lavés et aurait privé les fourmis de la liqueur qu'ils sécrètent. On lui donne le nom vulgaire de *Fourmi mineuse*. Elle rôde autour des maisons et entre dans les appartements où elle a découvert quelque matière sucrée.

10. *Formica nigra*, Lat. *Ouvrière*. — Longueur, 3-4 mill. Elle est d'un brun-noirâtre ou d'un brun obscur luisant, avec quelques poils épars sur le corps. Les mandibules et le premier article des antennes sont rougeâtres ; la tige des antennes et les pattes sont d'un pâle obscur ; les tarses sont d'un testacé pâle ; le premier article des antennes et les pattes sont garnis de poils ; l'écaille est presque rectangulaire, peu échancrée ou entière.

Femelle.— Longueur, 8-10 mill. Elle est d'un brun-noirâtre, luisant, à reflets cendrés ; les mandibules, les antennes (ou seulement le premier article), ainsi que les articulations des pattes, sont d'un pâle obscur ; les tarses sont d'un roussâtre pâle, la tête est plus petite que le thorax ; le premier article des antennes et les pattes sont garnis de poils épars ; l'écaille est presque rectangulaire, largement échancrée en-dessus ; les ailes sont d'un blanc hyalin avec les nervures et le stigma presque effacés et la nervure humérale plus obscure ; l'aile antérieure à 10-12 mill. de long.

Mâle. — Longueur, 4 1/2-5 1/2 mill. Il est noir ou d'un brun-noir luisant ; les antennes, les pattes et les tarses sont d'un brun-pâle obscur ; il porte une ligne frontale distinctement imprimée ; le premier article des antennes et les tibias sont couverts de poils isolés ; l'écaille est petite, un peu concave en-dessus ; l'aile antérieure a 4 mill. 1/2 de long ; la cellule discoïdale est petite, sub-carrée ou nulle.

Cette espèce est très commune ; elle établit son nid dans la

terre, sous les pierres, dans le sable, dans les troncs d'arbres cariés ; elle essaime dans le mois d'août; elle n'est pas rare dans
les cours, les jardins et les vergers ; on la voit rôder autour des
maisons et y entrer lorsqu'elle y trouve à butiner.

Dans la deuxième tribu, celle des Myrmyces, on doit citer les
trois espèces suivantes :

41. *Myrmyca cespitum*, Lat. *Ouvrière*. -- Longueur, 2-3 mill.
1/2. Elle est d'un brun noir ; les mandibules, les antennes, les articulations des pattes et les tarses sont roussâtres, ou bien elle est
entièrement d'un roussâtre sale et pâle, avec le dessus de la tête
et le milieu de l'abdomen bruns ; les antennes sont terminées en
massue, formées des trois derniers articles plus gros que les autres;
la tête est presque rectangulaire, un peu dilatée, finement striée en
long ; le thorax est également strié en long ; les épines du métathorax sont petites et les nœuds du pédicule de l'abdomen sont
presque lisses; le deuxième nœud, vu en-dessus, paraît en ovale
transversal.

Femelle. — Longueur, 7-8 mill. Elle est d'un brun-noir luisant;
la tête est assez opaque ; les côtés du thorax sont striés ; les antennes ou au moins leur premier article et les articulations des
pattes sont d'un brun-clair, les tarses et quelquefois les tibias sont
d'un roux-pâle ; les antennes sont composées de douze articles dont
les trois derniers forment la massue ; le corselet est armé de deux
petites épines en arrière ; l'aile antérieure a 8 mill. 1/2 de long,
elle est d'un blanc-hyalin, avec les nervures et le stigma presque
effacés.

Mâle. — Longueur, 6-7 mill. Il est noir et lisse ; la tête est
petite, assez opaque ; les antennes et les pattes sont plus ou moins
pâles; les mandibules sont terminées par cinq ou six petites dents;
les antennes sont formées de dix articles; le deuxième article de la
tige est allongé, de la longueur des quatre suivants au moins ;

l'aile antérieure a environ 5 mill. de long ; elle est d'un blanc hyalin.

Cette espèce est très commune. Elle établit son nid dans la terre, dans les sols sablonneux ou dans les pâturages entre les gazons, comme la *Fourmi noire*. Elle essaime au mois de juillet ; on la trouve dans les cours, les jardins et les vergers d'où elle se porte dans les maisons. On lui donne le nom vulgaire de *Fourmi des gazons*.

42. *Myrmyca unifasciat* ', Lat. *Ouvrière*. Longueur, 2 1/2-3 1/2 mill. Elle est d'un roux-pâle ; les antennes sont composées de douze articles dont les deux derniers formant la massue sont bruns ; l'abdomen porte une large bande brune transversale ; l'aréole frontale est un peu luisante ; le front est finement strié en long ; le métathorax est armé de deux épines assez petites. Les tibias sont tous entièrement nus.

Femelle. — Longueur, 4-4 1/2 mill. Elle est d'un roux-pâle ; la massue des antennes et les bandes des segments et l'abdomen sont d'un brun-noirâtre ; le dessus de la tête et l'écusson sont légèrement bruns ; le métathorax est bi-épineux ; l'aile antérieure est presque de la longueur de l'insecte et le stigma est incolore ; la première bande de l'abdomen est dilatée.

Mâle. — Longueur, 3-3 1/2 mill. Il est d'un brun-noir ; les antennes ont 13 articles ; les mandibules, le premier article des antennes et les pattes sont bruns. La tige des antennes, les articulations des pattes et les tarses sont livides ; le dos du métathorax est rugosule en-devant.

Cette espèce habite sous les pierres dans les pâturages secs et sous les mousses, on la trouve aussi dans les cours.

43. *Myrmyca fugax*, Lat. *Ouvrière*. — Longueur, 1 mill. 1/2-2 mill. 1/2. Elle est d'un jaunâtre pâle, lisse, luisant et parsemée de petits poils ; l'abdomen porte quelquefois une bande presque

effacée d'une nuance sale; les mandibules sont terminées par quatre dents; les antennes ont dix articles; leur massue est bi-articulée et le dernier article égale en longueur les sept premiers de la tige; les yeux sont très petits; le thorax est resserré à l'endroit de l'écusson et le métathorax est mutique; les pattes et le premier article des antennes sont un peu velus.

Femelle. — Longueur, 6-6 mill. 1/2. Elle est d'un brun-noir, un peu luisante, légèrement velue; les mandibules, les antennes, les pattes sont d'un roussâtre pâle; la tête, vue en dessus, est ronde et ponctuée; le bord inférieur du chaperon est bidenté comme dans l'ouvrière; les yeux sont médiocres, le thorax court (long de 2 mill.). Le premier nœud du pétiole est, le plus souvent, un peu concave en-dessus; l'aile antérieure est hyaline, de la longueur de l'insecte, avec le stigma d'un brun très pâle; l'aréole discoïdale et l'unique cubitale sont fermées.

Mâle. — Longueur, 4 mill. 1/2. Il est noir, luisant, un peu velu; les antennes et les pattes sont brunes; les mandibules et les tarses sont pâles; les premières sont tri-dentées; les antennes ont douze articles; le premier est très court et le deuxième arrondi, de la même épaisseur, et tous les deux luisants, le premier à peine plus long que le troisième; l'aile antérieure est de la longueur de l'insecte ou un peu plus longue; les nervures sont disposées comme chez la femelle.

Cette espèce habite en société, souvent nombreuse, sous les pierres, principalement dans les lieux champêtres. Elle est commune.

Lorsque l'on est incommodé par les fourmis, le premier soin à prendre est de renfermer bien exactement les provisions attaquées et pillées pour les soustraire à leur avidité, et en suite de rechercher leur nid dans les environs; que l'on trouve facilement en suivant la file qui s'y rend. L'ayant trouvé, on pourra l'inonder d'eau bouillante; il faudra en verser très abondamment pour qu'elle pénètre jusqu'à leurs souterrains. On pourra l'inonder d'eau froide à plusieurs reprises; le bouleverser avec la pioche et la bèche afin de les tourmenter, de les disperser et de les forcer à se transporter ailleurs. On pourra essayer de verser dans leur nid une eau émulsionnée de 1/5 d'essence de térébenthine en recouvrant exactement le nid avec une cloche à melon. Préalablement on versera de l'eau pour que la terre s'en imbibe et que le liquide térébenthiné pénètre dans les galeries qui conduisent aux souterrains; on pourra encore placer sur leurs chemins des vases, des fioles, des bouteilles à large goulot, remplis à moitié d'eau sucrée ou miellée qu'on empoisonnera avec de l'arsenic ou toute autre drogue vénéneuse, ou du sucre pilé mêlé avec de la poussière de chaux vive. Ces derniers procédés doivent être mis en usage pendant le jour; les premiers se pratiquent le soir lorsque toutes les fourmis sont rentrées dans l'habitation pour y passer la nuit.

Ces petits animaux ont des ennemis naturels qui en détruisent un assez grand nombre; ce sont les oiseaux dont plusieurs les mangent et prennent leurs larves et leurs chrysalides pour nourrir leurs petits; ces larves et ces chrysalides sont la nourriture des perdreaux et des cailleteaux dans leur premier âge, et lorsqu'on élève de ces oiseaux on doit leur servir cet aliment.

Parmi les insectes, leur principal ennemi est le Fourmilion, dont la larve vit presque exclusivement de fourmis; c'est cet appétit qui a valu à l'animal le nom vulgaire qu'il porte. Cette larve se rencontre pendant l'été, l'automne et le commencement du printemps au pied des vieux murs ou des rochers à pic exposés au soleil lorsqu'il s'y ramasse du sable fin ou de la poussière de terre que la pluie ne vient pas détremper. Elle creuse dans cette poussière ou ce sable un trou en entonnoir ayant un diamètre égal au double ou au triple de la hauteur, selon l'angle du talus naturel du sable et se tient au fond du trou, enterrée dans le sable qui la cache entièrement. C'est là qu'elle attend les fourmis et les autres insectes dont elle se nourrit; et lorsqu'une fourmi passe sur les bords du trou, le sable s'éboule sous ses pas et elle tombe au fond, où le fourmilion la saisit avec ses pinces, la suce aussitôt et la rejette hors de son habitation. Il agit de même avec tout autre insecte qui tombe dans son piège, et il en saisit de plus gros et de plus forts que lui. Cette larve met deux ans à prendre tout son accroissement. Elle commence à se montrer en août et ne se transforme en insecte parfait qu'au mois de juillet de la deuxième année. Pendant le cours de sa vie, elle creuse des entonnoirs proportionnés à sa taille, qu'elle agrandit de plus en plus pour étendre son piège; elle change de place lorsque son affut ne lui procure pas assez de gibier; elle peut vivre longtemps sans manger et sans paraître maigrir; elle ne marche qu'en reculant, et lorsqu'elle veut creuser son entonnoir, elle trace dans le sable, en reculant, un sillon circulaire de la grandeur qu'elle juge convenable de donner à l'ouverture de cet entonnoir; elle rejette au dehors le déblai que fait son abdomen en le chargeant sur ses mandibules ou pinces croisées qui, par un brusque mouvement de la tête, le lancent au loin. Elle continue à reculer et à jeter du sable en décrivant une spirale jusqu'à ce qu'elle soit arrivée au centre de la courbe, qui est le fond de son trou; elle s'enfonce alors dans le sable, ne laissant sortir que la pointe de ses pinces et attend avec patience qu'une fourmi tombe dans le piège.

Elle parvient à toute sa taille vers le 2 juin de sa deuxième année; elle a alors environ 15 mill. de long. Elle est de couleur grise, sans tache; sa tête est petite, déprimée, terminée par deux longues mandibules pointues, dirigées en avant, courbées à l'extrémité, garnies de petites dents au côté interne et percées dans toute leur longueur d'un canal pour l'écoulement des liquides contenus dans l'insecte sucé. Le corselet est petit, de la largeur de la tête; l'abdomen est ovale, très gros, divisé en neuf segments portant chacun une petite touffe de poils sur les côtés; elle est pourvue de six pattes thoraciques.

Dès qu'elle n'a plus à croître, elle s'enfonce dans le sable et s'enferme dans un cocon sphérique de 10 mill. de diamètre, couvert de grains de sable ou de terre à l'extérieur et garni à l'intérieur d'une couche de soie très blanche, très molle et d'un tissu très fin. L'insecte parfait se montre vers le 22 juillet.

Il est classé dans l'ordre des Névroptères, dans la famille des Planipennes, dans la tribu des Myrmeléonides et dans le genre *Myrméléon.* Son nom entomologique est *My· meleon formicarium,* et son nom vulgaire *Lion des Fourmis, fourmilion.*

IV. *Myrmeleon formicarium,* Lat. — Longueur, 30-36 mill.; Enverg., 65 mill. — Le corps est noirâtre; les antennes sont noires, un peu plus courtes que la tête et le corselet, grossissant de la base à l'extrémité; la tête a le front lisse, avec un sillon dans son milieu et des taches annulaires jaunâtres; les yeux sont gros; le corselet est noir, velu, ayant dans son milieu une ligne longitudinale et ses bords latéraux d'un jaune roussâtre; l'abdomen est très long, cylindrique, grêle, noir, ayant le bord postérieur de chacun de ses segments d'un jaune roussâtre pâle. Les ailes dépassent un peu l'abdomen; elles sont étroites, terminées en pointe, transparentes, tachetées de brun, avec le parastigma, une tache costale et quelques atomes blanchâtres; les pattes sont courtes, d'un brun-noirâtre; les tarses ont cinq articles.

La larve est très facile à élever en captivité. On pourrait se servir de cet insecte pour faire la guerre aux fourmis. On ferait usage d'une petite caisse de 20 à 25 centimètres de côté et de 15 centimètres de profondeur, remplie de sable sec et très fin ou de poussière de terre dans laquelle on mettrait une larve de fourmilion; on placerait cette caisse enfoncée dans le sol, à fleur de terre, sur le chemin des fourmis qui rôdent autour de la maison. Il faudrait la couvrir d'un petit chapiteau pour empêcher la pluie de mouiller le sable sans cependant intercepter les rayons du soleil. Cinq ou six de ces pièges détruiraient un nombre considérable de fourmis.

Un autre ennemi des fourmis est une araignée appelée *Dysdera erythricina*, qui leur fait une guerre acharnée. Elle établit sa demeure non loin des fourmilières, se place sur le passage de leurs habitants et en détruit une grande quantité. Il arrive souvent qu'on la trouve installée à l'intérieur même des fourmilières, suffisamment protégée de ses nombreux ennemis par l'épaisse bourre de soie dont elle a soin de garnir sa coque : elle fait de grands ravages chez les peuplades qui logent au milieu d'elles un hôte aussi redoutable.

On la rencontre aussi sous les pierres, dans les caves et les lieux obscurs ; là elle file un tube de soie blanche, d'un tissu serré, souvent très long, appliqué verticalement quand elle tisse le long d'un mur, et horizontalement lorsqu'elle le place sous les pierres ; dans ce cas le tube est toujours accolé sur la pierre et jamais sur le terrain. L'ouverture de cette demeure est tantôt à la partie supérieure, tantôt à la partie inférieure. Pendant tout le jour la Dysdère reste enfermée dans son tube dans la plus parfaite immobilité, la tête tournée du côté de l'ouverture, mais le soir elle en sort et court après les insectes nocturnes. Elle est d'une intrépidité et d'une férocité excessive, et comme ses armes sont très puissantes, elle fait la guerre aux autres araignées, mange les plus petites et arrache aux grosses les proies qui se sont prises dans leurs filets.

V. *Dysdera erythricina*, Walck. — Le céphalothorax est petit, large, ovalaire, pointu en-devant, d'un rouge assez vif ; les yeux sont au nombre de six, égaux ; deux de chaque côté au dessus l'un de l'autre ; deux intermédiaires placés sur la même ligne que les latéraux supérieurs ; les mandibules sont grandes, pouvant être portées dans le sens horizontal, à tiges coniques, s'amincissant beaucoup à l'extrémité où elles portent un crochet d'une extrême longueur, très aigu, presque droit, se repliant au côté interne ; l'abdomen est étroit, allongé, d'un gris de souris un peu rougeâtre ou jaunâtre, luisant, soyeux, très mou ; les pattes sont fines, de longueur médiocre, d'un rouge un peu plus clair que le céphalothorax ; la première et la quatrième paires sont les plus longues.

VI. On cite encore comme ennemi des fourmis une très petite araignée appelée *Mycrophantus formivorus* (*Argus formivorus*, Walck.), qui ressemble un peu à une fourmi. Nous n'avons point éu occasion d'observer cet insecte.

—

44. — Le Philanthe apivore.

(*Philanthus apivorus*, Lat.).

L'Abeille domestique (*Apis mellifica*) a de nombreux ennemis qui la prennent pour s'en nourrir ou qui infestent son habitation. Parmi les premiers, Linné cite le Hoche-Queue blanc (*Mocatilla alba*, Lin.); le Guêpier commun (*Merops apiaster*, Lin.); la Bondrée (*Falco apivorus*, Lin.); le Pic-Vert (*Picus viridis*, Lin.); les Hirondelles, les Paons, l'Araignée citron (*Aranea calicina*, Lin.); les Crapauds, les Lézards, les Souris, la Guêpe frélon (*Vespa crabro*, Lin.): et le Philanthe apivore, dont on va parler. Au nombre des seconds, c'est à-dire de ceux qui infestent son habitation, on doit compter les deux Teignes des ruches (*Galleria cereana*, Lat. — *alvearia*, Lat.); le Clairon apivore (*Clerus apiarius*, Lat.), dont on a fait mention précédemment. Tous ces ennemis font une grande destruction d'abeilles et causent beaucoup de tort aux ruches. On ne s'occupera ici que de ceux qui font partie de la classe des insectes.

Le Philanthe apivore établit son nid dans les terrains sablonneux un peu gras, coupés à pic ou en talus et exposés au soleil. La femelle y creuse une galerie horizontale de 30 centimètres de profondeur environ et d'un diamètre très peu supérieur à celui de son corps. Elle se sert, pour exécuter ce travail, de ses dents, qui arrachent la terre par parcelles et de ses pattes qui la poussent derrière elle. Lorsqu'elle est un peu enfoncée dans la terre, elle apporte tous les grains qu'elle arrache jusqu'à l'entrée du trou et les laisse rouler le long du talus. Parvenue à la profondeur voulue, elle creuse cinq ou six cellules en ovale allongé, d'un diamètre un peu plus grand que celui de la galerie, ayant toutes leur embouchure près du fond de cette galerie et rangés en rayons autour d'elle. Ce grand travail terminé, elle va dans la campagne et fond sur la première abeille qu'elle voit occupée à butiner sur une fleur ; elle la terrasse, la saisit entre ses pattes, la retourne et la pique avec son aiguillon entre le corselet et le ventre et lui fait une blessure qui, sans être mortelle, la paralyse et lui ôte la faculté de se mouvoir, puis elle la porte dans son nid, la tenant entre ses dents et ses pattes, ventre contre ventre. Il arrive souvent qu'en choquant l'abeille avec sa tête elle la jette par terre ; alors elle se précipite sur elle, engage une lutte corps à corps dans laquelle elle a bientôt mis sa proie sous elle, renversée sur le dos, ce qui lui permet d'enfoncer son aiguillon au défaut de la cuirasse et de la paralyser. Elle répète sept à huit fois cette chasse et remplit la première cellule d'abeilles vivantes, mais incapables de fuir, ni de sortir de leur cachot. Elle pond un œuf sur cet approvisionnement et ferme l'entrée de la cellule avec des grains de terre bien pressés ; l'œuf est blanc, allongé, presque cylindrique, et arrondi aux deux bouts. Elle approvisionne de même les autres cellules dont elle ferme l'entrée, laissant la galerie entièrement libre ; sa tâche étant terminée, elle ne tarde pas à périr.

Les petites larves étant écloses, mangent d'abord la première abeille sur laquelle elles se trouvent, puis la seconde, la troisième, etc., rencontrant toujours une proie vivante incapable de faire un mouvement pour se soustraire à la dent qui la dévore. Les blessures que les abeilles ont reçues sont d'une telle nature qu'elles ne leur donnent pas la mort et qu'elles leur permettent de vivre long-temps sans prendre de nourriture.

Lorsque les larves ont consommé tout leur approvisionnement, ce qui arrive au commencement de l'automne, elles ont acquis

leur taille complète, chacune d'elles s'enferme alors dans un cocon
de soie de couleur roussâtre ou feuille morte, d'un tissu très
serré, ayant la forme d'une bouteille allongée à large cou, arrondie par le bas, fermée en haut par un couvercle plat et noirâtre ; la
larve s'y tient la tête du côté du fond qui correspond à l'entrée de
la cellule ; cette larve est un ver blanc, glabre, mou, apode, formé
de douze segments sans compter la tête, qui va en diminuant de
grosseur depuis le milieu du corps jusqu'à cette dernière. La tête
est petite, ronde, blanche et est armée de deux mâchoires ; ces
larves, bien enfermées dans des cocons d'un tissu fort serré, très
solide, enfoncées dans la terre, passent l'hiver dans leurs cellules
où le froid et l'humidité ne leur causent aucun préjudice et se
changent en chrysalides au printemps et en insectes parfaits au
commencement de l'été.

Celui-ci est un Hyménoptère de la famille des Fouisseurs, de la
tribu des Crabroniens et du genre *Philanthus*. Son nom entomologique est *Philanthus apivorus*, Lat., et son nom vulgaire *Philanthe apivore*. Il a reçu plusieurs autres noms : Ollivier l'a nom-
mé *Vespa triangulum* ; Fabricius *Philanthus pictus* ; Jurine
Simblephilus diadema. J'ai préféré à ces noms celui donné par
Latreille, qui caractérise beaucoup mieux l'insecte.

44. *Philanthus apivorus*, Lat. — Longueur, 12 mill. Les antennes sont noires, écartées, courtes, renflées brusquement en
massue à partir du troisième article ; la tête est transverse, plus
large que le corselet, arrondie, noire, avec la face jaune et une
tache de la même couleur entre les antennes, terminée par deux
pointes chez les femelles et par trois pointes chez les mâles ; le
derrière des yeux est fauve ; le corselet est noir, marqué d'une
ligne jaune transversale sur le prothorax et d'une autre sous l'é-
cusson ; le point calleux est jaune ; l'écusson est jaune chez le mâle ;
l'abdomen est ovoïde, attaché au corselet par un très court pédicule, de la longueur de la tête et du corselet, terminé en pointe,

lisse, de couleur jaune ; la base des quatre premiers segments est
noire et se prolonge en pointe sur le milieu du dos, formant un
triangle plus ou moins aigu ; les pattes sont d'un jaune ferrugineux,
avec les hanches et la base des cuisses noires ; les ailes sont hyalines, lavées de jaune, avec les nervures et le stigma ferrugineux ;
l'écaille alaire est jaune ; les supérieures sont pourvues d'une
cellule radiale étroite, lancéolée, et de quatre cellules cubitales
dont les deuxième et troisième sont rétrécies vers la radiale et
reçoivent chacune une nervure récurrente.

On ne connaît aucun moyen de détruire cet insecte nuisible. On
ne doit cependant pas manquer de chercher ses nids dans la contrée
qu'on habite, si on y a établi un rucher ; ils sont ordinairement
rassemblés en grand nombre dans un assez petit espace sur le bord
d'un fossé, sur celui d'un chemin creux, dans un talus plus ou
moins escarpé, et lorsqu'on les aura découverts, on les boulever-
sera avec la pioche et on écrasera ses larves. On prendra la femelle
lorsqu'elle creuse sa galerie ou lorsqu'elle y apporte des abeilles,
en se servant du filet de chasse. On doit se défier de son aiguillon
qui fait de douloureuses piqûres.

On n'a pas encore signalé ses parasites.

—

45 à 53. — Les Hyménoptères armés d'un aiguillon vénimeux.

Tous les insectes de l'ordre des Hyménoptères sont partagés par
Latreille en deux grandes sections : les Térébrants ou Porte-
Tarière et les Piquants ou Porte-Aiguillon. Les femelles seules
sont pourvues de ces instruments. La tarière se présente sous
deux formes différentes, selon les tribus dont les insectes font
partie. Chez les Tenthrédines elle paraît comme une petite queue
très courte à l'extrémité de l'abdomen ; elle est formée de deux

petites lames comprenant entre elles la véritable tarière dentée en scie à son extrémité. C'est à l'aide de cette tarière que la femelle fait une entaille à la feuille ou à l'écorce du végétal à laquelle elle veut confier un œuf et au moyen de laquelle elle le place dans la blessure. Chez les Ichneumoniens la tarière se présente sous la forme d'une queue plus ou moins longue, quelquefois d'une longueur extraordinaire, droite, inarticulée, de la grosseur d'un fil ou d'un crin de cheval. La femelle perce avec cet instrument la peau des chenilles ou d'autres larves et sait les atteindre dans leurs habitations les plus cachées, sous les écorces des arbres, dans les tiges des végétaux, les joints des pierres et le mortier des murs, etc., et parvient à loger ses œufs dans leur corps. Cet instrument est formé de deux demi-fourreaux comprenant entre eux la véritable tarière, le filet qui perce ; ces deux espèces de tarière ne sont nullement à craindre, elles ne peuvent blesser et lors même qu'elles perceraient la peau, il ne s'y produirait ni enflure, ni inflammation, mais seulement une très légère douleur. On peut manier impunément les insectes de la première section ou les Térébrants, quoiqu'ils fassent souvent des mouvements menaçants lorsqu'on les saisit.

Il n'en est pas de même de ceux de la deuxième section, parce qu'ils sont armés d'un aiguillon dangereux. Cette arme est cachée dans leur abdomen et on ne la voit que dans le moment où ils la font sortir par l'anus en la dardant rapidement à plusieurs reprises pour se défendre ou pour attaquer leurs ennemis ou la proie dont ils veulent s'emparer. L'aiguillon est formé de trois soies dont une plus grosse sert de gaîne aux deux autres qui sont barbelées à l'extrémité ; ce sont ces dernières qui entrent dans la peau et qui s'accrochent dans la blessure. En pénétrant dans la peau, elles y introduisent une gouttelette de liquide vénéneux analogue à celui de la vipère, qui est contenu dans une glande située à la racine de l'aiguillon et qui en sort par la pression qui s'exerce alors sur elle. Il est très important de manier ces insectes avec

précaution afin d'éviter leurs piqûres et de savoir les distinguer
des autres si l'on veut éviter leurs atteintes.

Il n'est pas toujours très facile de reconnaître à la première vue
si un Hyménoptère posé sur une fleur est de la première section,
c'est-à-dire, un Térébrant, ou de la deuxième section, c'est à-dire
un Porte-Aiguillon. On peut cependant donner comme règle générale que tous les Hyménoptères dont l'abdomen est aussi large
que le corselet à sa base et qui ne présentent pas d'étranglement
en ce point ne sont pas dangereux et ne piquent pas. Que tous
ceux dont l'abdomen est terminé par une queue filiforme plus ou
moins longue et qui est séparé du corselet par un étranglement
profond ou qui est réuni au corselet par un pédicule, ne sont pas
dangereux et ne peuvent blesser. Il faut se défier de tous ceux qui
ont l'abdomen de forme ovoïde ou ové-conique, réuni au corselet
par un pédicule ou simplement séparé du thorax par un étranglement profond. Parmi ces derniers il se trouve des mâles d'Ichneumoniens qui ne peuvent nuire, mais la ressemblance de quelques-
uns d'eux avec des fouisseurs du genre *Pompilus*, quoique grossière, doit engager à les saisir avec précaution.

La piqûre de tous les Hyménoptères est de la même nature et
doit être traitée par les mêmes procédés. Elle produit une enflure,
une inflammation et une vive douleur qui durent pendant plusieurs
jours. Ces accidents sont causés par une gouttelette de venin
blanc, limpide, introduit dans la plaie par l'aiguillon même. Dès
qu'on a été piqué on doit commencer par extraire l'aiguillon de la
blessure, s'il y est resté, et la laver ensuite avec de l'alcali volatil
ou ammoniaque liquide; à défaut d'alcali on peut frotter la blessure
avec de la chaux vive, du plâtre en poudre, de la cendre, en
humectant un peu ces substances en en faisant usage; on peut même
se servir simplement de terre calcaire douce. Par ces moyens,
on calme et même on enlève la douleur au bout de peu de temps.

Lorsque les Abeilles ou les Guêpes voltigent en bourdonnant
autour de votre visage ou de vos mains et semblent vouloir s'y

reposer, il faut rester immobile et ne pas les irriter par des mouvements précipités qui les portent à vous piquer; si vous restez tranquille elles ne vous blesseront pas.

Je ne puis entreprendre de décrire et de mentionner tous les Hyménoptères Porte-Aiguillon que l'on peut rencontrer dans la campagne ou dans les jardins, malgré l'intérêt que présente leur histoire. Je dois me restreindre au très petit nombre de ceux dont la piqûre nous menace le plus ordinairement, en faisant remarquer que les espèces de petite taille ne sont pas à craindre, parce que leur aiguillon est trop faible pour percer la peau ; je me restreindrai donc au petit nombre d'espèces suivantes, que l'on rencontre le plus ordinairement.

45 à 49. — Les Guêpes.

(*Vespa crabo*, Lin.; — *vulgaris*, Lat; — *germanica*, Lat, — *Polistes gallica*, Lat.).

Les Guêpes, que tout le monde connaît, font partie de la famille des Diploptères, appelée ainsi parce que leurs ailes sont pliées en deux longitudinalement et doublées dans le repos. Elles sont dangereuses non seulement sous le rapport des fruits qu'elles entament et qu'elles mangent, mais encore sous celui des blessures qu'elles font à l'homme et aux animaux domestiques ; elles sont, en outre, très redoutables pour les abeilles, au moins les grandes espèces, et en détruisent un nombre considérable.

L'espèce la plus dangereuse est la Guêpe frélon (*Vespa crabro*) : elle l'emporte sur les autres par sa taille, qui atteint 32 à 35 mill. de long. Elle s'annonce par un bourdonnement qui s'entend d'assez loin et son aiguillon produit des blessures très douloureuses. Lorsque le temps est couvert et la chaleur modérée, elle est assez calme, mais sous une forte chaleur et un soleil ardent il n'est pas prudent de s'approcher de son nid. Elle établit son volumineux guêpier dans le creux d'un arbre carié, dans le trou d'un vieux mur, sous une corniche de bâtiment, dans un grenier sous le toit et dans tout autre lieu couvert, même dans un pigeonnier habité. Elle le construit avec une espèce de carton composé de l'écorce des jeunes branches de frêne qu'elle enlève par filaments, qu'elle pétrit avec ses dents, qu'elle humecte de sa salive pour en faire une pâte qu'elle emploie à la construction du support du guêpier, des gâteaux qui composent le nid, des piliers qui les soutiennent et les réunissent les uns au-dessous des autres, à égale distance, et dans une position horizontale et de l'enveloppe générale qui les recouvre, laquelle n'a qu'une ouverture à la partie inférieure. Elle ne fait qu'un rang de cellules hexagonales et verticales à chaque gâteau ayant leur ouverture en-dessous. La population du guêpier n'est pas très nombreuse, elle ne dépasse guère 150 à 300 individus en comptant les femelles, les mâles et les ouvrières ; mais comme ces animaux sont gros, que leurs larves et eux-mêmes ont besoin de beaucoup de nourriture, ils causent de notables dégâts. Lorsque les fruits, les raisins ou d'autres matières sucrées leur manquent, ils se jettent sur les mouches et particulièrement sur les abeilles qu'ils rencontrent dans la campagne, occupées à butiner sur les fleurs, à y ramasser du miel et du pollen pour les besoins de la ruche; ils les tuent, les mâchent et les réduisent en boulettes qu'ils emportent dans leur nid, les tenant entre leurs dents. Un guêpier établi dans le voisinage d'un rucher est un véritable fléau pour les abeilles, et ces Guêpes choisissent ordinairement pour leur demeure le voisinage des habitations où elles trouvent une nourriture abondante dans les jardins, les vergers et les ruchers. Les frelons voltigent autour des ruches, fondent sur les abeilles chargées de leurs récoltes et les tuent impitoyablement. Si la ruche est faible et mal défendue, ils en forcent l'entrée et y pénètrent quand la porte est assez grande pour leur livrer passage; elles mettent tout au pillage et n'y laissent rien. Les sociétés qu'elles forment sont annuelles et se perpétuent par des femelles qui échappent aux rigueurs de l'hiver et se retrouvent vivantes au printemps.

45. *Vespa crabro*, Lin., *ouvrière*. — Longueur, 25 mill. Les antennes sont obscures, avec la base ferrugineuse ; la tête est ferrugineuse, pubescente, avec la lèvre supérieure jaune ; les mandibules sont jaunes, avec l'extrémité noire ; les yeux sont échancrés, noirs ; les stemmates ont la même couleur, ainsi qu'une ligne qui passe sous les antennes entre les yeux ; le corselet est pubescent et noir, ayant la partie antérieure et quelquefois l'écusson d'un brun-ferrugineux ; le premier segment de l'abdomen est très noir, avec la base ferrugineuse et le bord légèrement jaune, le deuxième segment est largement noir à la base et jaune à l'extrémité, avec un point latéral noir et une pointe dorsale contigus au noir de la base ; les autres segments ont une étroite base noire et les points latéraux noirs comme le deuxième ; les pattes sont d'un brun-ferrugineux ; les ailes ont une légère teinte roussâtre ; les supérieures sont pourvues d'une cellule radiale lancéolée et de quatre cellules cubitales dont la première très longue et dont la deuxième reçoit les deux nervures récurrentes.

Le *mâle* est un peu plus grand que l'ouvrière, plus svelte ; ses antennes sont un peu plus longues que celles de cette dernière et leur premier article est jaune ; il est privé d'aiguillon et on peut le prendre avec les doigts sans aucune crainte.

La *femelle* est d'une taille plus forte que l'ouvrière, car elle atteint jusqu'à 35 mill. de long, et elle lui ressemble entièrement ; elle entre volontiers dans les appartements lorsque les fenêtres sont ouvertes et effraye les personnes qui s'y trouvent.

Le nom vulgaire de cette espèce est *Guêpe frelon* ou simplement *Frelon*.

La Guêpe commune (*Vespa vulgaris*) agit de la même manière que cette dernière et, quoiqu'elle soit beaucoup moins grosse et moins forte, elle n'est guère moins redoutable pour les abeilles, qu'elle surpasse en taille et en vigueur. Elle les saisit sur les fleurs, puis les tue, les mâche et en fait une boulette qu'elle emporte dans son nid pour la nourriture des larves qu'elle élève. Son guêpier est placé dans la terre dans une excavation naturelle qu'elle rencontre et qu'elle agrandit, ou dans un trou qu'elle creuse elle-même avec ses mandibules. Il a quelquefois 30 centimètres de diamètre et renferme plusieurs milliers d'habitants. Il est formé de plusieurs gâteaux horizontaux portant un seul rang de cellules verticales sur leur surface inférieure, tous réunis par des piliers nombreux qui les soutiennent à des distances convenables pour que les guêpes puissent facilement passer entr'eux et exécuter toutes leurs manœuvres. Il a la forme d'une boule dont l'enveloppe, épaisse de 25 mill., le met à l'abri de l'humidité. Lorsqu'il est achevé, il a deux ouvertures, l'une pour l'entrée, l'autre pour la sortie, et les guêpes y arrivent par un conduit de 25 mill. de diamètre, partant de la surface du sol. La matière dont il est composé est une sorte de papier gris que l'insecte fabrique avec du vieux bois carié de saule et de peuplier, qu'il ratisse avec ses dents, qu'il pétrit en le mouillant avec sa salive et qu'il étend avec sa langue en guise de truelle. Un tel nid est un grand ouvrage qui s'exécute successivement en commençant par le haut. La femelle qui l'entreprend au commencement du printemps bâtit d'abord l'amorce de l'enveloppe et quelques cellules au-dessous, dans chacune desquelles elle pond un œuf. Elle a soin des jeunes larves et leur apporte les aliments qu'elle récolte dans la campagne. Lorsque ces larves sont devenues des guêpes, elles travaillent à l'agrandissement du nid et pourvoient à la nourriture des larves conjointement avec la mère, et quand la population est devenue très nombreuse, ce sont les ouvrières qui sont chargées des travaux du nid et de ramasser la nourriture des larves. C'est de cette manière que se forment et se développent toutes les sociétés des différentes espèces de guêpes.

· La Guêpe commune place son nid dans le voisinage des villages, des fermes, dans les jardins, dans la campagne, partout où elle voit une nourriture abondante à sa portée. Elle se jette sur les fruits, les raisins mûrs, qu'elle entame pour en boire le suc; elle y creuse des trous dans lesquels elle est cachée, et c'est alors qu'en portant la main sur ces fruits on peut recevoir un coup d'aiguillon. Elle forme des sociétés annuelles.

46. *Vespa vulgaris*, Lat. — Longueur, 15 mill. Les antennes sont noires et vont en grossissant de la base de la tige à l'extrémité; la tête est noire, avec la face jaune, portant un point noir au milieu, une tache jaune au bord interne des yeux, une autre au-dessus; le corselet est jaune, marqué d'une raie jaune à chaque épaule, de quatre raies jaunes à l'écusson, et de deux plus allongées au-dessous; l'abdomen est jaune, portant une bande noire tri-dentée occupant le bord supérieur de chaque segment, ces bandes plus grandes sur les deux premiers; les pattes sont jaunes; les ailes sont pliées en deux, longitudinalement, dans le repos; la côte, le stigma et les nervures sont d'un fauve-brun; les supérieures sont pourvues d'une cellule radiale lancéolée et de quatre cellules cubitales, la première longue, la deuxième recevant les deux nervures récurrentes.

La *femelle* est plus grande; elle a 18 mill. de long; elle a la tête noire, avec le tour des yeux et la lèvre supérieure d'un jaune obscur; elle ressemble à l'ouvrière pour le reste. On ne la voit guère qu'au printemps, lorsqu'elle commence son nid; pendant l'été et l'automne elle ne quitte pas son guêpier. Pendant la belle saison le nid renferme plusieurs femelles qui vivent en bonne intelligence.

Le *mâle* est un peu plus grand que l'ouvrière, plus svelte; ses antennes sont un peu plus longues que celles de cette dernière, et leur premier article est jaune à la base. Il est privé d'aiguillon et on peut le prendre avec les doigts sans craindre d'être piqué.

Une autre espèce, la Guêpe germanique (*Vespa germanica*), n'est pas moins commune que la précédente et lui ressemble considérablement; elle niche comme elle dans la terre; elle a les mêmes habitudes et se voit aussi fréquemment dans les jardins et même dans les appartements; on doit s'en défier et la traiter comme la première. Je me contenterai de la décrire.

47. *Vespa germanica, ouvrière.* — Longueur, 16 mill. Les antennes sont noires; la tête est jaune, mais le vertex, le derrière de la tête, le bord des mandibules et une raie verticale sur la face dilatée à son extrémité inférieure, ainsi qu'une tache entre les antennes, sont noirs : le corselet est noir, bordé de jaune en avant des ailes, marqué d'une tache sous l'origine de ces dernières, d'une petite ligne de chaque côté de l'écusson et du post-écusson, et d'une tache de chaque côté du métathorax, jaunes. Les segments de l'abdomen sont noirs à la base, jaunes dans le reste de leur étendue; cette dernière partie est échancrée sur le dos en angle rentrant et porte un point noir de chaque côté; les pattes sont jaunes et les cuisses noires à la base; les ailes sont transparentes, avec leurs nervures roussâtres; leurs cellules sont semblables à celles des espèces précédentes.

La *femelle* est plus grande que l'ouvrière et n'a pas de tache de chaque côté du métathorax.

Le *mâle* est un peu plus grand que l'ouvrière, il est plus svelte; ses antennes sont plus longues : le dessous de leur premier article est jaune.

Cette espèce ressemble presque entièrement à la Guêpe commune et il est très facile de les prendre l'une pour l'autre. On les a souvent confondues et on n'en a fait qu'une espèce sous le nom de *Vespa vulgaris*. On les distingue par la marque de la face : la vulgaire porte un ou trois points sur cette partie; la *Germanique* présente une raie dilatée à son extrémité inférieure de couleur noire. Saint Fargeau me paraît avoir décrit sous le nom de *ger manica* l'espèce appelée *vulgaris* par Latreille.

Une autre espèce de Guêpe, qui se distingue des précédentes par son thorax ovalaire, un peu rétréci antérieurement et terminé en plan incliné postérieurement, par son abdomen ovoïde à premier

segment élargi en forme de cloche, a été placée dans un genre
particulier sous le nom de *Polistes gallica*. Elle n'est pas rare et
on la voit fréquemment dans les jardins, sur les fleurs et sur les
fruits mûrs. Elle attache son nid à une branche d'arbuste ou contre
une pierre, par le moyen d'un pédicule de la même matière que
les alvéoles ; ce nid est peu volumineux, de couleur grise ; il est
formé de un ou de deux petits gâteaux contenant au plus une cin-
quantaine d'alvéoles ; il n'a pas d'enveloppe et pour que la pluie
ne détrempe pas le papier dont il est formé, la femelle qui le
construit a soin de le vernir avec sa salive. Le nom vulgaire de
cette espèce est *Guêpe française*. Ses sociétés sont annuelles
comme celles des espèces précédentes.

48. *Vespa* (*Pollistes*) *gallica*, Lat. — Longueur, 15 mil. Les
antennes sont fauves, avec la base noire en-dessus, jaune en-dessous ; la tête est noire, ayant la lèvre supérieure, une tache au-
devant des yeux, une autre au-dessous, une ligne en arrière et une
autre transversale, interrompue au-dessus de l'insertion des antennes, jaunes ; le corselet est noir et porte une ligne antérieure,
deux points sur le dos, six sur l'écusson, un point calleux à l'origine des ailes et une petite tache au-dessous, jaunes ; on remarque encore deux taches jaunes postérieures à l'insertion de l'abdomen ; celui-ci est noir, avec le bord des anneaux jaunes ; le
deuxième montre deux taches jaunes ; les pattes sont jaunes avec
une partie des cuisses noire ; les ailes sont jaunâtres, plus foncées
le long du bord extérieur ; elles sont pliées en deux longitudinalement, et les supérieures sont pourvues d'une cellule radiale et de
quatre cubitales dont la deuxième reçoit les deux nervures récurrentes.

On doit avoir le plus grand soin de rechercher les nids de guêpes
et de les détruire dans l'étendue d'une lieue autour de son habitation, surtout si on possède un rucher. Un moyen que l'on emploie
avec succès consiste à introduire dans le guêpier, le soir, lorsque

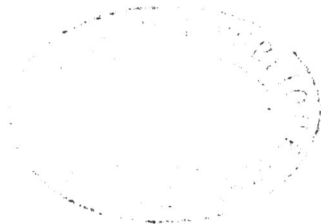

les insectes y sont rentrés, de la vapeur de soufre au moyen d'une mèche soufrée qu'on allume à l'entrée, en ayant soin de boucher toutes les issues pour que les guêpes ne puissent s'enfuir et la vapeur s'échapper. Si le nid est dans la terre, on peut y verser une émulsion de cinq à six parties d'eau et d'une partie de térébenthine et recouvrir, avec le bocal, le trou par lequel on a fait cette effusion. On devra préalablement verser une assez grande quantité d'eau par cette ouverture, pour que la terre soit imbibée et que la térébenthine arrive dans le guêpier. Le lendemain matin on trouvera toutes les guêpes mortes. La benzine, le chloroforme, l'éther produiraient le même effet. On peut encore attirer les insectes dans une chambre en laissant la fenêtre ouverte et plaçant sur des assiettes des fruits confits ou d'autres matières sucrées; ils s'y rendront en grand nombre pour se saturer, alors on fermera la fenêtre et on les tuera sur les vitres. La position du guêpier, les habitudes des habitants suggérera, dans chaque cas particulier, le procédé le plus propre à les attaquer et à les détruire.

49 à 53. — Les Bourdons.

(Bombus muscorum, Fab. ; — *hortorum*, Fab.; — *terrestris*, Fab. ;— *lapidarius*, Fab.).

Les Bourdons sont connus de tout le monde ; ce sont de grosses abeilles très velues, dont la tête est relativement petite; le corps gros et arrondi, couvert de poils épais, souvent distribués par bandes colorées. Certaines espèces se montrent fréquemment dans les jardins et les parterres, butinant sur les fleurs. Les enfants les prennent bien souvent, les tuent en séparant l'abdomen du corselet pour sucer une goutte de miel que renferme leur estomac. Ils vivent dans des habitations souterraines réunis en société de 50 à 60 individus, et quelquefois de 200 à 300, qui finit à l'approche de l'hiver. Elle se compose de mâles, distingués par la petitesse de leur taille, leur tête moins forte, leurs mandibules plus étroites,

barbues, terminées par deux dents et souvent par des couleurs
différentes ; de femelles qui sont plus grandes que les autres individus et dont les mandibules sont en forme de cuiller ; d'ouvrières
d'une taille intermédiaire entre les deux autres et dont les mandibules ressemblent à celles des femelles. Il remarque des ouvrières de deux tailles différentes, des grandes et des petites, et
occupées des mêmes soins dans la société. Il paraît que plusieurs
ouvrières, que l'on regarde comme des femelles, dont les ovaires
sont plus ou moins oblitérés, s'accouplent néanmoins au mois de
juin avec les mâles existant à cette époque ; qu'elles pondent
bientôt après et ne mettent au jour que des mâles qui fécondent
les femelles ordinaires ou tardives, celles qui ne paraissent que
dans l'arrière saison et qui doivent fonder une nouvelle colonie au
printemps suivant. Tous les autres individus, sans en excepter les
petites femelles, périssent aux premiers froids.

Celles des femelles ordinaires qui ont échappé aux rigueurs de
l'hiver profitent des premiers beaux jours pour faire leur nid. Une
espèce (*Apis lapidaria*, Lin.; *Bombus lapidarius*, Fab.) s'établit à
la surface de la terre sous les pierres ; toutes les autres le placent
dans la terre, souvent à 30 ou 60 centimètres de profondeur. Les
prairies, les plaines sèches, les collines sont les lieux qu'elles choisissent. Le nid occupe une cavité souterrraine assez considérable,
plus large que haute, en forme de dôme ; la voûte est construite
avec de la terre et de la mousse cordée par ces insectes et qu'ils
transportent brin à brin en entrant à reculons dans leur habitation.
Une calotte en cire brute et grossière en revêt les parois intérieu-
res. Tantôt une simple ouverture ménagée au bas du nid sert de
passage ; tantôt un chemin tortueux couvert de mousse, long de
40 à 60 centimètres, y conduit. Le fond de son intérieur est
tapissé d'une couche de feuilles sur laquelle doit reposer le cou-
vain ; la femelle y place d'abord des masses de cire brune irrégulières appelées *pâtées*, par Réaumur, que l'on a comparées à des
truffes ; leurs vides intérieurs sont destinés à renfermer les œufs

et les larves qui en proviennent; les larves y vivent en société
jusqu'au moment où elles doivent se changer en chrysalides; elles
se séparent alors et filent des coques de soie ovoïdes, fixées verticalement les unes contre les autres; la chrysalide y est toujours
dans une situation renversée, ou la tête en bas; aussi les coques
sont-elles toujours percées à leur partie inférieure lorsque l'insecte
parfait en est sorti. Réaumur dit que les larves vivent de la cire
qui forme leur logement, mais dans l'opinion de Huber fils, ce
logement les garantit seulement du froid et de l'humidité, et la
nourriture de ces larves consiste dans une assez grande provision
de pollen imprégné de .miel, que les ouvrières ont soin de leur
fournir; lorsqu'elles l'ont épuisée, elles percent le couvercle de
leur cellule pour leur en donner de nouveau et le renferment ensuite; elles l'agrandissent même en. ajoutant une nouvelle pièce
de cire brute, lorsque ces larves ayant pris de la croissance sont
trop à l'étroit. On trouve en outre dans les nids trois ou quatre
petits vases en forme de gobelet ou de pot, construits en cire
brute ou pâtée, plus ou moins remplis de miel pur et toujours
ouverts; ils sont placés irrégulièrement dans le nid.

Les larves sortent des œufs quatre ou cinq jours après la ponte
et achèvent leurs métamorphoses dans les mois de mai et de juin.
Les ouvrières enlèvent la cire du massif qui embarrasse leur coque
pour faciliter leur sortie. On avait cru qu'elles ne donnaient que
des ouvrières, mais on a dit plus haut qu'il en sort aussi des mâles.
Les ouvrières aident la femelle dans ses travaux; le nombre des
coques ou truffes qui servent d'habitation aux larves et aux chrysalides s'accroît avec la population et elles forment des gâteaux
irréguliers s'élevant par étage sur les bords desquels on distingue
une sorte de matière brune que Réaumur appelle *pâtée*. La cire que
produisent les ouvrières a, d'après Huber, la même origine que
celle de l'abeille domestique; ce n'est que du miel élaboré qui
transsude par quelques anneaux de l'abdomen. Plusieurs femelles
vivent en bonne intelligence dans le même nid et ne se témoignent

aucune aversion ; elles s'accouplent hors de leur demeure, soit dans l'air, soit sur les plantes et sont bien moins fécondes que l'Abeille domestique.

Les espèces que l'on voit le plus communément dans les jardins, les parterres et sur les fleurs qui environnent les habitations, sont les suivantes :

49. *Bombus muscorum*, Fab., *Femelle*, longueur, 15 mill. — *Mâle*, longueur, 10 mill. — *Ouvrière*, longueur, 12-18 mill. Les antennes, les yeux, les mandibules sont noirs ; tout le corps est couvert de longs poils ; ceux de la tête et de l'abdomen sont d'un jaune-blanchâtre ; ceux du dessus du corselet sont fauves ; ceux de la poitrine et des pattes sont d'un blanc-jaunâtre ; les tarses sont noirs, presque nus ; les ailes sont hyalines, à nervures brunes ; les supérieures sont pourvues d'une cellule radiale assez longue et de quatre cellules cubitales dont les deuxième et troisième reçoivent chacune une nervure récurrente.

Les mâles et les ouvrières se ressemblent par les couleurs ; les premiers ont les mandibules velues et les antennes formées de treize articles ; les autres ont les mandibules glabres et douze articles aux antennes.

Cette espèce fait son nid dans les prairies sèches et l'entoure de mousse ; son nom vulgaire est *Bourdon des mousses*.

50. *Bombus hortorum*, Fab., *femelle*. — Longueur, 27 mill. Elle est noire, velue ; le devant du corselet porte une bande jaune ; l'écusson est de la même couleur ; le premier segment de l'abdomen est jaune ; les deuxième et troisième sont noirs ; les quatrième, cinquième, ainsi que les côtés de l'anus sont blancs ; le dessus de celui-ci est d'un roux noirâtre ; les pattes sont noires et les tarses roux ; les ailes sont transparentes, enfumées, surtout vers le bout ; les cellules sont disposées comme dans l'espèce précédente.

Le *mâle* est semblable à la femelle, mais plus petit ; le cinquième segment de l'abdomen est entièrement blanc ; le sixième est noir en dessus, blanc sur les côtés; les antennes ont treize articles.

L'*ouvrière*, longue de 10-14 mill., est semblable à la femelle.

Cette espèce fait son nid dans la terre; son nom vulgaire est *Bourdon des jardins.*

51. *Bombus terrestris*, Fab., *femelle.* — Longueur, 22 mill. Elle est noire et velue ; la tête est noire ; les poils des mandibules sont roux ; le corselet est noir, marqué d'une bande jaune à sa partie antérieure ; les premier et troisième segments de l'abdomen sont noirs, le deuxième est jaune, les quatrième, cinquième et l'anus sont blancs ; les pattes sont noires, le bout des jambes en dessus, le dessous des tarses sont roux , les ailes sont transparentes et un peu lavées de brun ; les cellules des supérieures sont disposées comme dans les espèces précédentes.

Le *mâle*, long de 12 mill., est semblable à la femelle, mais le sixième segment de l'abdomen est blanc et les antennes ont treize articles.

L'*ouvrière*, longue de 8-12 mill., est semblable à la femelle.

Cette espèce fait son nid dans la terre et l'entoure de mousse. Son nom vulgaire est *Bourdon terrestre, Bourdon souterrain.*

52. *Bombus lapidarius*, Fab., *femelle.* — Longueur, 27 mill. Elle est noire et velue ; les quatrième et cinquième segments de l'abdomen, ainsi que l'anus, sont roux ; les pattes sont noires ; les ailes sont transparentes, à nervures noires ; les cellules des supérieures sont disposées comme chez les espèces précédentes.

Le *mâle* a 12 mill. de long; il est semblable à la femelle, mais la partie antérieure de la tête et du corselet sont de couleur citron ; les antennes ont treize articles.

L'*ouvrière*, longue de 8-14 mill., est semblable à la femelle.

Cette espèce fait son nid sous les pierres, dans les murs ou dans la terre ; son nom vulgaire est *Bourdon des pierres*.

Il existe plusieurs autres espèces de Bourdons que l'on peut rencontrer dans les jardins et les parterres, à la campagne, butinant sur les fleurs, dont on fera bien de se défier ; les mâles sont inoffensifs, mais les femelles et les ouvrières piquent cruellement.

53. — L'Abeille domestique.

(*Apis mellifica*, Lin.).

Il me reste à parler de l'Abeille domestique, l'Abeille à miel qui, dans son état naturel, vit dans les bois et établit sa demeure dans le tronc creux d'un arbre ou dans une fente de rocher, et que l'homme a logée dans des ruches placées auprès de sa demeure pour récolter le miel et la cire qu'elle produit. Les ruches se voient ordinairement dans les jardins ou les vergers, et les abeilles se répandent sur les fleurs qu'on y cultive pour y récolter du miel et du pollen. Elles aiment aussi à boire dans les bassins et les auges contenant de l'eau et beaucoup s'y noyent. On se trouve ordinairement au milieu d'elles pendant toute la belle saison et l'on est plus souvent exposé à leurs piqûres qu'à celles des autres Hyménoptères porte-aiguillon ; c'est surtout à l'époque de l'essaimage que l'on court ce danger en s'approchant des ruches.

L'Abeille domestique est connue de tout le monde et chacun sait qu'elle produit le miel et la cire. La population d'une ruche est très nombreuse ; on y compte de 20,000 à 40,000 habitants, lorsqu'elle est complète. L'intérieur de la ruche est rempli par des gâteaux de cire placés verticalement et parallèlement les uns aux autres, laissant entre eux l'espace nécessaire pour que deux abeilles puissent passer. Ces gâteaux ou rayons sont formés d'une multitude de cellules exagonales, horizontales, contiguës, ayant en longueur la moitié de l'épaisseur du gâteau, qui est de 27 millim. On y voit aussi des cellules de même forme et en même position, mais un peu plus grandes, et un petit nombre d'autres cellules beaucoup plus massives, plus volumineuses, plus longues, ayant l'ouverture en bas et placées sur les bords des rayons.

Les habitants d'une ruche sont de trois sortes : 1° Une femelle appelée reine, ayant l'abdomen plus long et plus gros que les autres ; elle n'est sortie qu'une seule fois de l'habitation pour s'accoupler avec un mâle qu'elle rencontre dans l'air, et après y être rentrée, elle s'occupe à pondre continuellement pendant toute la belle saison. Elle maintient, par sa seule présence, l'ordre dans la société, ainsi que le travail et l'activité. Si elle meurt et qu'elle ne soit pas remplacée, le travail cesse, le désordre règne partout, les abeilles ne vont plus à la récolte et finissent par périr toutes. 2° 800 à 1,500 mâles un peu plus gros que les ouvrières, dépourvus d'aiguillon, ne faisant rien, vivant aux dépens des provisions de la ruche, d'où ils sont expulsés après la sortie du dernier essaim et impitoyablement mis à mort par les ouvrières ; 3° des ouvrières en nombre très considérable, chargées de tous les travaux de l'habitation et de tous les soins du ménage. Les unes vont à la campagne pour récolter le miel et le pollen, sorte de poussière jaune qui se trouve au bout des étamines des fleurs, et la propolis, sorte de résine qu'elles recueillent sur les boutons de certains arbres ; d'autres ouvrières s'occupent de la construction des gâteaux de cire et de leurs alvéoles ; d'autres sont chargées de nourrir les larves et de leur donner tous les soins qu'elles réclament ; enfin, un détachement est de garde à l'entrée de l'habitation pour empêcher les ennemis d'y entrer. La même abeille est propre à ces différents emplois ; mais, selon quelques observateurs, il y a des abeilles récoltantes et des abeilles nourricières qui ne se départissent pas de ces fonctions distinctes.

La propolis sert à boucher les trous et les fentes de l'habitation dans laquelle l'air, la pluie, la lumière, ne doivent pas avoir accès et qui ne doit avoir qu'une seule porte à la partie inférieure pour la sortie et l'entrée des abeilles. Le pollen est emmagasiné dans les cellules pour la nourriture des larves ; le miel est également déposé dans des cellules fermées par un mince couvercle de cire pour les besoins de la société.

La reine pond un œuf dans chaque cellule vide et en dépose continuellement; les larves éclosent au bout de quatre à cinq jours; elles sont nourries avec une pâtée formée de miel et de pollen en proportion diversifiée, selon leur âge, laquelle est déposée dans les alvéoles par les ouvrières. Elles mettent sept à huit jours à prendre leur accroissement, après quoi elles tapissent leur cellule d'une très fine toile de soie ; pendant ce temps les ouvrières en ferment l'entrée avec un couvercle de cire bombé; les larves emprisonnées se filent un cocon dans lequel elles se changent en chrysalides. Après douze jours environ de réclusion, elles sortent de leur berceau sous la forme d'insectes parfaits. Les œufs pondus par la reine au retour de la belle saison produisent tous des ouvrières; elle pond ensuite des œufs de mâle et des œufs de femelle, ceux-ci en petit nombre et par intervalle; elle ne se trompe pas de cellule et met chaque œuf dans celle qui lui convient. Dès que l'abeille est sortie de son berceau, les ouvrières nettoyent la cellule et la mettent en état de recevoir un œuf. La fécondité de la reine, la rapidité du développement des abeilles ont bientôt rempli la ruche qui se trouve surchargée d'une population qu'elle ne peut plus loger; c'est alors qu'une partie des habitants prend le parti d'émigrer sous la conduite de la reine, qui cède la place à une jeune reine qui vient d'éclore, car il ne peut exister qu'une seule femelle dans une ruche ; si, par hazard, il s'y en trouve deux, elles se battent jusqu'à ce que l'une soit tuée. Les Abeilles continuent à éclore après le départ du premier essaim, et il s'en forme bientôt un second qui s'en va aussitôt qu'une nouvelle reine est éclose et peut remplacer celle qui le conduit ; quelquefois il en sort un troisième, mais ces essaims sont moins nombreux que le premier.

Les Abeilles récoltent avec leur trompe le miel contenu dans certaines glandes des fleurs, l'avalent et le transportent dans la ruche où elles le dégorgent dans les alvéoles destinés à le recevoir, ou bien elles le présentent au bout de leur trompe aux abeilles qui restent dans l'habitation pour les soins de la communauté et qui ne peuvent aller à la campagne chercher leur nourriture ; elles ramassent le pollen des fleurs avec les poils de leur corps ; elles le rassemblent en deux petites pelottes à l'aide des brosses de leurs pattes et placent ces deux petites boulettes dans les corbeilles de leurs tibias postérieurs ; elles le transportent ainsi dans la ruche et le déposent dans les alvéoles qui lui sont destinées. La cire est sécrétée entre les anneaux du ventre des Abeilles en lames très minces que l'insecte retire avec ses pattes, qu'il pétrit avec ses dents pour lui donner la ductilité et la consistance qui caractérisent cette matière. La propolis est récoltée sur les bourgeons des saules et des peupliers et d'autres arbres, et est rapportée comme le pollen, en deux petites pelottes placées dans les corbeilles des tibias postérieurs.

Telle est en gros l'histoire de l'Abeille domestique, qui mériterait de beaucoup plus longs développements pour être complète, mais une telle histoire doit être réservée pour le traité des insectes utiles à l'homme ; elle serait déplacée dans ce moment où l'on ne considère les Abeilles que sous le rapport des blessures qu'elles font ; ces petits animaux sont coléreux et l'on doit se garder de les irriter. Ils s'habituent assez promptement à la personne qui se tient souvent auprès de leur demeure, qui ne les dérange pas, qui porte le même costume, ils ne cherchent pas à le piquer. S'ils voltigent en nombre autour de sa tête et de ses mains, s'ils paraissent vouloir se poser sur son corps, elle doit les laisser faire et demeurer tranquille ; mais si elle agite les bras pour les chasser elle les effraye et les irrite, et alors ils se précipitent sur elle, la poursuivent et la piquent cruellement. On a des exemples de chevaux et d'ânes qui, ayant renversé une ruche, sont morts des blessures sans nombre que les abeilles leur ont faites en se précipitant en masse sur eux.

53. *Apis mellifica*, Lin., *femelle*. — Longueur, 15 mill. Elle est d'un brun-noirâtre, couverte de poils cendrés roussâtres, assez clair-semés, plus nombreux sur le corselet ; ceux du vertex et de la tête sont longs et noirs ; les antennes sont noires en-dessus, d'un brun-roussâtre en dessous ; l'abdomen est allongé, conique, noir ; d'un roux-brun, assez velu en-dessous, ayant en dessus quelques poils cendrés plus nombreux à la base des deuxième, troisième et quatrième segments ; les pattes antérieures sont noires, avec le bout des jambes et les tarses roux ; les postérieures sont rousses, avec les cuisses noires et les jambes brunes ; les ailes sont transparentes, plus courtes que l'abdomen ; les antérieures sont pourvues d'une cellule radiale, resserrée, fort allongée ; de quatre cellules cubitales, dont la deuxième très rétrécie vers la radiale, très élargie vers le disque, recevant la première nervure récurrente ; la troisième oblique, étroite, recevant la deuxième récurrente ; la quatrième commencée.

Ouvrière. — Longueur, 12 mill. Elle est semblable à la femelle ; mais le bout du dernier article seul des antennes est d'un brun-roussâtre ; les pattes sont noires ; les poils des tibias et des tarses sont roux ; les ailes dépassent l'abdomen.

Mâle. — Longueur, 15 mill. Il est semblable à la femelle, mais les antennes sont entièrement noires ; les cinquième et sixième segments de l'abdomen sont bien garnis de poils noirs, les pattes sont noires, l'abdomen est très obtus et les ailes le dépassent ; il n'est pas armé d'un aiguillon.

---

54 et 55. — Les Bombyx processionnaires.

(*Bombyx processioneœ*, Lin. ; — *pythiocampa*, Fab.).

Ces Lépidoptères ne sont pas fort nuisibles à l'homme ; ils peuvent cependant lui causer une légère incommodité lorsqu'il touche sans précaution leurs chenilles et les nids dans lesquels elles se tiennent; c'est pourquoi il est bon de les faire connaître.

Le premier, c'est-à-dire le Bombyx processionnaire, se trouve assez communément dans les forêts de chêne. Les chenilles qui le produisent vivent en société non seulement dans leur premier état, mais encore sous celui de chrysalide; elles se nourrissent de feuilles de chêne; leur corps est velu, d'une couleur cendrée obscure, avec la partie supérieure noirâtre et quelques tubercules jaunes; elles filent en commun dans leur jeune âge de légers tissus de soie qui leur servent de tentes pour se mettre à couvert; elles changent alors souvent de domicile, sans cependant quitter l'arbre. Mais au commencement de juin ou après leur troisième mue, elles forment une habitation fixe et commune, et elles ne la quittent plus. Le nid ressemble ordinairement à une espèce de sac plus ou moins allongé et arrondi aux deux bouts; il est attaché à une branche de chêne, et il est composé, en-dedans, de plusieurs toiles serrées qui y forment différentes cellules, lesquelles sont entourées d'une toile ou enveloppe générale qui n'a qu'une ouverture à la partie supérieure par où les chenilles sortent de leur nid et y rentrent; elles vont ordinairement chercher leur nourriture après le coucher du soleil; si elles sortent de leur nid pendant le jour elles se collent les unes contre les autres sur une branche, ou quelquefois se mettent en tas les unes sur les autres; mais ce qu'il y a de plus singulier, c'est l'ordre qu'elles observent dans leur marche. On dirait qu'elles ont un chef qui leur sert de guide et qui règle tous leurs mouvements; on en voit une qui marche la première; à celle-ci succède une seconde, une troisième, une quatrième; la file se double ensuite, se triple, se quadruple, c'est-à-dire que les premiers rangs sont composés d'une chenille, les suivants de deux, de trois, de quatre ou d'un nombre plus considérable, qui toutes exécutent les mêmes mouvements que la première, qui s'arrêtent avec elle ou suivent les contours et les sinuosités qu'elle décrit. C'est cet ordre qui leur a fait donner le nom de *processionnaires*.

Parvenues au terme de leur grosseur, vers la fin de juin ou au commencement de juillet, elles filent, chacune en particulier, une coque l'une à côté de l'autre, dans le tissu de laquelle elles font entrer les poils qui recouvrent leur corps; elles s'y changent en chrysalides et en sortent sous la forme d'insectes parfaits au commencement du mois d'août.

Ce Lépidoptère fait partie de la famille des Nocturnes, de la tribu des Bombycites, et du genre *Bombyx*, Lin., ou du genre *Cnethocampa*, Dup., qui en a été démembré. Son nom entomologique est *Bombyx (cnethocampa) processionneæ*, et son nom vulgaire *Bombyx processionnaire* ou *Processionnaire du chêne*.

54. *Bombyx (cnethocampa) processionneæ*, Lin. — Enverg., 27 mill. Les antennes sont pectinées; le corps est d'une couleur brune cendrée; les ailes supérieures sont d'une couleur cendrée plus ou moins obscure, avec deux raies transversales obscures vers leur base et une autre noirâtre un peu au-delà du milieu. Les deux premières sont très peu marquées chez la femelle; les ailes inférieures sont cendrées, avec une raie obscure peu marquée; le dessous des ailes est cendré, un peu obscur et sans taches, ni raies.

Dès qu'il est né, ce Lépidoptère s'accouple et la femelle va déposer ses œufs en un seul tas sur une branche de chêne. Lorsque l'on touche un nid de ces chenilles, on en fait sortir des poils si fins que le moindre vent les emporte; ils s'attachent aux mains et au visage et y causent de la démangeaison et même une légère inflammation. Si l'on veut toucher ces nids, il faut avoir soin de se placer au-dessus du vent afin d'éviter les poils qui en sortent. Il faut surtout bien se garder de les respirer et d'en introduire dans la gorge, les bronches et le poumon.

Les chenilles du Bombyx processionnaire ont un ennemi très redoutable dans un beau Coléoptère d'une forte taille qui en fait une grande destruction, surtout à l'état de larve; cette larve devient de la longueur et de la grosseur d'une chenille de moyenne taille ; elle est brune et le dessous du corps est d'un beau noir lustré ; il semble que ses anneaux soient écailleux ou crustacés ; ils sont au nombre de douze, sans compter la tête, qui est écailleuse, armée de deux fortes mandibules pointues, recourbées en croissant ; le dernier segment est terminé par deux petites cornes ; elle est pourvue de six pattes placées sous les trois premiers segments. Cette larve saisit la chenille processionnaire par le ventre, le lui perce et ne la quitte pas qu'elle n'ait achevé de la manger. La plus grosse chenille lui suffit à peine pour la nourrir un jour, et elle en mange plusieurs dans la même journée, quand elle les trouve ; elle est tellement vorace et se gorge de tant de nourriture qu'elle en devient comme enflée, que ses anneaux sont déboîtés et qu'elle perd sa belle couleur noire pour laisser voir du brun sur le corps et du blanc sur les côtés. Il est vraisemblable qu'après avoir pris tout son accroissement elle se retire dans la terre pour se changer en chrysalide, puis ensuite en insecte parfait, qui se montre dans les mois de mai et de juin de l'année suivante.

Il fait partie de la famille des Carnassiers, de la tribu des Carabiques, de la sous-tribu des Grandipalpes et du genre *Calosoma*. Son nom entomologique est *Calosoma sycophanta*, et son nom vulgaire *Calosome sycophante*, *Caraba sycophante*.

VI. *Calosoma sycophanta*, Fab. — Longueur, 35 mill. ; largeur, 12 mill. Les antennes sont noires, à peine de la moitié de la longueur du corps ; la tête est d'un bleu-foncé, avec les yeux arrondis et les palpes terminés par un article un peu sécuriforme ; le corselet est court, large, fortement arrondi sur les côtés, ponctué, d'un noir-bleu, avec les bords latéraux verdâtres ; l'écusson est petit ; les élytres sont beaucoup plus larges que le corselet, en carré un peu long, arrondi aux angles, d'un beau vert-doré, cuivreux sur les côtés, striées et marqués de trois rangées de points enfoncés ; les pattes sont noires ; les quatre premiers articles des tarses antérieurs sont dilatés chez les mâles. Il y a des ailes sous les élytres.

Cet insecte, qui est l'un des plus beaux Coléoptères de notre pays, se trouve dans les bois, courant à terre ou sur les branches des arbres, à la recherche des chenilles, dont il fait sa nourriture. On le rencontre non seulement sur les chênes, mais aussi sur le frêne, ce qui indique qu'il mange d'autres chenilles que celles du Bombyx processionnaire. On n'a pas encore signalé les parasites de ce Bombyx, soit ichneumoniens, chalcidites ou tachinaires.

Il existe une autre espèce de Bombyx qui a beaucoup d'analogie avec le précédent, dont la chenille est aussi une processionnaire, ayant les mêmes habitudes que la processionnaire du chêne, et lui ressemblant assez par la taille, la villosité et la couleur. Elle se tient en famille dans un nid comme cette dernière, mais elle vit sur le pin sylvestre, dont elle ronge les feuilles aciculaires. Les chenilles sortent de l'œuf en septembre, filent en commun une toile où elles se mettent à couvert et dans laquelle elles passent l'hiver. Au commencement de la belle saison, elles quittent leur nid, en construisent un autre et l'augmentent ensuite à mesure qu'elles grossissent; ces nids sont, dans certaines années, très communs dans les départements méridionaux ; ils sont grands, enveloppent les sommités des branches et sont construits avec une soie assez solide. La chenille, parvenue à toute sa grandeur vers le milieu de mars, quitte son habitation, descend de l'arbre, entre dans la terre et y creuse un trou dans lequel elle file une coque assez solide qui la renferme et lui permet de se changer en chrysalide avec sécurité. Le papillon en sort dans le mois de juillet.

La chenille est bleuâtre, couverte de poils roux ; la tête est noire et on voit quelques taches jaunes sur le dos ; elle est pourvue de seize pattes.

Le papillon entre, comme le précédent, dans le genre *Cnethocampa*, de la tribu des Bombycites. Son nom entomologique est *Bombyx (cnethocampa) pythiocampa*, Dup., et son nom vulgaire *Bombyx pythiocampe* ou *Processionnaire du pin*.

55. *Bombyx (cnethocampa) pythiocampa*, Dup. — Enverg.,
27 mill. Les antennes sont un peu pectinées; la tête et le corselet
sont d'un gris-brun; l'abdomen est jaunâtre, terminé chez la
femelle par une infinité de petites écailles brunes, luisantes, pointues par un bout, arrondies par l'autre, un peu convexes à leur
partie supérieure et posées en recouvrement; les ailes supérieures
sont d'un gris cendré obscur, avec trois raies transversales noirâtres; les inférieures sont cendrées, avec un point obscur à leur
angle postérieur interne.

Les parasites de la chenille n'ont pas été signalés. Le nid n'est
pas moins dangereux à toucher et à déchirer que celui de la Processionnaire du chêne. Les chenilles elles-mêmes, surtout lorsqu'elles sont sur le point de changer de peau, peuvent causer des
démangeaisons et de l'inflammation à la main qui les saisit.

———

56. — L'Aglosse de la graisse.
(*Aglossa pinguinalis*, Lat.).

La chenille de l'Aglosse de la graisse se nourrit principalement
de beurre, de lard et d'autres substances animales grasses; aussi
la trouve-t-on souvent dans les cuisines tenues malproprement.
On la rencontre pendant tout le cours de la belle saison; elle est de
grandeur médiocre, longue de 27 mill. ou un peu plus; elle a seize
pattes; la peau est toute rase; ce n'est qu'à l'aide de la loupe qu'on
y remarque quelques poils très fins; elle est luisante, en sorte
qu'au premier coup d'œil on la croit écailleuse, quoi qu'elle soit
membraneuse comme celle de toutes les chenilles, mais la peau du
dessus du premier anneau est cependant dure, comme écailleuse.
La couleur de toute la chenille est d'un brun-noirâtre, mais chaque
anneau, excepté le premier, est divisé en dessus transversalement
comme en deux portions par une incision qui le traverse, et la
portion antérieure est d'un brun plus clair ou brun de café; l'autre

portion est d'un brun-noirâtre ; la tête, la plaque écailleuse du premier anneau et le derrière sont d'un brun un peu roussâtre, ainsi que les pattes écailleuses. Les anneaux du corps ont chacun en-dessous une bande transversale du même brun-roussâtre ; sur les deuxième et troisième anneaux et le long des côtés du corps on voit dans la peau des plis et des rides. Parvenue à toute sa taille elle se renferme dans un cocon de soie où elle se change en chrysalide d'où le papillon sort au bout de trois semaines. On le voit assez souvent dans les maisons, collé contre les murs, dans un état d'immobilité complète pendant le jour ; il ne vole que la nuit.

Il se classe dans la famille des Nocturnes, dans la tribu des Pyralites et dans le genre *Aglossa*. Son nom entomologique est *Aglossa pinguinalis*, et son nom vulgaire *Aglosse de la graisse*, *Pyrale de la graisse, Phalène de la graisse*. ,

56. *Aglossa pinguinalis*, Lat. — Enverg., 27-35 mill. Les antennes sont grises, ciliées chez le mâle, filiformes chez la femelle ; la tête est d'un gris enfumé, luisant, chargée d'atômes noirs ; les palpes sont plus longs que la tête, noirs, à deuxième article presque aussi large que long, et troisième article subuliforme ; le corselet est du même gris enfumé que la tête et chargé d'atomes noirs ; les ailes supérieures sont de la même couleur que la tête et le corselet, finement chargées d'atômes noirâtres, avec deux raies transversales en zig-zag d'un gris plus clair, bordées de noir des deux côtés, l'une près de la base, l'autre près du bord terminal, ces deux raies sont rarement bien distinctes et ne consistent qu'en taches et en points isolés ; les ailes inférieures en-dessus et les quatre ailes en-dessous sont d'un gris enfumé luisant, sans atômes noirâtres ; l'abdomen est du même gris que les ailes inférieures ; les pattes sont grises.

On ne connaît d'autre moyen de détruire ce papillon que de lui faire la chasse. On le tue lorsqu'on le trouve pendant le jour collé contre les murs des appartements, des cuisines, des corridors, etc.

On visite la graisse, le lard, le beurre que l'on conserve dans l'office pour chercher la chenille et l'écraser. On doit renfermer ces matières dans des lieux où le papillon ne puisse pas pénétrer pour pondre ses œufs. En général, de la propreté, des soins et de la vigilance sont d'excellents moyens préservatifs contre les insectes nuisibles.

Linné dit que cette chenille se trouve quelquefois dans l'estomac de l'homme, où elle pénètre par accident, mais rarement, et que parmi les vers il n'y en a pas de plus difficile à expulser. On emploie pour y parvenir le lichen curvatile (*lichen curvatile*). Latreille rapporte qu'un médecin très éclairé, dont il ne peut révoquer en doute la sincérité, lui a envoyé des chenilles de cette espèce qu'une jeune fille avait rendues. Robineau-Desvoidy a envoyé à l'Académie des sciences un flacon contenant plusieurs chenilles de l'*Aglossa pinguinalis*, qui avaient été rendues vivantes dans un vomissement par une femme depuis longtemps hydropique, et dont l'estomac ne pouvait supporter que le lait, le fromage et le beurre.

—

57. — L'Aglosse cuivrée.

(*Aglossa cuprealis*, Lat.).

Le Lépidoptère dont il est question dans cet article est le même que celui qui a été appelé *fausse-teigne des cuirs* par Réaumur et dont la chenille a été prise, selon Duponchel, pour celle de l'Aglosse de la graisse par la plupart des entomologistes. Réaumur lui a donné ce nom parce qu'il a trouvé la chenille sur des livres reliés dont elle avait rongé la couverture pour se nourrir et parce qu'elle s'était construit un long tuyau adhérent à cette couverture, lequel était formé presque en totalité des excréments qu'elle avait rendus. Il a trouvé la même chenille logée dans un tuyau semblable, sous l'écorce de vieux ormes où elle n'avait pour se nourrir que des débris d'insectes morts. Ainsi, il paraît qu'elle vit aux dépens de toutes les substances animales desséchées.

Cette Chenille est d'une médiocre grandeur et est pourvue de seize pattes; elle est entièrement d'un ardoisé foncé et quelquefois d'un beau noir; sa peau a toujours un luisant qui la ferait croire, au premier coup-d'œil, écailleuse; elle a, par-ci par-là, quelques poils blancs; elle n'a pas d'époque fixe pour sa métamorphose en chrysalide, et lorsqu'elle est sur le point de la subir, elle se construit une coque de soie blanche, assez semblable à celle de la fausse-teigne de la cire, recouverte de ses excréments. Le papillon se montre depuis la fin de juin jusqu'en septembre. On le trouve assez communément dans les maisons, appliqué contre les murs et dans une immobilité complète pendant le jour.

Il est classé dans le même genre que le précédent, auquel il ressemble un peu. Son nom entomologique est *Aglossa cuprealis*, et son nom vulgaire *Aglosse cuivrée* et *Fausse-Teigne du cuir*.

57. *Aglossa cuprealis*, Lat. — Enverg., 18-27 mill. Les antennes, les palpes, la tête et le corselet sont d'un brun-ferrugineux; le dessus des ailes supérieures est d'un brun-ferrugineux luisant, avec deux raies transversales en zig-zag d'un rouge cuivreux pâle, l'une près de la base et l'autre près du bord terminal. Dans l'intervalle qui les sépare, on voit une éclaircie de la même couleur, dont le centre est occupé par un point brun; enfin, la côte est marquée de cinq points d'un rouge-cuivreux pâle, dont deux forment l'extrémité des deux raies; le dessus des inférieures et le dessous des quatre ailes sont entièrement d'un rougeâtre pâle, luisant; l'abdomen participe de la couleur des ailes inférieures.

On fera bien de tuer le papillon lorsqu'on le trouvera collé contre un mur, et d'écraser la chenille si on la rencontre. Les parasites de cette espèce n'ont pas été signalés.

58 et 59. — Les Teignes des Ruches.

(*Galleria cereana*, Lat.; — *alvearia*, Lat.).

Les Papillons que l'on désigne sous le nom vulgaire de Teignes des ruches ou de Fausses-Teignes des ruches, proviennent de chenilles bien connues des personnes qui possèdent un rucher et qui soignent les abeilles, par les dégâts qu'elles font dans les habitations de ces industrieux insectes. Ce n'est point aux abeilles ni à leur nid qu'elles en veulent, mais à leur cire, dont elles se nourrissent et dont elles construisent leur logement. Elles s'établissent dans les gâteaux et de préférence dans ceux dont les cellules sont vides. Il y en a de deux espèces qui se ressemblent, sauf la grandeur. Ces chenilles, si frêles, que la moindre piqûre des abeilles ferait mourir, savent non seulement éviter les atteintes de l'aiguillon meurtrier de ces insectes, mais les forcent même quelquefois à abandonner leur habitation.

Chaque chenille s'enferme dans un tuyau cylindrique qui est pour elle un chemin couvert, une espèce de galerie dont elle sort rarement. Ces tuyaux ont ordinairement 14 à 16 centimètres de longueur, souvent davantage, et sont quelquefois un peu courbes ; leur intérieur est tapissé d'une soie blanche très serrée et à l'extérieur ils sont recouverts par une couche formée de grains de cire et d'excréments noirs, qui sont parfois tellement serrés les uns contre les autres que le tuyau semble n'être composé que de cette matière grenue. Aussitôt qu'une chenille sort de l'œuf, elle commence à travailler à son logement, qu'elle proportionne à sa grosseur, et elle l'allonge et l'élargit à mesure qu'elle croît ; elle a soin de le faire assez grand pour qu'elle puisse s'y retourner et aller d'un bout à l'autre, afin de jeter ses excréments et d'en couvrir son tuyau. La bouche de ces chenilles est armée de deux dents ou mâchoires qui leur servent à couper la cire en petits grains qu'elles emploient avec leurs excréments pour former le toit de leur logement. Lorsque plusieurs sont établies dans un gâteau, elles le parcourent d'un bout à l'autre à travers son épaisseur, percent les cellules qui sont sur leur passage et sèment partout une malpropreté insupportable aux abeilles ; ces gâteaux semblent couverts d'une toile d'araignée.

Parvenues à toute leur taille, vers le mois de juin, elles sont alors d'une grandeur ordinaire ; leur peau est rase, tendre et blanchâtre ; leur tête est écailleuse et brune, ainsi que le dessus du premier segment du corps; les autres segments portent des points verruqueux bruns de chacun desquels sort un poil noir ; ces points sont rangés en lignes transversales sur chaque anneau ; elle est pourvue de seize pattes blanchâtres.

Ces chenilles, selon Duponchel, se construisent dans l'intérieur de leurs galeries chacune une coque d'un tissu fort serré, ayant l'apparence de cuir, et s'y changent en chrysalide d'un brun rouge. Suivant Latreille, elles sortent de leurs galeries pour construire leurs cocons, qui sont ovalaires, recouverts de parcelles de cire; elles les placent les uns à côté des autres, en sorte que ces coques sont quelquefois rassemblées en tas considérables; quelquefois aussi elles sont isolées. La chenille se change en chrysalide dans le mois de juin et le papillon s'envole dans le mois de juillet.

Il se classe dans la famille des Nocturnes, dans la tribu des Crambides et dans le genre *Galleria*. Son nom entomologique est *Galleria cereana*, et son nom vulgaire *Teigne de la cire*. Réaumur, qui a observé les mœurs de cette espèce et qui a élevé la chenille pour en obtenir le papillon, croyait que le mâle formait une espèce distincte et la femelle une autre espèce, tant ils paraissaient différents, et, d'après ses observations, Linné a donné au premier le nom de *Geometra cereana*, et au second celui de *Tinea melonella*, les plaçant dans deux tribus différentes. On a reconnu depuis qu'ils ne forment qu'une seule et unique espèce.

58. *Galleria cereana*, Lat.; *Galleria cerella*, Dup. *Mâle.* —

Enverg., 26 mill. Les antennes sont filiformes, couleur de chair ou blanc-roussâtre ; les palpes sont allongés, horizontaux, garnis d'écailles ; le front est saillant et concave ; la tête et le corselet sont de la couleur des antennes ; le dernier porte une ligne brune sur le milieu ; les ailes sont fortement échancrées ou rétrécies au bord postérieur, légèrement convexes au bord interne ; les supé-rieures sont en-dessus d'un gris-jaunâtre ou violacé, avec plusieurs stries longitudinales interrompues, d'un brun pourpre le long du bord interne et quelques petits traits et atômes de la même cou-leur, principalement sur le bord de la côte et vers l'angle apical ; le nombre et l'emplacement varient sur chaque individu ; la frange est courte, de la couleur des ailes ; le dessus des inférieures est d'un gris-brun qui s'éclaircit et se change en gris-jaunâtre ou cou-leur de chair, en se rapprochant de la base et du bord terminal, avec la frange d'un gris-clair ; le dessous des ailes est d'un gris-clair, luisant, lavé de pourpre le long de la côte et à leur sommet avec une ligne arquée de points noirâtres vers l'extrémité de cha-cune d'elles ; l'abdomen est de la couleur des ailes inférieures ; le dessous du corps et les pattes sont d'un blanc jaunâtre.

Femelle. Enverg., 36 mill. Les antennes sont filiformes, d'un gris roussâtre , ainsi que la tête, les palpes et le corselet ; les ailes supérieures sont plus longues et beaucoup moins échancrées à leur extrémité que celles du mâle ; en dessus, elles sont d'un brun-violâtre, parsemées d'atômes d'un brun plus foncé et sau-poudrées de gris-blanchâtre à certaines places, avec le bord interne jaunâtre et plusieurs lignes brunes longitudinales correspondant aux nervures ; elles sont, en outre, traversées vers leur extrémité par une raie sinueuse de taches ou points noirâtres qui grossissent à mesure qu'ils approchent du bord interne. On aperçoit les rudi-ments d'une ligne semblable au milieu de l'aile, mais presque toujours oblitérée dans la majeure partie des individus. De plus, trois petites lignes blanches près de l'angle apical à l'extrémité près de la côte ; la frange est d'un gris-violâtre ; les ailes inférieu -

res sont en-dessus d'un blanc-jaunâtre ou roussâtre, y compris la frange, avec le limbe légèrement lavé de noirâtre ; le dessous des supérieures est d'un gris-brun lavé de pourpre qui s'éclaircit au bord interne, avec une ligne arquée de points noirâtres vers l'extrémité ; celui des inférieures est d'un blanc roussâtre également lavé de pourpre au bord antérieur, avec une ligne semblable à celle des supérieures ; l'abdomen est de la couleur des premières ailes ; le dessous du corps et les pattes sont d'un gris-blanchâtre.

Cette Teigne se multiplie dans les ruches faibles dont la population est peu nombreuse et sans vigueur. Une ruche dans laquelle on laisse se multiplier la chenille en renferme quelquefois jusqu'à trois cents; alors elle est perdue pour le cultivateur. Les dégâts sont plus considérables dans les pays chauds que dans ceux qui le sont moins et augmentent avec la sécheresse de la saison.

Le Papillon se montre deux fois l'an, en avril et en juillet. Ceux de la première époque proviennent de chenilles écloses en août ; ceux de la deuxième, de chenilles qui naissent en mai.

On trouve dans les ruches une autre espèce de Teigne, appelée par Latreille *Galleria alvearia*, qui porte aussi un grand préjudice aux abeilles. Sa chenille ressemble à celle de la *Galleria cereana*, mais elle est beaucoup plus petite et les anneaux de son corps sont moins séparés, moins entaillés. Elle vit de la même manière et conduit ses galeries à travers les gâteaux de cire, absolument comme cette dernière. Son papillon éclôt à la fin de juin ou au commencement de juillet. Son nom entomologique est *Galleria alvearia*, et son nom vulgaire *Petite-Teigne des ruches*.

59. *Galleria alvearia*, Lat. — Enverg., *mâle*, 18 mill.; *femelle*, 22 mill. Les antennes sont filiformes ; elle sont, ainsi que le corselet et l'abdomen, du même gris que les ailes ; la tête est fauve ; les yeux sont d'un bronzé-rouge très brillant (vivant) ; les deux surfaces des ailes supérieures, y compris la frange, sont d'un gris-

roussâtre, luisant, et les inférieures, tant en-dessus qu'en dessous, sont aussi de cette couleur, mais plus pâle ; les pattes sont du même gris que les ailes.

Le papillon de l'*Alvearia* est beaucoup plus agile que celui de la *Cereana*; sa course est tellement rapide qu'il est impossible à l'abeille de l'atteindre. Sa petitesse et sa forme écrasée lui permettent de se réfugier dans les endroits de la ruche où il est impossible aux abeilles de l'atteindre.

On préserve les ruches des Teignes en les surveillant attentivement le soir à l'époque de leur apparition et en prenant, avec le filet de chasse, les petits papillons qui volent autour et à l'entrée de l'ouverture réservée pour les abeilles ; en recherchant ceux qui courent sur la ruche et sur son tablier ou qui se cachent sous le surtout, et qui tàchent de s'introduire dans la demeure de ces précieux insectes, et en ne laissant aucune fissure, quelque petite qu'elle soit, par laquelle ils pourraient y pénétrer. Mais surtout il faut visiter les ruches de temps en temps, et si on y remarque des tuyaux fabriqués par les Teignes à travers les gâteaux de cire, il faut les enlever en coupant la partie du gâteau attaquée et tuer les Chenilles cachées dans leurs galeries. Comme les Teignes attaquent de préférence les ruches faibles, on fera bien de faire passer les abeilles de ces dernières dans d'autres ruches, afin que la population soit puissante et en état de se défendre. Dans ce cas, il faudra sacrifier la reine de la ruche transvasée, afin qu'il ne s'en trouve pas deux dans la ruche renforcée. Le transvasement est absolument nécessaire lorsque les Teignes ont, en grand nombre, envahi une ruche.

On ne connaît pas les ennemis naturels de ces Teignes, et l'on n'a pas encore signalé leurs parasites.

60. — La Teigne friande.

(*Ephestia elutella*, Stain.).

On peut justement donner le nom de friande à une chenille qui
se nourrit de matières sucrées, comme confitures, fruits confits,
chocolat, dattes sèches, etc. Elle se tient ordinairement sous une
très légère tenture de soie blanche recouverte de quelques débris
de la substance qu'elle a rongée ; ce tuyau, beaucoup plus long et
plus large qu'elle, lui permet de s'y retourner. Elle porte sa tête
au dehors pour prendre sa nourriture et recule à l'autre bout pour
jeter ses excréments. Elle croît assez lentement et on la trouve
déjà grande dans le mois d'août ; elle se change en chrysalide à la
fin du mois de mai de l'année suivante, et même au commencement de juin, après avoir passé l'hiver dans l'immobilité et l'engourdissement, au milieu de son tuyau de soie qui lui sert de logement ; elle se ranime aux premières chaleurs du printemps pour
prendre de la nourriture et achever sa croissance ; lorsqu'elle a
pris toute sa taille, elle a 10 millimètres de long ; elle est cylindrique, blanchâtre, avec une légère nuance rosée ou couleur de
chair ; la tête est d'un brun-fauve, avec le labre et les mâchoires
noirâtres ; le premier segment présente en-dessus une grande tache
dorsale, d'apparence écailleuse, d'un fauve-brun ; les autres portent des points verruqueux bruns, surmontés d'un poil blanc, rangés
sur quatre lignes longitudinales ; le dernier segment est brun, mais
moins coloré que le premier ; elle est pourvue de seize pattes blanchâtres ; cette chenille se change en chrysalide dans son tuyau à la
fin de mai ou au commencement de juin, et le papillon se montre
dans la première quinzaine de juillet.

Il entre dans la famille des Nocturnes, dans la tribu des Tinéites
et dans le genre *Phycis*, Dup., ou dans le genre *Ephestia*, Stain.
Son nom entomologique est *Phycis elutella* ou *Ephestia elutella*,
et son nom vulgaire *Teigne friande*.

60. *Ephestia elutella*, Stain. — Longueur, 10 mill.; Enverg.,
20 mill. Elle est d'un blanc sale uni; les antennes sont moins longues que le corps, avec deux poils courts et fins à la base de chaque article; les palpes sont courbés et se relèvent au niveau du
sommet de la tête; leur troisième article est nu; la trompe est
nulle; les yeux sont grands et noirs; les ailes dépassent l'abdomen; elles sont appliquées sur le dos et les côtés du corps en forme
de toit arrondi au sommet, et sont bordées d'une frange blanche;
la tête, le corselet, l'abdomen et les pattes sont blancs.

On voit quelques individus qui portent quelques points isolés ou
petites taches brunes sur les ailes supérieures.

Aussitôt après sa naissance, cette Teigne s'accouple le soir et la
femelle cherche les fruits confits ou desséchés au four, le chocolat,
le café, les dattes et autres substances analogues pour pondre
dessus; elle dépose ses œufs à l'entrée de la nuit pendant le mois
de juillet.

On se garantit contre ce petit papillon en renfermant bien soigneusement ses provisions sucrées dans des boîtes ou des sacs
exactement clos. Si les boîtes ne ferment pas bien et que le Lépidoptère puisse s'y introduire, on est exposé à trouver au printemps les provisions couvertes de chenilles logées chacune dans un
tuyau de soie blanche d'un tissu très fin et rongeant la matière
sucrée. On est quelquefois obligé d'exposer au soleil, pendant le
mois de juillet des boîtes découvertes de fruits cuits et confits que
l'on conserve dans l'office pour les sécher; dans ce cas on doit les
rentrer avant le coucher du soleil, afin d'éviter que l'*Ephetia elutella* ne vienne pondre dessus.

61 à 64 Les Teignes de la laine et des pelleteries.

(*Tinea tapezella*, Lin.; — *sarcitella*, Lin.; — *pellionella*, Lin.; *flavifrontella*, Fab.).

On donne le nom de Teignes à des petits papillons que l'on voit dans les maisons volant le soir autour des chandelles et des bougies dont la lumière les attire et qui, pendant le jour, se cachent dans les plis des rideaux ou dans les coins les plus obscurs des appartements. Ils sont justement redoutés, quoiqu'ils ne fassent pas de mal par eux-mêmes, mais ils pondent leurs œufs sur les étoffes de laine, telles que couvertures de lit, tentures, tapis, fauteuils, vêtements, etc., et ces œufs produisent des petites Chenilles qui rongent ces objets, les percent et les mettent hors de service ; elles dévastent les matelas dans lesquels elles se sont introduites ; les chenilles de ces Teignes sont connues sous les noms de *Arte*, *Artison*. Elles se nourrissent de laine morte et dégraissée ; on ne les voit jamais sur les moutons ni sur les toisons en suint, mais elles dévastent les laines apprêtées et mises en œuvre ; elles coupent les filaments contre la trame pour les manger et pour construire le fourreau dans lequel chacune d'elles se tient cachée. Elles tracent des chemins sur les étoffes et les percent le plus souvent, et, comme les papillons sont nombreux et féconds, les chenilles produisent les plus grands dégâts si on les laisse se multiplier. Elles attaquent aussi les fourrures ; elles coupent les poils au ras de la peau non seulement pour se nourrir et se vêtir, mais encore pour s'ouvrir un chemin et pouvoir voyager à leur fantaisie. Il y a plusieurs espèces de Teignes nuisibles dans nos maisons, dont on va parler successivement.

La Teigne des Tapisseries (*Tinea tapezella*, Lin.). Cette espèce vit sur les tentures, les meubles et toute espèce d'étoffe de laine, dans les voitures tapissées de drap, etc. La chenille se tient dans un demi-tuyau qu'elle construit sur l'étoffe et à laquelle il adhère.

Ce demi-tuyau est formé de brins de laine qu'elle attache et qu'elle lie avec des fils de soie. Tout l'intérieur est garni d'une soie douce et fine ; elle l'allonge et l'élargit à mesure qu'elle avance et qu'elle grossit; elle en fait une galerie un peu flexueuse qu'elle dirige selon son caprice. Elle avance sa tête hors de son habitation et coupe la laine qui est devant elle et sur les côtés de son chemin pour se nourrir et pour prolonger son habitation. Parvenue au terme de sa croissance dans le mois de mai, elle a environ 10 mill. de long. Elle est vermiforme, blanchâtre, cylindrique; sa tête est écailleuse, armée de deux mâchoires; elle porte un écusson sur le premier segment et des points verruqueux surmontés d'un poil sur les autres; elle est pourvue de seize pattes dont les huit abdominales sont courtes; elle se change alors en chrysalide à l'extrémité de sa galerie et le papillon en sort quinze à vingt jours après, selon la température de l'atmosphère, c'est-à-dire dans le mois de juin. Dès qu'il s'est mis en liberté, il attend le soir pour s'envoler, se livrer à ses ébats et s'accoupler. Cet acte accompli, le mâle meurt et la femelle va déposer ses œufs isolément sur les étoffes de laine qu'elle trouve à sa portée. C'est à l'entrée de la nuit qu'elle dépose ses œufs. Les petites chenilles éclosent quinze à vingt jours après la ponte; elles se nourrissent et croissent pendant l'été jusqu'aux premiers froids; elles restent engourdies pendant l'hiver et se raniment au printemps pour se changer en chrysalides au mois de mai, comme on l'a dit plus haut.

Le Papillon fait partie de la famille des Nocturnes, de la tribu des Tinéites et du genre *Tinea*. Son nom entomologique est *Tinea tapezella*, et son nom vulgaire *Teigne des tapisseries*.

61. *Tinea tapezella*, Lin. — Longueur, 9 mill.; enverg., 18 mill. Les antennes sont simples, filiformes; la tête est blanche en-dessus, vel ; les yeux sont noirs, les palpes courts, cylindriques, presque droits, la trompe est nulle; les ailes enveloppent le corps qu'elles dépassent; elles sont relevées en toit à l'extrémité posté-

rieure et forment une crête ; les supérieures sont étroites, noires dans leur moitié antérieure, et blanchâtres, avec quelques taches brunes peu apparentes dans leur partie postérieure. Les inférieures son cendrées avec une frange de longs poils à leur bord interne, le corps est noir et le bout des pattes jaunâtre.

Il n'est pas facile de voir sur le drap les galeries que construit la chenille, parce qu'elles sont peu saillantes, qu'elles sont comme pratiquées dans l'épaisseur de l'étoffe et qu'elles en ont la couleur ; mais leur surface n'est pas lisse et unie comme le reste du drap, elle est plucheuse et c'est cette différence qui permet de les distinguer et d'en suivre la direction. La brosse ordinaire ne les enlève pas ; elle passe par dessus sans les déranger ; il faut employer une brosse très ferme pour les arracher et les faire tomber.

La Teigne fripière (*Tinea sarcitella*, Lin.)., est commune dans les maisons et vit, comme la précédente, sur les étoffes de laine. Sa chenille ressemble à celle de cette dernière ; elle est blanchâtre, ayant la tête écailleuse et noire ; son premier segment porte un écusson pareil et de la même couleur et les autres présentent des points verruqueux pilifères ; elle est pourvue de seize pattes ; elle se tient dans un tuyau qu'elle transporte avec elle lorsqu'elle change de place et qu'elle fixe là où elle séjourne. Ce tuyau est formé de soie recouverte de brins de laine hachés qu'elle a détachés avec ses dents et coupés au ras de la trame ; il est un peu plus large au milieu qu'aux deux bouts et ouvert aux deux extrémités. Parvenue à toute sa taille au commencement de mai, elle fixe son fourreau en un point de l'étoffe qu'elle a rongée, ou bien elle le transporte en un lieu qui lui convient et le suspend au plafond ou dans l'angle des murs ; elle le ferme aux deux bouts et s'y change en chrysalide. Le papillon en sort trois semaines après et se montre depuis le milieu du printemps jusqu'au milieu de l'été ; il s'accouple bientôt après son éclosion et la femelle va pondre ses œufs sur les étoffes de laine, dans les lieux obscurs de préférence. Les petites Chenilles éclosent environ trois semaines après la ponte et se ren-

9

ferment immédiatement dans un fourreau de soie qu'elles recouvrent de brins de laine hachée. Elles l'allongent à mesure qu'elles grandissent et l'élargissent lorsqu'il devient trop étroit en le fendant longitudinalement et ajoutant une bande de même nature, c'est-à-dire de soie, couverte de laine réduite en fragments. Les excréments qu'elles rendent sont de la couleur de la laine qu'elles ont rongée. Les chenilles croissent pendant le reste de la belle saison et fixent leurs fourreaux à l'approche des froids de l'automne; elles s'engourdissent en hiver et se raniment au printemps pour se changer en chrysalides au mois de mai.

Le papillon est de la même tribu, de la même famille et du même genre que le précédent. Son nom entomologique est *Tinea sarcitella*, et son nom vulgaire *Teigne fripière*.

62. *Tinea sarcitella*, Lin. — Longueur, 8 mill.; enverg., 17 mill. Elle est d'un gris argenté jaunâtre; les antennes sont simples, filiformes; les palpes sont courts, presque droits; la trompe est molle, les yeux sont noirs, le front est velu; les ailes supérieures sont longues, étroites, frangées au bord postérieur, légèrement falquées; les inférieures sont en ellipse allongée, bordées d'une longue frange aux bords postérieur et interne.

La Teigne des pelleteries (*Tinea pellionella*, Lin.) est un Insecte des plus destructeurs. La chenille de cette espèce ressemble à celle de la Teigne fripière et en a les mœurs, mais elle se tient sur les fourrures dont elle coupe les poils pour se nourrir et pour construire son fourreau qu'elle transporte avec elle et qu'elle fixe en un point qu'elle a choisi pour y passer l'hiver dans l'inaction et l'engourdissement; dans ce dernier cas elle le ferme aux deux bouts. Elle exerce de grands ravages sur les pelleteries, car elle coupe beaucoup plus de poils qu'il ne lui en faut pour se nourrir et pour son vêtement; elle arrache tous ceux qui la gênent dans ses courses, et comme elle change souvent de place, il n'en reste aucun dans les endroits où elle a passé. La peau la mieux fournie de poils ne tarde pas à en être dégarnie. Le Papillon se montre en avril et juin.

Il entre dans le même genre que les précédents et son nom entomologique est *Tinea pellionella*. Son nom vulgaire est *Teigne des pelleteries*.

63. *Tinea pellionella*, Lin. — Longueur, 8 mill.; enverg., 17 mill. Elle est d'un gris plombé brillant; les antennes sont simples et filiformes, les palpes courts, presque droits; les yeux noirs et la trompe presque nulle, le front velu ; l'abdomen est cylindrique ; les ailes supérieures sont longues, étroites, frangées au bord postérieur, avec trois petits points noirs au milieu de chacune ; les inférieures sont en ellipse allongée, d'un gris pâle, bordées d'une longue frange aux bords interne et postérieur.

La Teigne à front jaune (*Tinea flavifrontella*, Fab.), se montre fréquemment dans les cabinets d'histoire naturelle et quelquefois dans les maisons. La chenille qui la produit construit son fourreau avec les écailles des papillons, les poils de leur corps et ceux des autres insectes, et même avec les barbes des plumes des oiseaux et les poils des animaux empaillés. Elle se nourrit des mêmes substances avec lesquelles elle bâtit son habitation. Elle produit quelquefois d'assez grands dégâts dans les collections des naturalistes. Le Papillon se montre dans les mois de mai et de juillet. Il porte le nom entomologique de *Tinea flavifrontella*, et le nom vulgaire de *Teigne à front jaune*.

64. *Tinea flavifrontella*, Fab. — Longueur, 6 mill.; enverg., 12 mill. Les antennes sont simples, filiformes; les palpes courts et droits ; la trompe est nulle ; la tête est jaune et le front velu ; les ailes supérieures sont cendrées, sans taches, frangées au bord postérieur; les inférieures sont blanches, ornées d'une longue frange aux bords intérieur et postérieur.

On se garantit des ravages produits par les Teignes en renfermant dans des boîtes hermétiquement fermées les fourrures et les étoffes de laine précieuses, après les avoir soigneusement visitées et nettoyées. Beaucoup de personnes mettent dans les boîtes et les armoires, entre les plis de l'étoffe, du poivre, du camphre ou des herbes à odeur forte, comme la lavande, la sauge, etc. Ce soin n'est pas nécessaire, car si on n'a pas renfermé de Teignes et si la boîte est exactement fermée, on n'a pas à craindre ces insectes, qui ne s'y introduiront pas; si, au contraire, elle en renferme les odeurs fortes ne les feront pas mourir. Celle de la benzine les tue et l'on peut introduire dans la boîte un morceau d'éponge qui en sera imbibé; mais son odeur se dissipe promptement et on devra le rafraîchir souvent.

Il est essentiel de visiter fréquemment, en été, les tentures, les tapisseries, les fauteuils couverts de housses, etc., de les exposer au soleil, de les brosser et d'en faire tomber tous les fourreaux de Teignes qui peuvent s'y trouver, et d'écraser les Chenilles qu'ils renferment. Il faudra visiter également l'intérieur des voitures garnies de drap et les brosser dans tous les coins. Les matelas doivent être surveillés, surtout ceux des lits qui ne sont pas occupés, et si l'on s'aperçoit que les Teignes se sont mises dans la laine, il faut la rebattre immédiatement et dans cette opération on épluchera minutieusement, et pour ainsi dire brin à brin, la laine et le crin qui les composent. On fera la chasse aux papillons dans les appartements en les cherchant dans les plis des rideaux et en les prenant le soir autour des bougies allumées. Les Teignes sont des papillons nocturnes qui ne se montrent que le soir, qui pondent leurs œufs dans des lieux obscurs. Ce naturel nous indique qu'en laissant exposés à la grande lumière les fourrures et les étoffes de laine, on n'a rien à craindre de ces animaux; c'est, en effet, ce que l'expérience confirme, et l'on fera bien d'ôter les housses des fauteuils et de laisser les tapis étendus pendant l'été; on en sera quitte pour enlever la poussière de temps à autre. On a remarqué que les Teignes ne se portent jamais sur la laine qui recouvre les moutons, ni sur les poils des animaux vivants, ce qui a suggéré à Réaumur l'idée de frotter les tapis, les tentures, le drap des voitures, etc., avec des toisons non dégraissées, pour en éloigner ces insectes.

Il s'introduit dans les appartements par les fenêtres plusieurs espèces de petits papillons qui se portent sur les vitres des croisées et qu'on se hâte de tuer, les prenant pour des Teignes, ce qui est fort inutile. Il faut donc connaître ces dernières pour les distinguer des papillons qui ne portent aucun préjudice.

On n'a pas encore signalé les ennemis naturels et les parasites des Teignes.

---

65 à 69. — **Les Cousins**.

(*Culex pipicus*, Lin.; — *ornatus*, Meig.; — *annulatus*, Meig., etc).

Les Cousins sont connus de tout le monde; ce sont des petits insectes très incommodes qui poursuivent leur proie avec acharnement. Les habitants des campagnes en sont incommodés pendant tout l'été et ceux des villes ont beaucoup de peine à s'en défendre ; c'est surtout dans les lieux marécageux, dans ceux qui sont remplis d'eaux stagnantes qu'ils se multiplient en nombre prodigieux et qu'ils deviennent insupportables.

C'est avec sa trompe longue et grêle que le Cousin pique la peau pour sucer le sang humain ou plutôt avec les filets qu'elle contient. Ces filets, au nombre de cinq, sont extrêmement déliés, de consistance écailleuse; plusieurs sont garnis de dentelures dirigées en arrière. Lorsqu'il veut s'en servir, il les fait sortir de leur fourreau et applique leur pointe sur la peau ; il les enfonce par degré en appuyant le bout du fourreau sur la partie où le suçoir a pénétré. A mesure que le suçoir avance, le fourreau se recourbe, de manière que, quand la trompe est enfoncée jusqu'aux chairs, la tête de l'insecte touche presque la peau, et le fourreau est plié en deux. La piqûre des Cousins, quoique légère, produit cependant une enflure et une démangeaison insupportable, parce que la plaie a été arrosée d'une liqueur vénéneuse qui y cause une grande irritation.

Lorsque les Cousins ne trouvent pas assez de sang humain pour se rassasier, ils sucent les plantes. On en trouve souvent sur les fleurs et sur les chatons du saule. Pendant le jour, ils se tiennent tranquilles sur les arbres et ne commencent leurs poursuites que vers le soir; mais ceux qui habitent les bois y volent en plein jour. Lorsqu'ils sont posés sur les feuilles, ils balancent leur corps de bas en haut et de haut en bas en pliant et redressant leurs jambes.

C'est aussi le soir qu'ils s'accouplent; le mâle reste accroché à la femelle, qui l'entraîne dans l'air; leur union dure peu. Aussitôt après qu'ils sont séparés, la femelle va déposer ses œufs sur l'eau. En faisant sa ponte, elle a les deux pattes postérieures croisées, de manière qu'à mesure que les œufs sortent de son corps, elle les place les uns à côté des autres et en forme une petite masse qui, à mesure qu'elle s'allonge, prend la forme d'un petit bateau qui flotte sur l'eau aussitôt que la femelle a écarté ses pattes. Les œufs éclosent au bout de deux jours et les larves se changent en chrysalides quinze jours après qu'elles sont écloses, et changent trois fois de peau avant de prendre cette forme. Ces larves, parvenues à toute leur croissance, ont 7 mill. de long; elles sont très aisées à reconnaître dans l'eau parce qu'on les voit presque toujours suspendues, la partie postérieure à la surface et la tête en bas. De la partie postérieure part, d'un côté un petit tuyau s'évasant à son extrémité comme un entonnoir, c'est là l'organe de la respiration; de l'autre côté sont quatre petites nageoires. Ces larves sont d'une vivacité singulière; dès qu'on agite l'eau ou même qu'on en approche, elles se précipitent au fond avec la plus grande promptitude, mais elles remontent aussitôt à la surface pour reprendre la même position et pour respirer.

Ces larves sont apodes et ont le corps mou et longuet, d'un brun-noirâtre ; leur tête est bien détachée du premier segment, elle est un peu déprimée et arrondie, d'un roux clair ou d'un brun-jaunâtre ; on y remarque deux petites antennes courbées en arc, ornées d'un bouquet de poils vers l'extrémité, et des palpes garnis de poils qu'elles agitent continuellement avec beaucoup de vitesse, ce qui produit dans l'eau des petits courants qui portent aux larves les aliments dont elles ont besoin, des insectes imperceptibles, des brins de plantes et des corps terreux qui nagent dans le liquide. Quand les larves ne trouvent pas auprès de la surface de l'eau de quoi se nourrir, elles descendent au fond pour y chercher des aliments dans le terreau qui s'y trouve déposé. Le premier segment du corps est plus gros et plus long que les autres ; il paraît divisé en trois anneaux et représente le thorax ; il est suivi de huit autres qui deviennent de plus en plus petits, à mesure qu'ils approchent de l'extrémité. Le dernier segment porte deux tuyaux, l'un plus long qui renferme les stigmates, l'autre plus gros, plus court, faisant un angle presque droit avec le corps, dont l'extrémité est bordée de longs poils disposés en entonnoir, qui est l'anus ; au fond de l'entonnoir sont quatre lames ovales, minces, transparentes, disposées par paires, pouvant s'écarter, qui constituent les nageoires. Les anneaux du corps ont de chaque côté une houppe de poils, mais le premier en porte trois de chaque côté. Lorsqu'elle veut changer de place ou se dépouiller de sa peau pour passer à l'état de chrysalide, elle se met à la surface de l'eau, s'étend et élève son dos au-dessus du liquide ; la peau du dos du premier segment se fend et l'insecte sort par cette ouverture.

La chrysalide est active comme la larve et nage çà et là. Lorsqu'elle est au repos, sa forme est arrondie et raccourcie ; sa queue est appliquée contre la poitrine et la tête, de sorte qu'elle paraît lenticulaire. Ce qu'elle présente de plus remarquable, ce sont les stigmates qui forment deux cornets placés sur le corselet, près de la tête, ressemblant à des oreilles d'ânes et dont les bouts sont toujours à la surface de l'eau ; elle est suspendue verticalement dans le fluide au moyen de ses cornets. Le corps ou plutôt l'abdomen est divisé en huit segments et le bout de la queue est muni de nageoires en palettes ovales; en-dessous du corselet se trouve une grosse masse dans laquelle sont enfermées la trompe, les ailes et les pattes. Cette chrysalide se tient ordinairement à la surface de l'eau, mais au moindre mouvement elle descend en se déroulant et en faisant usage de ses palettes.

Au bout de huit à dix jours, la chrysalide se change en insecte parfait. Pour cela elle se déroule, fait sortir de l'eau le dos de son corselet, dont la peau se fend en long pour laisser sortir la tête, les antennes et les pattes; le corps sort ensuite et le Cousin se tient sur la peau de la chrysalide comme sur une nacelle, jusqu'à ce que ses ailes se soient étendues et desséchées et lui permettent de prendre son essor pour aller chercher sa nourriture et s'accoupler.

Cet insecte entre dans l'ordre des Diptères, la famille des Némocères, dans la tribu des Culicides et dans le genre *Culex*. Son nom entomologique est *Culex pipicus*, et son nom vulgaire *Cousin commun* ou simplement *Cousin*.

65. *Culex pipicus*, Lin. — Longueur, 6 mill. Il est d'un gris-cendré; les antennes sont sétacées, de la longueur du corselet, plumeuses chez le mâle, velues chez la femelle; la trompe est mince, longue, avancée, formée de cinq soies; les palpes sont filiformes, quadri-articulés, très longs et velus chez le mâle, courts et simples chez la femelle; les yeux sont noirs; le corselet est bossu, d'un gris-jaunâtre, marqué de deux lignes brunes; l'abdomen présente une bande transversale obscure sur chaque segment; les pattes sont longues, déliées, brunâtres, avec la base des cuisses jaune et un point blanc à l'extrémité des tibias; les ailes sont hyalines, couchées sur le dos; les nervures sont couvertes d'écailles.

Le Cousin commun a plusieurs générations pendant l'été. Les

femelles de la dernière passent l'hiver engourdies par le froid et cachées dans des retraites où elles se tiennent cramponnées contre les murs, comme les caves, les souterrains, les plafonds des appartements. Elles se raniment au printemps et perpétuent leur espèce. On a remarqué que ce sont les femelles qui nous attaquent pour se repaître de notre sang et que les mâles entrent plus rarement dans nos appartements. Dans les contrées marécageuses, où ces insectes sont très nombreux, on s'en défend pendant la nuit en enveloppant le lit où l'on couche d'une gaze appelée *cousinière*, qui ne leur permet pas de venir piquer le dormeur. Lorsqu'on n'a pas de cousinière, il faut éviter avec grand soin de laisser ouvertes la porte et les fenêtres de sa chambre le soir, surtout lorsqu'on y allume de la bougie, dont la lumière les attire. Le Cousin s'annonce par un bourdonnement aigu, un piaulement qui lui a valu le nom latin de *pipicus*. Dès qu'on entend ce bruit dans sa chambre à coucher, il faut chercher l'insecte et le tuer, sans quoi on sera piqué pendant le sommeil. Lorsqu'on a été atteint, on peut laver la blessure avec de l'ammoniac ou alcali volatil, ou avec de la chaux, des cendres humectées ou tout autre alcali. On a indiqué comme le meilleur remède de comprimer fortement la plaie aussitôt après la blessure, même de l'agrandir, afin d'en faire sortir une ou deux gouttes de sang et de la laver avec de l'eau fraîche. Ce n'est cependant pas en se mêlant avec le sang seulement que le venin du Cousin produit une enflure et une inflammation incommode et douloureuse, mais en se mêlant aussi avec la lymphe; il est absorbé par l'extrémité des vaisseaux lymphatiques. Il en est de même à l'égard du venin des Hyménoptères porte-aiguillon et des Vipères.

On a encore remarqué que les Cousins persécutent plus cruellement les étrangers nouvellement arrivés dans le pays que les indigènes. En Amérique et en Afrique on est horriblement tourmenté par les espèces de Cousins spéciales à ces contrées, connues sous les noms de *Moustiques* et de *Maringouins*.

Linné dit que les Cousins sont chassés par la fumée, surtout par celle de l'Aunée officinale (*Inula helenium*) et celle du chanvre. Ils le sont par celle du tabac. Les personnes qui sont contraintes de passer la nuit dans les bois marécageux ou dans les plaines remplies de fossés, de mares, de flaques d'eaux stagnantes, sont obligées d'allumer du feu et d'entretenir de la fumée dans leurs barraques ou leurs bivouacs pour éloigner les Cousins, afin de dormir un peu tranquillement.

On trouve en France d'autres espèces de Cousins dont la piqûre n'est pas moins désagréable que celle du Cousin commun, mais comme elles entrent rarement dans les maisons, on les remarque moins ; d'ailleurs elles lui ressemblent pour la taille et les couleurs ; on les confond avec lui. Parmi ces espèces nous pouvons citer les suivantes :

66. *Culex ornatus*, Meig. — Longueur, 6 mill. La trompe est longue, droite, menue ; les palpes du mâle sont plus longs que la trompe ; ceux de la femelle plus courts que cette dernière ; les antennes du mâle sont plumeuses ; celles de la femelle poilues ; le front est blanc ; le thorax est d'un blanc-jaunâtre marqué de deux bandes noires ; les côtés sont garnis de taches blanches ; l'abdomen est brun, avec des anneaux blancs ; les pattes sont brunes ; les cuisses sont d'un jaune-pâle, avec l'extrémité brune ; les genoux sont marqués d'un point blanc ; les ailes sont hyalines, couchées sur le corps.

On trouve cette espèce dans les bois. Son nom vulgaire est *Cousin orné*.

67. *Culex annulatus*, Meig. — Longueur, 6-8 mill. La trompe est longue, menue, droite ; les palpes sont plus longs que la trompe chez le mâle ; ceux de la femelle sont plus courts que cette dernière ; les antennes du mâle sont plumeuses, celles de la femelle poilues ; le corps est brun ; le thorax est marqué de lignes noires ; l'abdomen est annelé de blanc ; on voit un anneau blanc aux cuisses

et aux articles des tarses. Les ailes sont couchées sur le corps et présentent chacune cinq points obscurs.

Cette espèce est commune en automne et entre dans les maisons Son nom vulgaire est *Cousin annelé*.

68. *Culex nemorosus*, Meig. — Longueur, 8 mill. Il ressemble au Cousin commun, mais ses palpes sont d'un brun plus clair ; les yeux sont bordés de blanc ; le thorax porte deux bandes brunes ; l'abdomen est brun annelé de blanc ; le pétiole de la première cellule sous-marginales des ailes est plus long que dans le *Culex pipicus*.

On le trouve dans les bois comme son nom l'indique. On l'appelle vulgairement *Cousin des bois*.

69. *Culex (anopheles) maculipennis*, Meig. — Longueur, 6 à 7 mill. Il est presque glabre ; le mâle est cendré et la femelle d'un brun-jaunâtre ; les palpes sont de la longueur de la trompe dans les deux sexes ; la trompe est longue, menue et droite ; les antennes du mâle sont plumeuses, celles de la femelle poilues ; le thorax est marqué de lignes brunes ; l'abdomen est annelé de brun ; les pattes sont longues, menues, brunes, avec les articulations jaunâtres ; les ailes sont couchées horizontalement sur le corps, hyalines, marquées chacune de cinq points bruns.

Il est commun et son nom vulgaire est *Cousin maculipennis* ou à ailes tachetées. On l'a placé dans un genre particulier désigné sous le nom d'*Anopheles*, démembré de celui de *Culex*, parce que les palpes, chez les deux sexes, sont aussi longs que la trompe.

70 à 81. — **Les Taons**.

(*Tabanus bovinus*, Lin.; — *morio*, Lin.; — *fulvus*, Meig.; —
luridus, Meig., etc.).

Les Taons sont des diptères carnassiers qui se nourrissent de
sang et dont quelques-uns atteignent une forte taille. Ils sont tous
redoutés des chevaux, des bœufs, des vaches et d'autres animaux
qu'ils tourmentent horriblement, qu'ils poursuivent sans relâche
dans les prairies, dans les bois, sur les chemins. Ils se posent sur
leur corps dans les endroits où la queue ne peut les atteindre et
d'où la tête, par ses mouvements, ne peut les chasser. Ils percent
la peau avec leur dard et font jaillir de la blessure le sang dont ils
se repaissent. On voit souvent les animaux couverts de ces insectes et du sang qui ruisselle sur leur peau. Ce sont surtout les chevaux à poils blancs qui présentent ce spectacle. Ils attaquent également l'homme et ne lui sont guère moins incommodes. Ils sont
attirés de loin par l'odeur de la sueur, et les hommes et les bestiaux
en sont d'autant plus tourmentés que le temps est plus chaud et
qu'ils sont plus en transpiration. Ces insectes commencent à se
montrer dès le 15 mai et continuent à paraître pendant tout l'été.
Ils sont très communs dans les bois et les pâturages et volent en
bourdonnant. Ce sont les femelles qui sont le plus à craindre et qui
ont le plus besoin de sang pour leur nourriture. Les mâles se
voient le plus ordinairement sur les fleurs, dont ils sucent les sucs.
Quoi qu'ils soient excessivement communs, on ne connait pas leurs
larves et on ne sait de quelle manière elles vivent. On a cependant
trouvé dans la terre celle du Taon des bœufs, ce qui fait présumer
que les larves des autres espèces vivent et se développent également dans la terre.

Les Taons ont le corps peu velu, leur tête est de la largeur du
thorax, presque hémisphérique et couverte, à l'exception d'un petit
espace, surtout chez les mâles, par deux yeux qui sont commu-

nément d'un vert doré, avec des raies ou des taches pourpres.
Leurs antennes sont à peu près de la longueur de la tête, de trois
articles, dont le dernier plus long, terminé en pointe, sans soies
ni stylet au bout, souvent taillé en croissant au-dessus de sa base,
avec des divisions transverses et superficielles au nombre de trois
à sept. La trompe du plus grand nombre est presque membraneuse, perpendiculaire, de la longueur de la tête ou un peu plus
courte, presque cylindrique et terminée par deux lèvres allongées.
Les deux palpes sont ordinairement couchés sur elle, épais, velus,
coniques, comprimés et de deux articles. Le suçoir, renfermé dans
la trompe, est composé de six petites pièce sen forme de lancette,
formant un faisceau. Les ailes sont étendues horizontalement de
chaque côté du corps. Les cuillerons recouvrent presqu'entièrement les balanciers. L'abdomen est sub-triangulaire et déprimé.

Ces Diptères sont classés dans la famille des Tabaniens, dans la
tribu des Tabanites et dans celle des Chrysopsites, et dans divers
genres de ces tribus. Les espèces qu'il nous importe le plus de
connaitre sont les suivantes :

Le Taon des bœufs (*Tabanus bovinus*, Lin.). Il habite les bois
et les pâturages ; il se jette sur les bestiaux et moins souvent sur
l'homme ; c'est la plus grande de nos espèces. Sa larve est jaunâtre, longue, cylindrique, rétrécie aux deux extrémités ; elle a la
tête cornée, étroite, allongée, munie de deux grands crochets mobiles, courbés en-dessous ; elle vit dans la terre, mais on ne sait
de quoi elle se nourrit ; elle s'y transforme en pupe ; chaque segment de cette dernière est terminé par six pointes écailleuses qui
lui servent à remonter à la surface du sol, à en sortir en partie
afin que l'insecte puisse se dépouiller de son enveloppe et prendre
son essor dans l'air. Son nom entomologique est *Tabanus bovinus*,
et son nom vulgaire *Taon des bœufs*. En Bourgogne, on l'appelle
Tavin, *gros Tavin*, pour le distinguer des autres *Taons*, qu'on
désigne sous le nom général de *Tavin*.

70. *Tabanus bovinus*, Lin. — Longueur, 27 mill. Il est d'un

brun-noirâtre ; les palpes, la face, le front sont jaunâtres ; ce dernier présente des taches et une bande noires ; les antennes sont noires, ayant la base blanchâtre et le troisième article marqué de cinq divisions ; le thorax porte des bandes noires et est garni de poils jaunâtres ; le bord postérieur des segments de l'abdomen est fauve et chacun d'eux présente sur le dos une tache triangulaire blanchâtre ; les pattes sont brunes, avec les tibias jaunes, sauf l'extrémité qui est noire ; les ailes sont hyalines, divergentes, ayant le bord extérieur jaunâtre et les nervures brunes.

Il blesse cruellement les bœufs et les chevaux avec son suçoir formé d'un faisceau de six lancettes écailleuses et fait jaillir de leur peau le sang dont il se nourrit. Ce liquide monte jusqu'à l'œsophage entre les lancettes ou soies qui forment un tube capillaire dans lequel le liquide s'élève de lui-même par l'effet de l'attraction.

71. *Tabanus morio*, Lin. — Longueur, 18 mill. Il est noir et luisant, la face est velue chez le mâle, presque nue chez la femelle ; le bord des yeux est garni d'un duvet court, blanchâtre ; la dent du troisième article des antennes est prolongée en avant et cet article présente cinq divisions ; le thorax est garni de poils gris, ainsi que l'écusson ; l'abdomen est ovalaire, déprimé, un peu plus large que le thorax, un peu plus long que celui-ci et la tête réunis ; les côtés du deuxième segment portent une tache de poils blancs ; le dernier est garni de poils de la même couleur ; les ailes sont fuligineuses, plus foncées vers la côte ; le centre des cellules est pâle et les nervures sont noires.

On le trouve dans les bois et les pâturages moins communément que le précédent. Il se jette assez rarement sur l'homme. Son nom vulgaire est *Taon morio*.

72. *Tabanus fulvus*, Meig. — Longueur, 14 mill. Il est brun, couvert d'un duvet jaune, épais, luisant ; la face est d'un ferrugineux pâle, quelquefois nuancé de cendré ; le front est jaunâtre, avec

deux petites taches noires ou sans taches chez la femelle ; les antennes sont fauves et leur troisième article présente cinq divisions ; l'abdomen est de la largeur du corselet, de la longueur, à peu près, de celui-ci et de la tête réunis, triangulaire chez le mâle, ovalaire chez la femelle, marqué d'une bande dorsale brune peu apparente, formée par des taches ; les pattes sont fauves et les tarses antérieurs noirs ; les ailes sont hyalines, avec le bord extérieur jaune, ainsi que les nervures ; la première cellule postérieure est pétiolée.

On le trouve au mois de juin dans les bois et les pâturages. Il attaque plus rarement l'homme que les animaux. Son nom vulgaire est *Taon fauve.*

73. *Tabanus luridus*, Meig. — Longueur, 12-14 mill. Il est noir, la face et les palpes sont gris chez le mâle, jaunâtres chez la femelle ; le front de la femelle est jaunâtre, marqué d'une tache et de lignes noires ; les antennes sont noires, sauf la base du troisième article qui est jaune ; le thorax est noir, rayé en-dessus de trois lignes grises sur les côtés ; l'abdomen est de la largeur du thorax, un peu plus long que celui-ci et la tête réunis, subtriangulaire, noir ; les segments sont bordés postérieurement d'un liseré de poils blancs et de poils noirs sur les côtés ; les trois premiers présentent une tache jaune demi-circulaire ; les jambes postérieures sont garnies de cils noirs à l'extérieur ; les ailes sont transparentes, grisâtres.

Il est assez commun dans les bois et les pâturages. Son nom vulgaire est *Taon luride* ou *livide.*

74. *Tabanus tropicus*, Lin. — Longueur, 14-16 mill. Il est noir ; les palpes et la face sont gris chez le mâle, jaunâtres chez la femelle ; le front de la femelle est jaunâtre, à tache et lignes noires ; les antennes sont fauves, sauf l'extrémité du troisième article qui est noire ; les yeux présentent trois arcs pourprés (vivant). Le thorax est noir, marqué de trois lignes grises ; les côtés sont gris ; il est couvert de poils noirs chez le mâle, jaunes chez la femelle ;

l'abdomen est noir, de la largeur du thorax, un peu plus long que celui-ci et la tête réunis, ovalaire chez la femelle, subtriangulaire chez le mâle; les quatre premiers segments sont ferrugineux sur les côtés, à reflets blanchâtres chez le mâle; on y voit une ligne de taches dorsales jaunâtres, peu apparentes, et un liseré au bord postérieur de chaque segment peu marqué; les cuisses sont brunes et les jambes ferrugineuses, excepté à l'extrémité, qui est brune ; les intermédiaires portent des poils divergents chez les mâles; les tarses sont noirs ; les ailes sont brunâtres, avec le bord extérieur plus foncé.

Il est assez commun dans les bois. Son nom vulgaire est *Taon tropique.*

75. *Tabanus autumnalis*, Linn. — Longueur, 18-20 mill. Il est noirâtre; les palpes, la face, le front, sont gris; la ligne frontale est noire; les antennes sont noires; le thorax est gris, velu, marqué de quatre bandes noirâtres; l'abdomen est noirâtre, de la largeur du thorax, plus long que celui-ci et la tête réunis, marqué de trois lignes longitudinales de taches blanchâtres; les côtés et le dessus sont blanchâtres; les cuisses sont noires; les tibias d'un blanc-jaunâtre, avec l'extrémité noirâtre; les ailes sont hyalines à bord extérieur brun et nervures brunes.

On le trouve communément dans les bois et les pâturages. Il poursuit l'homme avec acharnement. Son nom vulgaire est *Taon d'automne.*

76. *Tabanus bromius*, Lin. — Longueur, 12-14 mill. Les palpes sont noirâtres; la face et le front blanchâtres; ce dernier porte une tache carrée près des antennes, surmontée d'une ligne et d'une autre tache ovale, noires chez la femelle; les antennes sont testacées, avec l'extrémité noire; les deux premiers articles sont quelquefois noires; les yeux présentent des lignes pourpres arquées; le thorax porte cinq lignes blanchâtres; les taches de l'abdomen sont jaunâtres, rangées sur deux lignes longitudinales; les bords

des segments sont de la même couleur; les pattes sont fauves en dehors, le reste des pattes est noir; les ailes sont presque hyalines.

Il est commun dans les bois et les pâturages. Son nom vulgaire est *Taon bruyant*.

77. *Tabanus quatuor notatus*, Meig. — Longueur, 15 mill. Il est noir ; les antennes et la tête sont noires, les palpes d'un blanc-jaunâtre ; la face et le dessous des yeux sont couverts de poils blancs ; la bande frontale porte quatre taches noires chez la femelle ; les yeux sont ornés de lignes pourpres ; le corselet est noir, marqué de cinq lignes blanchâtres ; l'abdomen est de la largeur du corselet, plus long que ce dernier et la tête réunis, ovalaire, noir, orné de deux lignes longitudinales de taches blanchâtres ; le bord postérieur des segments est de la même couleur ; le dessous du ventre est revêtu de poils cendrés ; les cuisses et les tarses sont noirs ; les tibias testacés, avec l'extrémité noire ; les ailes sont hyalines, avec le bord extérieur brun, les nervures noires et la première cellule postérieure pétiolée.

Il n'est pas rare dans les pâturages et dans les bois ; il ressemble un peu au précédent. Son nom vulgaire est *Taon à quatre taches*.

78. *Tabanus rusticus*, Fab. — Longueur, 13-15 mill. Il est d'un gris noirâtre, avec des poils épais jaunâtres ; les palpes, la face et le front sont jaunâtres ; les antennes sont ferrugineuses, avec l'extrémité brune ; les cuisses et les tarses antérieurs sont noirs ; les tibias et les autres tarses sont jaunâtres ; les ailes sont hyalines, à stigma jaunâtre ; la première cellule postérieure est pétiolée.

Il est assez commun dans les bois et les pâturages.

Tous les Diptères dont on vient de parler sont des Tabaniens qui font partie de la tribu des Tabanites et qui sont des Taons proprement dits; les suivants sont des Tabaniens de la tribu des Chrysopsites qui sont aussi appelés Taons dans le langage vulgaire. Ces derniers ont leurs antennes sensiblement plus longues que la tête.

10

et le corps plus petit et moins robuste que les premiers. Leurs larves sont inconnues. Les espèces qui méritent d'être signalées sont :

L'Hœmatopote pluviale (*Hœmatopota pluvialis*) est commune dans les bois et les prairies où elle tourmente les bœufs, les vaches et les chevaux. Cet insecte se montre en juillet ; il poursuit l'homme avec acharnement et cherche à se poser sur ses mains, son visage ou son cou, afin de le piquer et de boire son sang. On l'écrase facilement sur la blessure qu'il fait ; on ne connait pas sa larve. Il diffère des véritables Taons par le troisième article de ses antennes qui est subulé, présentant quatre divisions, et qui n'est pas échancré à sa base de manière à produire une petite pointe en-dessus ; par le premier article qui est épais, presque ovalaire et velu chez le mâle, et par ses ailes posées en toit sur son corps. Son nom entomologique est *Hœmatopota pluvialis*, et son nom vulgaire *Taon pluvial*.

79. *Hœmatopota pluvialis*, Meig. — Longueur, 8-9 mill. Il est noirâtre ; les antennes sont un peu plus longues que la tête, d'un noir luisant ; les palpes et la face sont d'un gris-clair ; la bande frontale est large chez la femelle, noire, luisante auprès des antennes, et présente deux taches et un point noir sur le vertex ; les yeux sont verdâtres avec la partie inférieure pourpre traversée par des lignes sinuées jaunâtres ; le thorax est noir, marqué de trois lignes blanchâtres ; l'abdomen est noir, ayant les côtés des trois premiers segments fauves chez le mâle, on y voit une ligne dorsale et un rang de taches blanchâtres de chaque côté ; les pattes sont noires ; la base des tibias antérieurs, deux anneaux aux autres tibias, ainsi que le premier article de leurs tarses sont fauves ; les ailes sont d'un gris-brunâtre, tachetées de blanchâtre ; la première cellule postérieure est pétiolée.

On trouve en France quelques autres espèces du même genre qui ressemblent à la précédente, mais qui sont moins communes.

· Le Chrysope aveuglant (*Chrysops cœcutiens*) est aussi commun au mois de juin dans les bois et les pâturages que le précédent et n'est pas moins incommode aux animaux qu'il tourmente par ses piqûres et à l'homme qu'il poursuit pour se repaître de son sang. Il s'éloigne un peu des véritables Taons par ses antennes allongées, dont les premier et deuxième articles sont à peu près de la même longueur et dont le troisième, non échancré à sa base, est presque aussi long que les deux autres pris ensemble et marqué de cinq divisions. Il porte trois stemmates sur le vertex, ce qui ne s'observe pas sur les Tabaniens précédents. Son nom vulgaire est *Ta n aveuglant.*

80. *Chrysops cœcutiens*, Fab. — *Mâle.* Longueur, 8 mill. Il est noir; les antennes sont noires; la face est jaune, marquée de deux taches noires luisantes; les yeux sont d'un vert-doré, avec des taches et des lignes pourpres; le dessus du thorax est noir, le dessous et les côtés sont couverts de poils fauves; l'abdomen est noir; le premier segment porte une tache fauve de chaque côté; les ailes sont noires, avec une tache presque hyaline à l'extrémité de la cellule basilaire externe, et la partie postérieure du bord interne hyaline.

Femelle. Longueur, 8 mill. La face porte trois taches noires contiguës; le front est cendré avec une callosité et le vertex noirs : la base du premier article des antennes est d'un fauve obscur; le thorax est marqué de deux raies grises antérieurement; le premier segment de l'abdomen présente une tache jaune de chaque côté; le deuxième est jaune, avec deux lignes noires divergentes; la base du premier article des tarses est fauve; les ailes présentent une grande tache hyaline vers le milieu et une autre vers l'extrémité, comme chez le mâle.

81. *Chrysops marmoratus*, Meig. — Longueur, 7 mill. Il ressemble au précédent; les palpes sont fauves; les premier et deuxième articles des antennes sont chacun de la même longueur que le troisième; la base du premier est fauve; les taches noires

de la face et du front sont assez petites; le thorax est d'un gris-jaunâtre marqué de trois raies noires; l'abdomen est jaune; les premier et deuxième segments présentent chacun deux taches noires; les troisième et quatrième ont leur base noire interrompue; les pattes sont fauves; la bande noire intermédiaire des ailes porte une petite tache hyaline chez la femelle.

Le nom vulgaire de cette espèce est *Taon marbré*. On trouve encore d'autres espèces qui se rapportent au genre Chrysops.

On ne connait aucun moyen assuré pour détruire ces Diptères dangereux ou du moins incommodes à l'homme et aux bestiaux. Pour en défendre les animaux de travail, on peut adapter aux harnais des chevaux et des bœufs des cordelettes pendantes, très rapprochées, assez longues pour battre sur les flancs et sous le ventre de ces animaux, afin d'en éloigner les Taons et les autres mouches qui les tourmentent. On fera bien de ramener les bestiaux du pâturage, pendant quelques heures au milieu du jour, pendant le temps de l'apparition de ces Diptères, afin qu'ils puissent se reposer et se soustraire à leurs piqûres.

On a proposé un moyen d'éloigner ces redoutables insectes, qui peut avoir du succès et qu'on pourra essayer, le voici: Pour préserver les bœufs, les chevaux et en général tout le bétail de la piqûre des mouches, il suffit de laver, au sortir de l'étable, les parties du corps où se portent d'ordinaire les mouches, avec une décoction d'aloès-succotrin, substance très peu chère et qui se trouve chez tous les pharmaciens. Cette substance se fond très facilement dans l'eau chaude Dans deux litres on en mettra cinq à dix grammes, mais on devra se garder d'humecter avec cette décoction les lèvres ou le nez des bêtes, qui se lécheraient et pourraient être dégoûtées de leur nourriture par l'amertume exécrable de cette substance. Les souffrances qu'éprouvent les animaux par la piqûre des mouches, surtout celle des Taons, les mettent quelquefois en fureur et exposent à de graves accidents les personnes qui les accompagnent et les approchent.

—

82 à 86. — Les Œstres.

(Hypoderma bovis, Cl.; — *œstrus equi*, Cl.; — *haemorrhoïdalis*, Cl.;
Cephalemia ovis, Cl., etc.).

Les Œstres sont des diptères d'une taille assez forte, ressemblant à des mouches velues dont le corps est souvent orné de bandes colorées. Ils sont singulièrement redoutés des grands animaux herbivores auxquels leur présence inspire la terreur, non parce qu'ils les blessent eux-mêmes, car ils sont privés d'armes offensives et ne prennent aucune nourriture, mais parce que ces animaux doivent nourrir leur larves, soit dans leur peau, soit dans leur estomac, soit dans certaines cavités de la tête et qu'ils ont l'instinct de l'incommodité qu'ils en éprouveront. Les antennes des Œstres sont très courtes, insérées chacune dans une fossette au-dessous du front et terminées en une palette arrondie portant sur le dos, près de son origine, une soie simple. A la place de la bouche on ne voit que trois tubercules ou que de faibles rudiments de la trompe et des palpes impropres à tout usage. Leurs ailes sont ordinairement écartées; les cuillerons sont grands et cachent des balanciers; les tarses sont terminés par deux crochets et deux pelottes.

Les Œstres font partie de la famille des Athéricères, de la tribu des Œstrides, et sont répartis dans différents genres de cette tribu. Les espèces les plus importantes à connaître sont :

L'Œstre du bœuf (*Hypoderma bovis*, Cl.). On voit fort souvent sur le corps des bœufs et des vaches des petites bosses, des espèces de tumeurs d'où suinte une humeur qui colle les poils environnants. Ces tumeurs sont à peine visibles en hiver, mais elles prennent un rapide accroissement au printemps et parviennent à leur plus grande dimension vers le milieu de mai; elles ont alors jusqu'à 40 millimètres de tour à la base sur 27 millimètres de hauteur; l'ouverture d'où sort l'humeur se trouve quelquefois au sommet, quelquefois vers la base. On remarque que ce sont les jeunes bêtes

de deux à trois ans qui en sont le plus chargées, celles qui ont le
poil le plus frais et qui jouissent de la meilleure santé; elles en
portent jusqu'à trente ou quarante sur le même individu, placées
sur le dos, près des cuisses et des épaules, sur les épaules; ces
tumeurs sont quelquefois isolées, d'autre fois plusieurs se touchent.
Chacune d'elles renferme un ver ou une larve parasite qui en est
la cause et qui se nourrit de l'humeur qui en est sécrétée. Cette
larve ne possède ni dents, ni crochets à sa bouche pour déchirer
la chair; elle ne fait que pomper la sanie qui l'environne. Elle
parvient au terme de sa croissance vers le 15 mai; elle a alors
28 à 30 mill. de long sur 16 mill. de diamètre à l'endroit le plus
renflé de son corps; mais il y en a de plus petites. Elle est de couleur brunâtre, apode, allongée à la partie antérieure qui est plus
pointue que la partie postérieure. Le corps est composé de onze
segments y compris celui de la bouche; le huitième est celui qui a
le plus de diamètre; elle est un peu aplatie du côté du dos; le corps
est divisé longitudinalement en huit sillons, dont six plus profonds
que les deux autres: il y en a deux sur le dos, quatre sur les
côtés et deux sous le ventre. Les anneaux du corps sont garnis
de spinules écailleuses; chacun d'eux en porte deux rangs; celles
du rang antérieur sont dirigées vers le derrière; celles du rang
postérieur vers la tête; sous le ventre les dixième, onzième segments en sont privés; sur le dos les trois premiers en possèdent.
C'est à l'aide de ces épines que la larve se meut dans la tumeur et
qu'elle excite l'irritation qui produit l'humeur dont elle se nourrit.
La bouche n'est point armée de crochets; elle consiste dans une
cavité entourée de mamelons et de deux boutons écailleux à son
bord antérieur, à côté desquels se trouvent deux mamelons charnus,
plus petits que les premiers. Le dernier segment est terminé par
un plan circulaire sur lequel se trouvent deux petites plaques écail
leuses brunes en forme de croissant, dont la concavité est tournée
en-dedans et dans lesquelles sont percées les ouvertures qui donnent entrée à l'air que la larve respire. C'est pour exécuter cette
opération qu'elle tient presque toujours les plaques écailleuses à

l'ouverture qui existe sur la tumeur, qui, en outre, sert à l'évacuation de ses excréments. C'est aussi par cette ouverture qu'elle sort de son habitation lorsqu'elle a pris toute sa croissance, mais ce n'est pas sans de longs efforts qu'elle parvient à la dilater pour y introduire ses deux derniers segments qui sortent les premiers ; c'est par une pression continuée pendant deux jours qu'elle y parvient Sortie de son berceau, elle tombe à terre et se traine péniblement à la recherche d'un abri sous une pierre ou sous une motte de terre, où elle reste immobile et se change en pupe de couleur noire. L'insecte éclôt quarante à cinquante jours après. La tumeur se guérit presqu'aussitôt que la larve en est sortie.

Le nom entomologique de cette espèce est *Hypoderma bovis,* et son nom vulgaire *OEstre du bœuf.*

82. *Hypoderma bovis,* Clark. — Longueur, 12-13 mill. Il est velu et ressemble à un bourdon ; les antennes sont brunes, courtes, de trois articles, le dernier en palette arrondie surmontée d'une soie ; la tête est noire, avec la face et le front couverts de poils blancs ; l'ouverture buccale est petite, en forme de Y ; il n'y a ni trompe, ni palpes distincts ; le corselet est jaune antérieurement, d'un noir luisant dans la partie moyenne et fauve postérieurement ; l'abdomen est de trois couleurs en-dessus et en-dessous : sa partie antérieure est blanche ou jaunâtre, la partie moyenne est noire et l'extrémité d'un beau jaune orange ; les pattes sont brunes, avec les tarses plus pâles et les cuisses plus foncées ; les ailes sont brunes, sans taches, moins transparentes vers la côte ; la première cellule postérieure est entr'ouverte à l'extrémité ; la nervure transversale de la cellule discoïdale est très oblique.

L'abdomen de la femelle est terminé par une tarière ou oviducte rétractile, de quatre pièces rentrant les unes dans les autres, qu'elle fait sortir lorsqu'elle veut pondre, ce qui arrive aussitôt que l'accouplement est accompli. Elle vole au-dessus du bœuf ou de la vache qu'elle a choisi, développe son oviducte, fait descendre un œuf à l'extrémité et se pose un instant sur l'animal, instant qui suffit pour le dépôt de l'œuf sous la peau. Dès qu'une bête a été piquée, elle entre en fureur, elle court en mugissant, étendant le cou et la queue dans la ligne de son corps et cherche l'eau pour s'y plonger ; tout le troupeau partage son agitation et donne des marques évidentes de la crainte que lui cause cet insecte. Cependant, lorsqu'il se pose sur son dos, il ne cherche pas à le chasser avec sa queue.

Les bestiaux qui pâturent dans les bois et les prairies qui les avoisinent sont plus exposés aux atteintes des Œstres que ceux qui vivent éloignés des forêts. On ne fait ordinairement rien pour détruire les larves qui vivent dans les tumeurs ; elles ne paraissent pas nuire à la santé des bœufs et des vaches lorsqu'elles ne sont pas en très grand nombre ; on regarde comme les meilleures bêtes du troupeau celles qui sont atteintes par ces insectes.

Les Etourneaux (*Sturnus vulgaris*) sont de grands destructeurs de l'Œstre du bœuf. Ils suivent les bestiaux dans les pâturages pour ramasser les larves lorsqu'elles tombent à terre, et ils ont l'instinct de se poser sur le dos de ces animaux pour retirer des tumeurs celles qui commencent à sortir ; c'est pour cela qu'on leur a donné le nom de *Pique-bœuf*. A cette époque leur estomac est rempli de ces larves parvenues à leur complète croissance.

L'Œstre du cheval (*Œstrus equi*, Cl.). Cet insecte se trouve dans les bois et les prairies qui les avoisinent et sa larve vit dans l'estomac des chevaux. Lorsque la femelle veut effectuer sa ponte, elle s'approche de l'animal qu'el a choisi en tenant son corps presque vertical dans l'air. L'extrémité de son abdomen, où est son oviducte, est très allongé et recourbé en haut et en avant ; il porte un œuf qu'elle dépose, sans presque se poser, sur la partie interne des jambes, sur les côtés et la partie interne des épaules, rarement sur le garot du cheval. Cet œuf, qui est enduit d'une humeur glutineuse, s'attache facilement aux poils. L'Œstre s'éloigne ensuite un peu du cheval pour préparer un second œuf en se balançant dans l'air; elle le dépose de la même manière et répète ainsi ce manége jusqu'à cent fois de suite et plus.

Quelques jours après, les œufs étant mûrs et les larves prêtes à éclore, la pellicule des premiers se déchire facilement lorsque le cheval lèche les parties sur lesquelles ils ont été déposés. C'est alors que les larves s'attachent à la langue de l'animal et parviennent par l'œsophage dans l'estomac. On les trouve aussi dans celui de l'âne. Elles sont plus communes autour du pylore et ne se voient que très rarement dans les intestins: leur nombre est quelquefois si considérable qu'elles peuvent causer la mort des chevaux. Lorsqu'elles ne dépassent pas une centaine, elles ne paraissent nullement nuire à leur santé. Elles sont suspendues par grappes à la membrane interne de l'estomac au moyen de deux forts crochets recourbés, d'une substance cornée, noirâtre, qui sont placés de chaque côté de l'ouverture de la bouche, qui est une petite fente verticale bordée par deux petites plaques cornées. Au-dessus de chacun des crochets est un petit bouton charnu dans lequel s'ouvre le stigma antérieur.

Cette larve est privée de pattes; elle est de forme conique allongée; c'est à la plus petite extrémité que la tête est placée; son corps est composé de onze anneaux garnis chacun à leur bord d'une rangée circulaire d'épines triangulaires, solides, jaunâtres, noires à la pointe, qui est très aiguë et dirigée en arrière; en-dessus les anneaux de l'extrémité postérieure n'ont point d'épines; cette extrémité présente une sorte de caverne centrale dans le fond de laquelle sont six doubles sillons transversaux, courbés en-dedans de manière à se rapprocher en cercle; ils sont écailleux et criblés de trous pour l'entrée de l'air; ce sont les stigmates postérieurs qui peuvent être cachés par les bords rapprochés de la caverne, ce qui empêche que les liquides de l'estomac ne puissent les atteindre.

Cette larve se nourrit du chyme qu'elle trouve dans l'estomac ou plutôt de l'humeur sécrétée par la membrane interne de cet organe. Lorsqu'elle a acquis toute sa croissance, elle descend dans les intestins et arrive à l'anus, sur les bords duquel on la trouve souvent dans les mois de mai et de juin, prête à tomber à terre pour y subir sa transformation. A cette époque elle est devenue brune en passant successivement par le blanc-verdâtre, le vert et le jaunâtre. Tombée à terre, elle se transforme bientôt en pupe, à peau dure et noire. L'insecte parfait en sort au bout de six à sept semaine. Son nom entomologique est *Œstrus equi*, et son nom vulgaire *Œstre du cheval*.

83. *Œstrus equi*, Clark. — Longueur, 12-14 mill. Les antennes sont jaunâtres; le front est jaunâtre, peu velu; il n'y a point de cavité buccale, mais deux petits tubercules remplaçant les palpes; les yeux sont bruns, laissant entre eux un espace assez grand, velu, d'un jaunâtre-pâle, rempli en partie par trois yeux lisses; le corselet est brun-clair; cette couleur s'affaiblit un peu tout autour sur les bords; l'abdomen est fauve, sans taches, ou marqué de bandes transversales brunes, formées par le bord des segments; quelquefois ces bandes ne sont apparentes que dans la partie moyenne et forment alors seulement une rangée de points; les ailes sont blanches; on voit à leur base, sur la deuxième nervure, un très petit point noir, dans leur milieu une large bande sinueuse transversale, et près de leur extrémité deux autres petits points obscurs ou noirâtres; les pattes sont pâles.

La femelle est d'une couleur plus foncée que le mâle; son oviducte est brun. Cette espèce est moins velue que la précédente.

L'Œstre hémorrhoïdal (*Œstrus hæmorrhoidalis*, Lin.) habite les bois et les prairies qui les avoisinent. La femelle pond ses œufs sur les lèvres ou les narines des chevaux, d'où ils sont transportés par la langue dans la bouche et ensuite dans l'estomac, où la larve vit et se développe.. Cette larve ressemble à celle de l'Œstre du cheval, mais elle est plus petite. Elle sort par l'anus quand elle a pris toute sa croissance, tombe à terre et se réfugie dans quelque abri où elle se change en pupe, puis ensuite en insecte parfait.

84. *Œstrus hœmorrhoidalis*, Lin. — Longueur, 10 mill. Les antennes sont noires, avec la soie fauve à la base ; la tête est couverte de poils blanchâtres, surtout à sa partie antérieure ; le corselet est noir, garni de quelques poils fauves mieux prononcés et plus serrés sur les bords ; les côtés de la poitrine sont couverts de poils blanchâtres ou d'un jaune pâle. L'abdomen est noir, avec des poils blanchâtres à la base et l'extrémité fauve ; les ailes sont transparentes, sans taches, avec une légère teinte obscure, surtout vers la côte ; les cuillerons sont blancs et les balanciers noirâtres ; les pattes sont noires, avec les jambes et les tarses d'un roux obscur ; l'oviducte de la femelle est noir.

L'Œstre nasal (*Œstrus nasalis*, Lin.). Cette espèce est appelée Œstre vétérinaire (*Œstrus veterinus*) par Fabricius et Latreille. Il se trouve, comme les précédents, dans les bois et les prairies qui en sont proches. La femelle dépose ses œufs dans le nez des chevaux, des ânes, des mulets, des chèvres et des cerfs, d'où les larves passent dans leur estomac et leurs intestins. Elles sortent par l'anus lorsqu'elles ont pris toute leur croissance et tombent à terre ; elles cherchent un abri pour se réfugier et se changent en pupes, puis ensuite en insectes parfaits.

85. *Œstrus nasalis*, Lin. — Longueur, 11 mill. La tête, le thorax et l'abdomen sont couverts de poils ferrugineux ; les antennes sont fauves ; la base de l'abdomen est couverte de quelques poils testacés ou fauves, tandis que ceux qui sont vers l'extrémité prennent une teinte brune ; le deuxième segment porte deux touffes de poils d'un brun-roussâtre ; les pattes sont d'un roux-fauve ; les ailes n'ont point de taches, mais elles ont à leur origine

quelques poils testacés ou fauves; l'abdomen de la femelle est
brun à son extrémité.

Latreille conjecture que cette espèce pourrait bien être celle qui
a l'instinct de déposer ses œufs sur la marge de l'anus des chevaux et dont les larves remonteraient dans les intestins. Linné
attribue cette habitude à l'Œstre hémorrhoïdal, dont la larve
vivrait dans le rectum, tandis que celle de l'Œstre nasal habiterait
le gosier de ces animaux après être entrée par les narines.

L'Œstre du mouton (*Cephalemyia ovis*. Cl.). La larve de cet
insecte habite les sinus maxillaires et frontaux des moutons et se
tient fixé à la membrane interne qui les tapisse, au moyen de deux
forts crochets dont les côtés de la bouche sont armés. Les moutons
ne craignent pas moins cet Œstre que les chevaux ne redoutent les
espèces qui les attaquent, et lorsqu'ils sont menacés par lui, ils
cherchent à l'éviter en se réunissant dans un chemin rempli de
poussière, où ils se serrent les uns contre les autres, tenant leur
nez jusqu'à terre. Ceux qui paraissent en avoir été atteints s'agitent
beaucoup ; ils frappent la terre de leurs pieds et fuient tenant le
nez bas. C'est, en effet, sur le bord des narines que la femelle
dépose ses œufs, qui bientôt éclosent. Les larves qui en sortent
sont blanches ; elles conservent cette couleur presque jusqu'à ce
qu'elles aient pris toute leur croissance. Elles sont alors plus
grosses que celles de l'Œstre du cheval, mais moins que celles
de l'Œstre du bœuf. Leur forme est bien plus allongée
que celle de ces dernières ; elles figurent assez bien un cône
allongé à la petite extrémité duquel est la tête. Outre l'ouverture
simple de la bouche et les deux crochets cornés dont on a parlé,
on voit encore sur cette tête, au-dessus de chacun des crochets,
un petit mamelon saillant probablement percé au centre. Le corps
de ces larves est composé de onze anneaux, et il est terminé par
deux plaques brunes circulaires placées à côté l'un de l'autre,
qui sont les stigmates. L'air paraît passer par un espace circulaire
concentrique et blanchâtre qui partage chacune des plaques en deux

parties. Ces plaques peuvent être renfermées, à la volonté de la
larve, dans son dernier anneau comme dans une bourse.

Lorsque la larve a pris tout son accroissement, sa blancheur
s'efface en différents endroits. La partie la plus élevée de la plupart
de ses anneaux, surtout de ceux qui sont depuis le milieu du
corps jusqu'au bout postérieur, deviennent en dessus, d'abord d'un
blanc sale, pour passer successivement par des nuances de plus
en plus brunes. Sur chaque côté inférieurement on voit une rangée
de petits points saillants et mousses qui servent à la marche de la
larve, ainsi que des petites épines très fines, rougeâtres, dirigées
en arrière, qui recouvrent tout l'espace charnu compris entre deux
anneaux.

Ces larves sont très vives et s'agitent beaucoup lorsqu'on les
tient dans la main. On en trouve rarement plus de trois ou quatre
dans la tête d'un mouton. Lorsqu'elles sont à terme, elles sortent
par les narines et tombent à terre dans laquelle elle s'enfoncent
pour se changer en pupes qui deviennent noires. Elles restent
dans cet état environ deux mois, après lesquels l'insecte parfait
sort de sa coque. On trouve dans les sinus frontaux des moutons
des larves prêtes à se métamorphoser. depuis le mois d'avril jusqu'à la fin de juillet, ce qui fait présumer que cet insecte a deux
générations dans l'année.

86. *Cephalemyia ovis*, Clark. — Longueur, 10 mill. Il est velu ;
les antennes sont noires, avec une soie apicale testacée ; la tête
est grosse, arrondie en-devant, à peine velue, ridée, grisâtre, avec
quelques points noirs enfoncés ; la bouche manque, elle est remplacée par deux tubercules ; les yeux sont d'un vert-foncé changeant chez l'animal vivant, et bruns chez l'animal mort ; le corselet
est cendré, couverts de points noirs un peu élevés, portant chacun
un poil ; l'écusson est d'un fauve brunâtre, avec des tubercules
semblables ; l'abdomen est taché de brun ou de noir sur un fond
blanc ou jaunâtre soyeux ; les ailes sont blanches, avec quelques

points noirâtres vers leur base ; la première cellule postérieure est fermée ; les pattes sont brunes ou testacé-pâle.

Le nom vulgaire de cette espèce est *OEstre du mouton.*

On ne connait aucun moyen pour préserver les bestiaux de l'atteinte des OEstres et aucun procédé pour les débarrasser de eurs larves lorsqu'ils ont été atteints et qu'ils en nourrisseut dans leur estomac, dans leurs intestins ou dans leurs sinus frontaux et maxillaires.

—

87 à 91. — **Les Stomoxes ou Mouches piquantes.**

(Stomoxys calcitrans, Geof.; — *chrysocephala,* R. D.; — *hœmatobia irritans,* Meig.; — *pungus,* R.D.; — *serrata,* Macq.).

Sur la fin de l'été et le commencement de l'automne on trouve abondamment dans les maisons des mouches qui piquent fortement les jambes, surtout lorsque le temps est chaud et un peu orageux. Elles sont plus incommodes que la mouche domestique, à laquelle elles ressemblent beaucoup, parce qu'elles causent une douleur assez vive en perçant la peau pour boire le sang dans la blessure même, tandis que cette dernière ne fait que nous importuner en venant humer, sur notre peau, l'humidité de la transpiration. On confond ordinairement ces deux espèces lorsqu'on ne possède aucune connaissance en entomologie ou qu'on ne s'est pas donné la peine de les comparer. Les stomoxes sont aussi fort communs dans les étables et dans la campagne, où ils tourmentent les bestiaux ; c'est à leurs jambes qu'ils s'attachent de préférence pour en tirer le sang dont ils se nourrissent. Les animaux tourmentés et importunés par ces piqûres frappent fréquemment du pied contre terre pour s'en débarrasser, et c'est de ce mouvement que l'espèce la plus commune a reçu le nom de *Calcitrans.* Si l'on compare les stomoxes à la mouche domestique, on voit qu'ils en diffèrent beaucoup par la forme de la trompe ; celle de la mou-

che commune est membraneuse, terminée par deux grosses lèvres
et peut se retirer entièrement dans la cavité buccale; elle ne pique
pas et ne peut que sucer les liquides répandus sur la surface des
corps. La trompe du Stomoxe est cornée, portée droite en avant
et dépasse beaucoup la tête; elle ne peut pas rentrer dans la cavité
buccale et sert à percer la peau pour en faire sortir le sang que
boit l'animal. Les antennes présentent encore une différence dans
la structure : celles de la mouche commune portent une soie plumeuse des deux côtés ; celles du Stomoxe une soie plumeuse d'un
seul côté, en-dessus.

On ne connaît pas les larves des Stomoxes ; on ne sait pas bien
exactement dans quels lieux elles habitent, ni de quelles substances elles se nourrissent. On croit qu'elles vivent dans les bouses
et dans le fumier. Ces larves doivent être très communes autour
des maisons de campagne, dans le voisinage des étables et dans
les prairies où les bestiaux vont pâturer, puisque l'insecte parfait
se voit en si grande quantité dans les maisons, dans les étables et
dans les champs dès le mois d'août et pendant l'automne jusqu'au
moment où les froids un peu vifs se font sentir. Ces circonstances
indiquent que les larves doivent grandir pendant le printemps et
le commencement de l'été; que les œufs doivent être pondus en
automne, avant les froids qui font périr les mouches, et que les
larves vivent très probablement dans les bouses et dans les fumiers,
dans le terreau ou dans la terre imprégnée de matières animales et
végétales en décomposition. On conjecture encore que les larves
des Stomoxes ressemblent à celle de la Mouche commune ; mais
elles n'ont pas encore été observées.

Ces insectes entrent dans la famille des Athéricères, dans la
tribu des Muscides, la sous-tribu des Muscies, et dans le genre
Stomoxys. Les espèces signalées comme étant les plus incommodes
sont :

87. *Stomoxys calcitrans*, Geof. — Longueur, 7 mill. Il est d'un
gris cendré ; les antennes sont noires, ne descendant pas jusqu'à

l'épistome, à troisième article cylindrique surmonté d'un style plumeux en-dessus ; la face et le front sont d'un blanc jaunâtre ; la bande frontale est noire ; la trompe est noire, cornée, luisante, dépassant la tête de la longueur de celle-ci ; les palpes sont fauves et les yeux rougeâtres ; le corselet est gris-cendré, marqué de raies noires ; l'abdomen est de la longueur de la tête et du corselet, ovoïde, gris-cendré, avec des taches noires, deux sur chaque segment touchant le bord postérieur, et une dorsale touchant le bord supérieur ; les pattes sont noires, avec la base des jambes fauve ; les ailes sont hyalines, divergentes, à nervures noires, flavescentes à la base ; la première cellule postérieure est large-ment ouverte à l'extrémité ; les cuillerons sont blancs et les balan-ciers blanchâtres.

Cette espèce abonde en été et en automne et tourmente l'homme et les animaux. On ne connaît aucun moyen de s'en délivrer, si ce n'est de tuer tous les Stomoxes que l'on verra sur les vitres dans les appartements, ce qui est très facile, et les purgera de ces in-sectes pendant tout le temps qu'ils resteront fermés. On pourra essayer sur les bestiaux l'eau amère indiquée à l'article des Taons et leur en laver les jambes et les autres parties exposées aux piqûres. On ignore encore quels sont les ennemis naturels de cette mouche et quels sont ses parasites. Son nom vulgaire est *Stomoxe piquant.*

88. *Stomoxys chrysocephala*, R. D. — Longueur, 6 mill. Il est noirâtre ; les antennes sont brunes et ne descendent pas jusqu'à l'épistôme ; leur troisième article, qui est le plus long, est sur-monté d'un style plumeux en-dessus ; la bande frontale est d'un brun de velours, les côtés du front et la face sont dorés ; la trompe est cornée, saillante en avant et noire ; les palpes ne dépassent pas l'épistôme et sont fauves ; le corselet est gris-flavescent, rayé de brun ; l'abdomen est gris-flavescent, avec trois taches ponctiformes noires, disposées en triangle sur chaque segment ; les pattes sont

noires, avec la base des tibias ferrugineux ; les ailes sont hyalines, légèrement flavescentes à la base ; les cuillerons légèrement lavés de jaunâtre.

Le *mâle* est semblable à la femelle, mais un peu plus petit, d'un gris un peu moins doré, les taches de l'abdomen moins prononcées ; les cuillerons un peu plus flavescents.

Cette espèce est commune en été et en automne dans les étables et tourmente beaucoup les bœufs, les vaches et les veaux. Elle ressemble presque entièrement à la précédente, avec laquelle on la confond ordinairement. Elle se distingue du *Stomoxys calcitrans* par sa face dorée et ses ailes plus claires. Son nom vulgaire est *Stomoxe chrysocéphale*.

Une autre mouche piquante, appelée par Linné *Conops irritans*, est très incommode aux bestiaux, bœufs et chevaux dans les pâturages. C'est cependant pour leur bien, selon cet illustre naturaliste, qu'elle les tourmente ; car, en se posant en grand nombre sur leur dos, elle les oblige à être continuellement en mouvement, soit en frappant de leur queue, soit en battant la terre de leurs pieds pour s'en débarrasser, elle les empêche de périr par l'excès de nourriture qu'ils prendraient s'ils broutaient en repos. Cette espèce se distingue des véritables Stomoxes par ses palpes qui dépassent l'épistôme et qui sont un peu dilatés au sommet, ce qui l'a fait placer dans un genre particulier appelé *Haematobia*, démembré des Stomoxes.

89. *Haematobia irritans*, R. D. (*Haematobia stimulans*, Macq.). — Longueur, 5 mill. Il est gris-cendré ; les antennes sont noires et ne descendent pas jusqu'à l'épistôme ; le troisième article est surmonté d'un style plumeux en-dessus ; la face et les côtés du front sont blanchâtres ; la bande frontale est noire ; la trompe est noire, cornée, saillante ; les palpes sont aussi longs que la trompe, terminés en massue de couleur ferrugineuse ; le thorax est gris rayé de lignes noires ; l'abdomen est gris avec une ligne dorsale et

quatre taches noires; les pattes sont noires, ayant la base des tibias ferrugineuse; les ailes sont hyalines; les cuillerons d'un blanc-jaunâtre et les balanciers jaunes ; la première cellule postérieure est un peu rétrécie à l'extrémité.

Cette espèce ne se voit pas dans les maisons; elle se tient dans les prairies et se montre au premier printemps. Son nom vulgaire est *Stomox irritant*.

90. *Haematobia pungus*, R. D. (*Haematobia irritans*, Macq.). — Longueur, 4 mill. Il est cendré, la bande frontale et les antennes sont noires ; celles-ci ne descendent pas jusqu'à l'épistôme et leur troisième article est surmonté d'une soie plumeuse en-dessus ; la trompe est noire ; les palpes sont fauves, en massue et aussi longs que la trompe ; le corselet est gris, rayé de brun; l'abdomen est garni de duvet gris, avec une ligne dorsale et deux taches noires sur chaque segment ; les pattes sont noires, avec la base des tibias ferrugineuse ; les ailes ont une légère teinte fuligineuse ; les cuillerons sont flavescents ainsi que les balanciers.

Le nom vulgaire de cette espèce est *Stomoxe perçant*.

91. *Haematobia serrata*, Macq. (*Priophora serrata*, R. D.). — Longueur, 3 mill. Les antennes sont fauves, ayant leur troisième article double du deuxième et surmonté d'un style plumeux en-dessus et très peu en-dessous; la bande frontale est noire ; les côtés du front et de la face et le pourtour des yeux sont argentés ; les palpes sont fauves ou fauve-bruns ou bruns, aussi longs que la trompe, qui est menue, solide, allongée; le corselet est brun-cendré ; l'abdomen est gris-brunâtre, avec une ligne dorsale de points noirâtres, parfois obscurs ; les pattes sont ordinairement d'un fauve-pâle et les cuisses brunâtres ; les tarses postérieurs sont disposés en scie au côté externe; les ailes sont légèrement flavescentes, ainsi que les cuillerons; les balanciers sont jaunâtres.

Le *mâle* est semblable à la femelle, mais un peu plus petit, un peu plus brun ; la bande frontale est noire ou rougeâtre ; les ailes sont claires ou lavées de flavescent.

Cette espèce couvre en été le corps des bêtes bovines qu'elle tourmente beaucoup. On la rencontre aussi dans les endroits marécageux. Des individus offrent entre eux une grande différence de coloration. Son nom vulgaire est *Stomoxe dentelé.*

On ne connait aucun moyen assuré de préserver les bestiaux de la piqûre de ces mouches très incommodes. On pourra essayer l'emploi de l'eau amère en lotion, comme il est indiqué à l'article des Taons, soit qu'on les garde à l'étable, soit qu'on les conduise au pâturage.

Il est opportun de dire ici que les Araignées qui établissent leurs toiles dans les étables détruisent un grand nombre de mouches incommodes aux animaux domestiques et leur rendent services en ce sens. Ces Mouches, en voltigeant, se prennent dans les toiles qu'elles tendent sous les planchers et dans les angles des murs, et deviennent la proie des araignées, qui s'en nourrissent. On doit donc se garder de tuer ces derniers animaux. Mais, pour la propreté, il convient d'enlever les vieilles toiles chargées de poussière et pendantes au plancher ou aux murs, afin que les Araignées en construisent de neuves et de propres, qui seront des pièges mieux conditionnés que les anciens.

---

92. — La Mouche domestique.

(*Musca domestica*, Lin.).

Tout le monde connaît la Mouche domestique, si commune et si importune dans les appartements. Elle suce la sueur des hommes et des animaux, les liquides que renferme la viande, les provisions de ménage, les fruits, etc.; elle aime surtout les matières sucrées. Elle tache de ses excréments et salit les meubles, les boiseries, les plafonds, les glaces, les rideaux, etc. C'est un de nos parasites les plus incommodes. Elle se multiplie en quantité prodigieuse dans certaines années, et c'est vers la fin de l'été qu'on en voit le plus.

Elle provient d'une larve qui vit et se développe dans le fumier chaud et humide. Elle ressemble aux larves des autres mouches. Elle est blanche, de forme conique, molle, glabre, apode, formée de onze segments; elle peut s'allonger et se raccourcir à volonté; sa tête, située au petit bout, est conique, de forme variable, susceptible de rentrer dans le premier segment; elle est terminée par deux petites pointes mousses, membraneuses, et la bouche, placée entre elles et un peu au-dessous, renferme une espèce de crin noir terminé par un crochet au bout antérieur et qui se prolonge à l'intérieur dans le premier segment; ce crin est double et tient à la partie supérieure du tube buccal. A la partie postérieure de ce premier segment, de chaque côté en-dessus, se trouve un stigmate en forme de petite crête à six dentelures. Le dernier segment est tronqué obliquement et présente, sur la troncature, deux petits disques bruns, un peu saillants, dans lesquels s'ouvrent les orifices respiratoires; ce sont les stigmates postérieurs.

Cette larve se nourrit des matières qu'elle trouve dans le fumier chaud. Lorsqu'elle est parvenue à toute sa taille, dans le mois de juillet et celui d'août, elle se transforme en pupe dans le lieu où elle a vécu et ne tarde pas à paraître sous la forme de mouche. Aussitôt après sa naissance, elle s'accouple. Dans cette opération, la femelle introduit dans le corps du mâle sa vulve, qui s'allonge en forme de cône. La femelle étant fécondée va pondre ses œufs dans le fumier.

Ces insectes périssent aux premiers froids de l'automne. Il reste cependant un assez grand nombre d'individus, probablement des femelles écloses tardivement et tardivement fécondées, qui n'ont pas fait leur ponte et qui passent l'hiver engourdies, cachées dans les cheminées, les lieux les plus chauds des maisons, les caves, etc.; elles se raniment au printemps pour aller pondre sur les fumiers.

Ce diptère fait partie de la famille des Athéricères, de la tribu des Muscides, de la sous-tribu des Muscies, et du genre *Musca*. Son nom entomologique est *Musca domestica*, et son nom vulgaire *Mouche commune, Mouche domestique*.

92. *Musca domestica*, Lin. *Mâle*. — Longueur, 6 mill. Il est noir cendré; les antennes sont noires, descendant jusqu'à l'épistôme, à troisième article triple du deuxième, surmonté d'un style plumeux des deux côtés; le front est étroit et noir; la face est noire, les côtés de cette dernière sont d'un blanc-jaunâtre; les yeux sont d'un rouge-brun; le corselet est noir, rayé de cendré; l'abdomen est d'un jaune diaphane, à reflets d'un blanc-grisâtre et rayé de noir; les pattes sont noires; les ailes hyalines à base un peu flavescente; la première cellule postérieure est entr'ouverte un peu en avant le sommet de l'aile; sa nervure transverse est droite ou presque droite.

Femelle. Elle est un peu plus forte que le mâle; le front est noir, plus large que chez le mâle; les antennes, la face, les pattes sont noires; les côtés de la face sont d'un brun-blanchâtre, quelquefois un peu flavescents; le corselet est rayé de gris-cendré; l'abdomen est noir, couvert d'un duvet soyeux grisâtre et à reflets et l'on voit une ligne transverse pâle à la base du deuxième segment.

On n'a pas encore signalé les parasites de la Mouche domestique Les Araignées en détruiraient un grand nombre si on leur permettait d'habiter les appartements. Les poules, en grattant autour des fumiers et autour des étables, découvrent les larves et les pupes et les avalent; mais ces moyens naturels sont insuffisants pour nous délivrer de ces insectes, si nombreux et si féconds. A défaut de moyens naturels, on a recours à l'industrie, qui parvient à en diminuer le nombre, si ce n'est à nous en débarrasser. On les empoisonne avec de l'eau sucrée dans laquelle on mélange un peu d'arsenic, désigné sous le nom de mine de plomb. Au lieu d'arsenic, dont l'emploi est dangereux et la vente défendue, on se sert d'eau de savon placée dans un vase recouvert de papier percé d'un trou assez grand pour le passage d'une mouche. Ces insectes entrent en foule dans le vase, goûtent la liqueur et meurent presqu'à l'instant. Pour garantir des mouches quelques parties d'un appartement, on n'a qu'à employer l'huile de laurier dont ces insectes ne peuvent supporter l'odeur. Depuis longtemps, les bouchers de Gand en frottent, dans ce but et avec un grand succès, les fenêtres de leurs étaux. Les meubles, les tableaux, etc., se lavent avec de l'eau dans laquelle on a fait infuser de l'ail pendant quatre ou cinq jours. Par ces procédés ou d'autres, on parvient à éloigner les mouches ou à en détruire un grand nombre. On leur tend aussi des pièges en suspendant au plafond ou aux murs des petits balais de bruyère, de genêt, dans lesquels elles viennent se réfugier pendant la nuit pour dormir, et le lendemain matin, avant leur réveil, on secoue ces balais sur le feu. Mais, comme cet insecte vient du dehors et entre dans les appartements ouverts dans lesquels il trouve des aliments comme cuisines, salles à manger, etc., il est presque impossible de s'en débarrasser ; on ne s'en garantit que dans les chambres tenues fermées pendant le jour et dans lesquelles elles ne trouvent rien à sucer.

La Mouche commune se jette aussi sur les animaux lorsqu'elle vit dans les champs et sur ceux de la ferme, lorsqu'ils rentrent du travail. Ces derniers sont exposés aux attaques d'autres espèces du même genre qui les tourmentent beaucoup pendant leurs travaux et dont il convient de signaler les principales.

Un moyen très efficace et qui tend chaque jour à se propager consiste dans l'emploi de papiers imprégnés à l'avance d'une décoction sucrée de Guassia amara. Ces papiers, étendus sur une assiette et entretenus constamment humides, sont de véritables hécatombes de mouches ; ils détruisent également les guêpes, cousins et autres petits insectes attirés par la matière sucrée.

—

93 à 99. — **Les Mouches qui tourmentent les bestiaux.**

(*Musca bovina*, R.D.; — *corvina*, Fab.; — *vaccina*, R. D.; — *vagaloria*, R. D., etc.).

Il n'est personne qui n'ait remarqué des bœufs et des chevaux attelés et travaillant pendant les chaleurs de l'été et de l'automne, qui sont couverts de mouches et qui en paraissent fort incommodés. Ces insectes se portent sur eux en si grand nombre que certaines parties de leur corps en sont toutes noires. Ils y sont attirés par la sueur qui les inonde et dont ils sont avides; c'est pour eux un aliment de prédilection. Les malheureux animaux couverts de leurs harnais ne peuvent les éloigner ni avec leur queue, ni par les mouvements de leur tête, ni par le trépignement de leurs pieds. Ils sont beaucoup plus tourmentés lorsque les mouches s'abattent sur leur lèvres, autour de leurs naseaux et de leurs yeux, dans leurs oreilles et sur leurs plaies; car bien souvent ils ont des plaies d'où suinte une sanie particulièrement recherchée par ces parasites. Dans les étables et les écuries, ils ne sont guère moins incommodés des mouches qui les empêchent de prendre du repos, et l'on doit regretter que les cultivateurs prennent si peu de soin de garantir leurs animaux de travail d'une incommodité si grande et si continue. Les espèces qui sont particulièrement à signaler comme incommodes aux bestiaux sont les suivantes :

93. *Musca bovina*, R. D., *mâle*, longueur, 6 mill. — *Femelle*, longueur, 6 8 mill. Elle a le port de la Mouche domestique ; les antennes sont noires et descendent jusqu'à l'épistôme ; le troisième article est double du deuxième et surmonté d'un style plumeux des deux côtés ; les fossettes antennaires sont de la couleur des antennes ; la bande frontale est noire, les côtés du front et la face

sont argentés ; la trompe est noire; le corselet est rayé de gris et
de noir ; l'abdomen est d'un gris soyeux, chatoyant, avec des
reflets et une ligne longitudinale noirâtres ; les pattes sont noires ;
les ailes sont hyalines, parfois un peu sales à la base ; la première
cellule postérieure est entr'ouverte avant l'extrémité de l'aile ; les
cuillerons sont blancs.

Cette espèce est très commune et tourmente beaucoup les bestiaux. Elle se jette en grand nombre sur les plaies, les articulations des membres, dans les yeux, les narines des chevaux, des
bœufs et des vaches qui paissent dans les prairies, qui travaillent
ou qui reviennent des champs. Elle poursuit l'homme avec acharnement pour se poser sur sa figure, son cou et ses mains. Elle est
attirée par l'odeur de la sueur. Son nom vulgaire est *Mouche
bovi e, Mouche des bœufs*

94. *Musca corvina*, Fab., *femelle.* — Longueur, 6-7 mill. Les
antennes sont noires et descendent jusqu'à l'épistôme ; le troisième
article est triple du deuxième et surmonté d'un style plumeux des
deux côtés ; la bande frontale est noire ; les côtés du front sont
cendrés ou d'un cendré obscurément jaunàtre ; les côtés de la face
sont argentés ; la trompe est noire ainsi que les palpes ; le corselet
est cendré, parfois cendré un peu flavescent sur les côtés, avec des
lignes d'un noir luisant ; l'abdomen est garni de reflets brun-bronzé
et de reflets cendré flavescent, avec les premiers segments testacés en-dessous; les pattes sont noires ; les ailes hyalines, un peu
flavescentes à la base ; les cuillerons assez clairs, ainsi que les
balanciers ; la première cellule postérieure est entr'ouverte avant
le sommet de l'aile.

Mâle. Il est semblable à la femelle ; mais le front est plus étroit,
le corselet est noir-luisant, faiblement rayé de cendré ; l'abdomen
est testacé-ferrugineux, avec des reflets albides et une ligne dorsale noire ou noirâtre ; les cuillerons sont un peu plus flavescents.

Cette espèce est extrêmement commune dans les bois, les prés et les champs. Elle se jette souvent sur les bêtes à cornes dont la peau est humectée de sueur. Elle se pose aussi sur les mains et le visage de l'homme. Elle est attirée par l'odeur de la transpiration humaine et celle des animaux domestiques. Sa larve, non plus que celle de l'espèce précédente, n'ont pas été observées et décrites ; il est probable qu'elles vivent et se développent dans les bouses de vaches et qu'elles subissent leurs transformations dans la terre située au-dessous. Son nom vulgaire est *Mouche corvine*.

95. *Musca vaccina*, R. D., *femelle*. — Longueur, 6 mill. Les antennes sont noires, descendant jusqu'à l'épistôme ; le troisième article est triple du deuxième et surmonté d'un style plumeux des deux côtés ; la bande frontale est noir de velours ; les palpes sont noirs ; les côtés du front sont noirs en arrière, cendré-doré ou dorés en-devant ; les côtés de la face sont dorés ou cendré-doré ; le corselet est noir avec un léger duvet et des lignes d'un cendré-flavescent ; l'abdomen est ordinairement d'un testacé fauve ou testacé, avec une ligne dorsale noire et des reflets bruns, le plus souvent le dernier segment de l'abdomen est brun ; les pattes sont noires ; les ailes sont hyalines à base flavescente ; les cuillerons et les balanciers sont de cette dernière couleur.

Mâle. Il est semblable à la femelle, mais le front est un peu plus large, les yeux sont assez distants, les côtés de la face sont moins jaunes et plus cendrés ; le corselet est noir, luisant, avec des lignes cendrées ; l'abdomen est testacé, avec des reflets cendrés, une ligne dorsale et le dernier segment noirs.

Cette Mouche aime à s'abattre sur les vaches pendant les chaleurs de la canicule. Sa larve se développe probablement comme celle des précédentes, dans les bouses de vache. Son nom vulgaire est *Mouche vaccine* ou *Mouche des vaches*.

96. *Musca vagatoria*, R. D., *femelle*. — Longueur, 6 mill. Les antennes, les palpes et les pattes sont noirs ; les premières sont

organisées comme dans les espèces précédentes ; le pourtour des yeux, les côtés du front et la face sont dorés ; le corselet est noir, rayé de lignes flavescentes ; l'abdomen est couvert de reflets noirâtres et de reflets jaunâtres ; les deux premiers segments sont largement d'un jaune diaphane sur les côtés ; les cuillerons et les balanciers sont flavescents ; les ailes sont claires avec la base flavescente.

Mâle. Il ressemble à la femelle, mais il est un peu plus petit ; la majeure partie des segments de l'abdomen est d'un jaune diaphane ; les yeux sont distants et la bande frontale est noire.

On prend cette espèce à la fin de l'été, sur les animaux de la race bovine. Sa larve vit probablement dans les bouses de vache. Son nom vulgaire est *Mouche vagabonde*.

97. *Musca vitripennis*, Macq. (*Plaxemia vitripennis*, R. D.), *mâle*. — Longueur, 5 mill. Les antennes sont noires et descendent presque jusqu'à l'épistôme ; le troisième article est surmonté d'un style plumeux en-dessus ; la bande frontale est noire ; les côtés du front et la face sont argentés ; la trompe est en majeure partie solide ; les palpes sont noirs ; les yeux sont velus, de couleur pourpre ; le corselet est couleur de pruneau luisant ; l'abdomen est testacé avec une ligne dorsale d'un noir un peu bronzé qui devient plus large sur le premier segment ; les ailes sont hyalines, très limpides ; les cuillerons et les balanciers sont jaunâtres ; les segments de l'abdomen paraissent soudés ensemble.

On trouve cette mouche au mois d'août sur les bœufs. On ne connaît pas sa larve, qui vit peut-être dans les bouses comme les précédentes. Son nom vulgaire est *Mouche vitripenne*.

98. *Musca carnifex*, Macq. (*Biomya carnifex*, R. D.). — Longueur, 6 mill. Les antennes sont noires et descendent presque jusqu'à l'épistôme ; le troisième article est triple du deuxième et est surmonté d'un style plumeux en-dessus ; le front et la face

sont argentés ; la bande frontale est noire ; la trompe est molle en majeure partie et les yeux sont nus ; le corps est d'un vert-obscur nuancé de cendré ; les segments de l'abdomen sont enfoncés et noirs à leur base ; les ailes sont hyalines, un peu flavescentes à la base, et les cuillerons blancs.

On rencontre cette espèce sur les bœufs aux mois de juillet et d'août. On ne connait pas sa larve, ni le lieu qu'elle habite. Le nom vulgaire de cette Mouche est *Mouche bourreau.*

Robineau-Desvoidy a formé des Mouches précédentes, c'est-à-dire de celles qui sont comprises dans les genres *Musca, Plaxemya, Biomya,* une sous-tribu sous le nom de *Mouches bouvières.*

Il faut ajouter à toutes ces espèces qui tourmentent les bestiaux en été, l'espèce suivante :

99. *Musca hortorum,* Meig. (*Curtonevra hortorum,* Macq., *Morellia hortorum,* R. D), *femelle.* — Longueur, 6-7 mill. Elle est d'un noir luisant ; les antennes sont noires et descendent jusqu'à l'épistôme ; le troisième article est au moins triple du deuxième et surmonté d'un style plumeux des deux côtés ; la bande frontale est noire, veloutée ; les palpes sont noirs et les yeux nus ; les côtés du front noirs en arrière et argentés en devant ; les côtés de la face sont argentés ; le corselet est noir de pruneau luisant, avec des raies blanches ; l'abdomen est noir luisant, quelquefois verdâtre, avec des reflets cendrés ; les pattes sont noires et les ailes hyalines ; les cuillerons sont clairs et les balanciers jaunâtres ou d'un blanc-jaunâtre ; la première cellule postérieure est médiocrement ouverte à son extrémité, la nervure transversale est arquée dès sa base.

Mâle. Il est semblable à la femelle, mais un peu plus petit ; la valve inférieure des cuillerons est obscure.

Cette Mouche, que l'on trouve communément dans les campagnes, tourmente considérablement les bêtes bovines en été. Sa larve n'a pas été observée. Elle vit peut-être dans les amas de végétaux en décomposition et dans leurs détritus. Le nom vulgaire de l'insecte est *Mouche des jardins*

On garantit, jusqu'à un certain point, les animaux de travail de l'atteinte de ces mouches importunes en adaptant à leurs harnais des filets ou des cordelettes qui leur battent les naseaux, le poitrail, les flancs et les cuisses, et qui, par leurs mouvements, les éloignent momentanément. Les conducteurs dont les animaux sont privés de cet attirail doivent avoir soin d'attacher ou de suspendre à leur front et à leurs flancs des rameaux garnis de feuilles qui abritent leurs yeux et leurs naseaux et un peu leurs côtés.

C'est ici le cas de faire usage de l'eau amère obtenue par une dissolution d'aloès succotrin que l'on a indiquée à l'article des Taons. Il est très vraisemblable que les Mouches qui sucent avec leur trompe la sueur répandue sur le corps des animaux, la trouvant mélangée d'une forte amertume, ne pourront pas s'en nourrir et qu'elles abandonneront ces animaux.

On a encore proposé l'emploi de la recette suivante, extrêmement compliquée et plus coûteuse que la précédente. On fait infuser dans de l'eau de la jusquiame, des pointes tendres de bouleau, du sureau, de l'ail, des feuilles de courge, du chanvre vert, du cassis, du laurier, du tabac, du noyer, de l'absinthe, de la coloquinte, du fiel de bœuf, de la rue et de l'encens ; on ajoute à l'infusion un peu d'huile et de vinaigre. On bassine avec cette eau les endroits que les mouches attaquent le plus ordinairement

Pour purger les étables et les écuries des Mouches qui s'y accumulent et qui incommodent les bestiaux, les fatiguent en les empêchant de reposer, il faut brûler, sur des charbons ardents, des feuilles sèches de courge ; la fumée qui s'élève chasse sur le champ les mouches ; celles qui ne trouvent pas moyen de s'échapper périssent bientôt asphyxiées. On ne doit pas manquer de faire sortir les bêtes pendant l'opération, car elles seraient fort tourmentées par cette fumée qui pourrait les étouffer et on les fait rentrer lorsqu'elle est dissipée. On renouvelle cette fumigation chaque fois que les Mouches reparaissent en nombre un peu considérable dans les étables et les écuries.

On ne connait pas les larves de toutes ces Mouches qui tourmentent les animaux domestiques; on ne sait pas avec certitude où elles se tiennent, ni de quoi elles vivent. On soupçonne qu'elles se développent dans les bouses de vache, dans le crottin, dans le fumier, dans les matières végétales en décompositon, mais on n'en a pas la certitude, car on ne les a pas observées. Leurs parasites n'ont pas été signalés. On voit par là que la science entomologique est très peu avancée en ce qui les concerne.

—

100. — La Mouche rude.
(*Pollenia rudis*, Macq.).

Je crois devoir parler de cette Mouche, quoi qu'elle soit très innocente et qu'elle ne porte aucun préjudice à l'homme ni aux animaux domestiques, parce qu'on la trouve souvent dans les appartements et quelquefois en nombre très considérable. Elle se montre en automne autour des maisons de campagne. On suppose qu'elle dépose ses œufs dans le fumier, ainsi que dans les substances végétales et animales en décomposition qui se trouvent accumulées dans les cours et les jardins, mais on n'en a pas la certitude, sa larve n'ayant pas encore été observée.

100. *Musca rudis*, Meig. (*Pollenia rudis*, Macq.). — Longueur, 6-10 mill. Les antennes ne descendent pas jusqu'à l'épistôme; les deux premiers articles sont fauves; le deuxième est onguiculé en-dessus; le troisième est fauve, fauve-brun ou brun, double du deuxième et surmonté d'un style plumeux des deux côtés; la face est un peu renflée; les yeux sont contigus chez les mâles, écartés chez les femelles; la bande frontale est noire; les côtés du front et de la face sont d'un gris-flavescent; le corselet est bleu de

pruneau, garni d'un épais duvet jaune ; l'abdomen est un peu verdâtre, avec des reflets bruns et des reflets flavescents ; les ailes sont hyalines, lavées de flavescent, la première cellule postérieure est entr'ouverte avant le sommet de l'aile ; sa nervure transversale est concave en dehors ; les pattes et les palpes sont noirs.

Cette espèce devient très commune en automne, et les premiers froids la contraignent de se jeter dans les appartements. Elle s'y accumule quelquefois en nombre très considérable dans les embrasures des fenêtres, dans les encoignures des murs, derrière les rayons des bibliothèques, etc., au point d'inquiéter les habitants de la maison qui croient qu'elle se développe soit dans le linge, soit dans les provisions de ménage, soit dans les livres, etc., et qui en sont d'autant plus surpris que les ayant toutes tuées un jour ils en trouvent autant le lendemain. Elle vient du dehors et ne cause aucun mal. C'est une Mouche lourde, facile à prendre. Le nom générique de *pollenia* vient de ce que le corselet semble poudré de pollen ou de poussière d'étamines.

—

101. — La Mouche météorique.

(*Hydrothea meteorica*, Macq.).

Il existe beaucoup d'autres espèces de Mouches qui se jettent sur les animaux domestiques lorsqu'ils sont occupés aux travaux des champs ou qu'ils paissent dans les prairies. Macquart dit que les femelles des Hydrophories et quelques Aricies se portent sur ces animaux, et quoique leur trompe ne puisse pas pénétrer jusqu'aux vaisseaux sanguins et ne leur permette que de humer les fluides répandus sur la surface du corps, elles les harcèlent et les tourmentent cependant par leurs poursuites opiniâtres. Les Hydrophories, ainsi que leur nom l'indique, vivent dans le voisinage des eaux et particulièrement sur les plantes aquatiques. Les Aricies fréquentent les lieux frais et aquatiques. Leurs larves se développent dans les détritus des substances végétales. Ce célèbre entomologiste ne désigne en particulier aucune espèce de ces deux genres comme nuisible aux bestiaux, et faute d'observations directes, je m'abstiendrai d'en décrire aucune, dans la crainte d'omettre celles qu'on voit le plus fréquemment sur eux, et de citer celles qu'on y voit le plus rarement.

Dans le genre Hydrothée, qui fait partie de la sous-tribu des Anthomyzides, ainsi que les Hydrophories et les Aricies, on rencontre encore des espèces qui tourmentent aussi les bestiaux, entre autres l'*Hydrotée météorique*. Linné dit qu'à l'approche d'une pluie imminente cette Mouche vole comme un nuage autour de la bouche des chevaux. On ne connait pas sa larve ni le lieu où elle se tient. Son nom entomologique est *Hydrothea meteorica*, et son nom vulgaire *Mouche météorique*.

101 *Hydrothea meteorica*, Macq. — Longueur, 6 mill. Elle est noire, les antennes sont peu allongées et pourvues d'une soie tomenteuse; la face, les côtés du front et la tache frontale ont des reflets blancs; le thorax présente un duvet blanc et des lignes noires distinctes; l'abdomen, chez le mâle, est court, ovale, assez velu, cendré uni, d'un brun-noirâtre (vue d'avant en arrière); d'un gris-jaunâtre clair, à ligne dorsale noirâtre assez large (vu de côté ou d'arrière en avant) chez la femelle; les pattes sont noires; les cuisses antérieures sont armées de deux dents; les jambes ont des échancrures prononcées; les ailes sont assez claires, à base jaune chez le mâle; la première cellule postérieure est ouverte, mais un peu rétrécie à l'extrémité; les cuillerons sont médiocres et fauves.

Il est vraisemblable qu'une multitude de Mouches de genres et d'espèces différentes se posent sur les bœufs, les vaches et les chevaux, etc., pour sucer les humeurs sécrétées par la peau, la bouche, les naseaux, les yeux, etc., et s'en repaître, et qu'elles s'y rendent comme elles se posent sur les herbes et les fleurs. Les liquides animaux ne sont pas exclusivement de leur goût et elles ne suivent pas les bestiaux lorsqu'ils quittent les bords des ruisseaux et les prairies pour rentrer à l'étable.

—

102 et 103. — La Mouche bleue de la viande.

(*Calliphora vomitoria*, R. D.; — *fulvibarbis*, R. D.).

Personne n'ignore qu'on a beaucoup de peine à conserver, pendant quelques jours, la viande fraîche en été et qu'il n'est pas très facile d'empêcher qu'elle ne soit envahie et gâtée par les vers. Dès que les vers s'y sont mis, elle devient molle, gluante dans les parties attaquées, elle se corrompt et se pourrit en peu de temps, et, s'ils y sont nombreux, elle est bientôt entièrement perdue. Ces vers proviennent d'œufs pondus par une grosse mouche que l'on voit voler et qu'on entend bourdonner très fréquemment dans les appartements et dans les cuisines, que l'on aperçoit surtout autour des garde-mangers où l'on conserve la viande fraîche, cherchant à y pénétrer pour y pondre ses œufs. Elle les dépose par tas plus ou moins nombreux sur la chair fraîche de toute espèce qu'elle rencontre. Ces œufs sont blancs, lisses, allongés, arqués, et portent une petite languette à bord cancrelé le long du bord concave. On les appelle vulgairement *chiures de mouche*. Ils éclosent au bout de vingt-quatre heures et il en sort des vers ou larves qui s'enfoncent aussitôt dans la viande pour y prendre leur nourriture. A mesure qu'ils mangent, ils rendent par l'anus un liquide qui l'amollit et la corrompt promptement; c'est dans cet état qu'elle leur convient, et ils périraient sur de la chair vivante ou sur de la viande sèche. Ils mangent avidement et constamment, et prennent tout leur accroissement en quatre, cinq ou six jours, selon la température. Il y a des moments où ils rendent par la bouche une matière gluante.

Ils sont blancs, charnus, glabres, apodes, de forme ové-conique; ils s'allongent notablement et se raccourcissent à volonté. Leur corps est formé de onze anneaux ou segments, sans compter la tête située au petit bout, qui est charnue, sub-conique, et peut rentrer dans le premier segment. Elle est terminée par deux petites pointes membraneuses et mousses à sa partie supérieure et renferme deux crochets noirs, écailleux, qui se prolongent dans l'intérieur du premier segment comme deux crins droits, parallèles et accolés. Entre eux se trouve un petit dard de même consistance qui n'a que le tiers de leur longueur. C'est avec ces crochets et ce dard qu'ils déchirent la viande et qu'ils en portent les fragments dans leur bouche, située immédiatement au-dessous d'eux. Le dernier segment est tronqué obliquement et entouré de plusieurs dents ou rayons charnus rétractiles. Au centre de la troncature à peu près sont deux petites plaques brunes, rondes, dans lesquelles s'ouvrent six ouvertures en forme de boutonnières, qui sont les stigmates, trois dans chaque plaque. Les stigmates peuvent se renfoncer et les rayons s'appliquer dessus en s'engrenant les uns dans les autres, de manière à les cacher. Cette disposition est nécessaire pour que les ouvertures respiratoires ne soient pas bouchées lorsque la larve est plongée dans la matière gluante de la viande pourrie. On voit de chaque côté du corps un vaisseau taché en blanc, sinueux, qui part de chacun des stigmates postérieurs et aboutit aux stigmates antérieurs situés à la partie postérieure du premier segment; ces stigmates sont au nombre de deux et ont la forme d'un petit entonnoir, dont une moitié serait enlevée et dont le bord est crénelé. La larve peut les cacher dans le pli formé à la jonction des deux premiers anneaux. Cette larve marche ou plutôt se traîne en s'aidant des crochets de sa bouche qui font l'office de grappin et des spinules qui existent sur la ligne de jonction des anneaux de son ventre.

12

Ces larves, ayant pris tout leur accroissement, quittent la viande sur laquelle elles ont vécu et s'enfoncent dans la terre pour se changer en pupes, ce qui a lieu au bout de deux ou trois jours, et même moins. Cette pupe est cylindrique, arrondie aux deux bouts, de couleur rougâtre; on voit à chaque extrémité deux petits tubercules saillants qui représentent les stigmates. L'insecte reste dans cet état pendant quinze à vingt jours en été, mais les pupes, qui se sont formées en automne, n'éclosent qu'au printemps suivant.

Ce Diptère est classé dans la famille des Athéricères, dans la tribu des Muscides, la sous-tribu des Muscies, et dans le genre *Calliphora*. Son nom entomologique est *Calliphora vomitoria*, et son nom vulgaire *Mouche bleue de la viande*.

102. *Calliphora vomitoria*, R. D. — Longueur, 7-14 mill. Les antennes sont noires et descendent à peu près jusqu'à l'épistôme; le troisième article est quadruple du deuxième, fauve à la base, surmonté d'une soie plumeuse des deux côtés, les palpes sont ferrugineux; la face est d'un fauve-ferrugineux, excepté sous les antennes, où elle est noire; les côtés du front sont d'un brun doré et la bande frontale est noire; les yeux sont d'un brun-rougeâtre; le corselet est d'un bleu-noirâtre rayé de cendré; l'abdomen est ovoïde, court, de la longueur et de la largeur du corselet, d'un bleu brillant à reflets blanchâtres; le troisième segment est bordé de soies noires ainsi que le dernier; les pattes sont noires, ciliées; les ailes sont hyalines à nervures noires; la première cellule postérieure atteint le bord avant le sommet de l'aile; les cuillerons sont noirs, bordés de blanc.

Cette Mouche se montre pendant toute la belle saison; elle est très féconde et a plusieurs générations dans l'année, au moins une par mois pendant les chaleurs de l'été. C'est d'elle que Linné a dit que trois Mouches font disparaître le cadavre d'un cheval aussi rapidement que le ferait un lion. Elle cherche à s'introduire dans les appartements et gâte les meubles, les glaces, les rideaux, les papiers de tenture par ses excréments demi-liquides qui s'échappent de son corps en gouttelettes.

On préserve la viande de boucherie et autres du contact de ces Mouches en tenant les provisions soigneusement renfermées dans un garde-manger en bonne toile de canevas ou en toile métallique. On doit visiter la viande avec le plus grand soin avant de la renfermer et n'y laisser ni œufs, ni larves. Si une de ces Mouches entre dans la salle à manger ou dans l'office, il faut la prendre et la tuer. On a déjà dit qu'elles ne pondent pas sur la viande exposée au grand air, ni sur la viande sèche.

On n'a pas encore signalé les parasites des larves de la *Callimorpha vomitoria*. Je suis porté à croire que les Hyménoptères pupivores du genre *Figites* se développent dans le corps de ces larves et des larves des genres voisins.

D'après Macquart, il paraît qu'en Allemagne on donne le nom de Mouche bleue de la viande à une autre espèce qui ressemble beaucoup à celle que l'on vient de décrire, et qu'on appelle *Calliphora fulvibarbis*. Suivant Robineau-Desvoidy, cette dernière se trouve à la fin de l'été et en automne, dans le voisinage de l'eau, et n'entre jamais dans les maisons. Quoiqu'il en soit de ces deux opinions, je crois devoir donner la description de la *fulvibarbis*.

103. *Calliphora fulvibarbis*, R. D. — Longueur, 13-18 mill. La base des antennes est fauve, avec un peu de brun; le troisième article est brun, avec la base fauve; le style est noir et plumeux; la bande frontale est noire, quoique un peu rougeâtre en-devant; les côtés du front sont noirs, à reflets cendrés; les fossettes antennaires sont brunes; la face et l'épistôme sont fauves; les côtés de la face sont noirs ou noirâtres; les palpes sont fauves; la barbe est épaisse et fauve; le corselet est noir de pruneau, très légèrement rayé et saupoudré de cendré; l'abdomen est d'un beau bleu d'azur, avec le premier segment noir; les pattes sont noires, les balan-

ciers bruns et les cuillerons noirs; les ailes sont assez claires avec la base noirâtre.

Le mâle est semblable à la femelle, mais un peu plus petit.

—

104 et 105. — **Les Mouches vivipares**.

(Sarcophaga carnaria, Meig.; — *hœmorrhoïdalis*, Meig.).

Pendant les mois d'août et de septembre on trouve dans les maisons et on voit voler autour des garde-mangers une espèce de grosse mouche grise dont les yeux sont rouges, qui cherche les viandes qu'on y conserve pour leur confier sa postérité. Elle n'est pas aussi commune que la mouche bleue (*Calliphora vomitoria*), mais elle n'est pas moins à redouter et on doit faire tous ses efforts pour empêcher qu'elle ne se pose sur les viandes destinées à la cuisine. Elle ne pond pas des œufs comme la plus grande partie des mouches; elle pond ou plutôt elle accouche de vers ou de larves qui sont longues de 4 millimètres; elle en rend quelquefois 5 ou 6 de suite, d'autre fois elle se délivre d'une trentaine qui sortent sans interruption. Elle en a plusieurs milliers dans le corps, environ 20,000 qui se développent sucessivement. Ils sont placés dans une sorte de matrice formée d'une membrane extrêmement délicate contournée en spirale et placée dans l'abdomen. Les vers qui se trouvent à l'extrémité près de l'anus sont en état d'être déposés; ceux qui les suivent en remontant sont imparfaits et ceux qui occupent l'extrémité supérieure ne sont que des germes qui se développent successivement, s'accroissent à mesure qu'ils descendent, et qui sortent aussitôt qu'ils sont en état de prendre de la nourriture.

Ces larves sont coniques, blanches, molles, extensibles et apodes. Elles ressemblent assez à celles de la mouche bleue de la viande pour la forme et la taille. Elles déchirent la chair dont elles se nourrissent avec les crochets de leur bouche et en avalent les fragments, qui sont transportés et introduits dans le tube buccal par ces crochets. Elles respirent par quatre stigmates ; deux antérieurs situés sur le bord postérieur du premier segment du corps et deux postérieurs placés sur la face du dernier segment, laquelle est bordée de dentelures ou rayons charnus qui peuvent se replier sur les stigmates, s'engrener les uns dans les autres pour empêcher les liquides et les matières visqueuses au milieu desquelles les larves se tiennent, de venir obstruer les stigmates et gêner la respiration qui leur est nécessaire.

Dès qu'elles sont placées sur de la chair morte elles s'y enfoncent et se mettent à manger sans interruption. Elles croissent rapidement et au bout de cinq ou six jours elles ont pris tout leur développement en grandeur. Elles sortent alors du lieu où elles ont vécu pour se réfugier dans la terre où elles se transforment, en peu de temps, en pupes ferrugineuses et ensuite en insectes parfaits.

Cette mouche est classée dans la famille des Athéricères, dans la tribu des Muscides, la sous-tribu des Sarcophagiens et dans le genre *Sarcophaga*. Son nom entomologique est *Sarcophaga carnaria* et son nom vulgaire *Mouche carnassière*, *Mouche carnivore*.

. 104. *Sarcophaga carnaria*, Meig. — Longueur, 13-15 mill. Elle est d'une couleur grise-cendrée ; les antennes sont noires ; le troisième article est triple du deuxième ; il est surmonté d'une soie tomenteuse, c'est-à-dire garnie de petits poils ; la face et les côtés du front sont d'un jaunâtre soyeux ; la bande frontale est noire ; la trompe et les palpes sont noirs ; les yeux sont rougeâtres ; le thorax est cendré, rayé de cinq lignes noires assez larges ; l'abdomen est ovoïde, un peu plus long que la tête et le thorax, de la largeur de ce dernier au deuxième segment, noir, marqué de taches d'un cendré-blanchâtre, presque carrées, formant une sorte de damier sur un fond noir; ces taches sont chatoyantes; les pattes sont noires, garnies de soies; les ailes sont divergentes, hyalines, à base grisâtre; la première cellule postérieure est entr'ouverte sur le bord de l'aile un peu avant le sommet; les cuillerons sont blancs; la tête et le corselet sont garnis de poils noirs; l'abdomen en porte aussi de très courts; le bord postérieur des troisième et quatrième segments est garni de soies noires.

Cette mouche pond ses larves non-seulement sur la viande de cuisine, mais encore et principalement sur les cadavres des animaux abandohnés dans la campagne. Elle les dépose aussi sur les plaies de l'homme dont les chairs altérées servent à les nourrir.

Une autre espèce, placée dans le genre *Sarcophaga* par Meigen et Macquart, et que Robineau-Desvoidy a transportée dans un genre nouveau appelé *Bercæa*, la *Sarcophaga hæmorrhoïdalis*, se rencontre quelquefois dans les maisons cherchant des viandes pour leur confier ses larves; elle doit être surveillée avec le même soin que la précédente. Il est très probable que les larves des deux espèces se ressemblent complétement, qu'elles vivent de la même manière et que l'histoire de l'une est celle de l'autre.

105. *Sarcophaga hæmorrhoïdalis*, Meig. — Longueur, 12-16 mill. La face est d'un blanc-jaunâtre, concave, bordée de soies à sa partie inférieure; l'épistôme est saillant; le front proéminent, jaunâtre, à bande noire; les antennes sont noires; elles descendent jusqu'aux deux tiers de la face; le troisième article est triple du deuxième; il est surmonté d'une soie plumeuse, excepté à l'extrémité; la trompe et les palpes sont noirs et les yeux rouges; le thorax est gris, marqué de bandes noires; l'abdomen est de la longuenr de la tête et du thorax, ovoïde, noir, marqué de taches grises, chatoyantes; l'anus est rouge; les pattes sont noires et ciliées; les ailes sont hyalines, divergentes, à nervures noires; la première cellule postérieure est entr'ouverte sur la côte un peu avant le sommet de l'aile; les cuillerons sont blancs; on voit des

poils noirs sur la téte, les côtés du thorax, les bords de l'écusson et le bord postérieur des deux derniers segments de l'abdomen.

Les moyens que l'on doit employer pour préserver la viande destinée à la cuisine des atteintes de cette mouche carnassière sont les mêmes que ceux que l'on a indiqués à l'article de la Mouche bleue de la viande. Son nom vulgaire est *Sarcophage hémor-rhoïdale*, *Mouche hémorrhoïdale*.

Il existe un grand nombre d'espèces de Sarcophages répandues dans la campagne, difficiles à distinguer les unes des autres à cause de leur grande ressemblance, qui contribuent puissamment à faire disparaître les cadavres des animaux de toute espèce, grands et petits qui restent sur la terre et qui infecteraient l'air de leur mauvaise odeur. Sous ce rapport elles nous rendent service.

On n'a pas encore signalé bien positivement les parasites de ces insectes. Cependant, en 1850, ayant récolté quelques pupes dans un espace très circonscrit et sablonneux au bord de la mer, à Cherbourg, j'ai vu sortir de l'une d'elles un petit Hyménoptère de la famille des Pupivores, de la tribu des Gallicoles et du genre *Figites*, qui avait vécu dans la larve sans l'empêcher de grandir et de se changer en pupe. J'ai rapporté cette espèce au *Figites scutellaris*, Lat. Quant aux autres pupes elles ont produit toutes le même diptère qui m'a semblé être la *Sarcophaga agricola*; mais cette détermination n'est pas certaine.

VII. *Figites scutellaris*, Lat. — Longueur, 4 mill. Il est d'un noir brillant; les antennes sont noires, filiformes, de quatorze articles ovalaires; elles sont moins longues que le corps; la tête est noire, ponctuée, transversale; les yeux sont grands, ovales; le thorax est noir, ovalaire, un peu plus large que la tête, avec deux stries parallèles sur le dos; l'écusson est rugueux et présente deux fossettes à la base; l'abdomen est ovalaire, comprimé, de la longueur du thorax, un peu moins large que ce dernier, noir, subpédiculé, avec le premier segment court, strié; les autres lisses, luisants; les cuisses sont noires, leur extrémité, les tibias et les tarses sont d'un brun-rougâtre; les ailes sont blanches, fines, hyalines, avec les nervures brunes. On y voit une cellule radiale subquadrangulaire, située au milieu de la côte, et deux cellules cubitales à peine marquées.

—

106. — La Mouche du fromage.

(*Piophila casei*, Fall.).

Lorsque le fromage est sec ou qu'il commence à se dessécher, il est exposé à être envahi par des petits vers blancs qui le rongent; ils s'y voient quelquefois en si grand nombre qu'ils semblent le faire remuer; ils y fourmillent et y creusent des trous irréguliers plus ou moins profonds dans lesquels ils habitent plusieurs ensemble. Dans cet état le fromage devient un objet dégoûtant, quoiqu'il n'ait pas contracté de mauvaise odeur, qu'il n'ait pas changé de couleur et qu'il ne soit pas altéré dans sa qualité; mais la difficulté de le débarrasser de tous les vers qu'il contient et la crainte d'en manger nous oblige ordinairement à le jeter dehors.

Le vers ou la larve que produit la Mouche du fromage n'a rien de remarquable dans sa forme; elle ressemble à celle des autres Muscides. Elle est blanche, conique, extensible, molle, glabre et apode, formée de onze segments; sa bouche est armée d'un double crochet ayant la grosseur d'un cheveu. Ce qui la distingue de beaucoup de larves qui lui ressemblent, c'est la faculté qu'elle possède de sauter et de s'élever quelquefois à la hauteur de 15 c. Pour exécuter cette opération, elle se dresse sur sa partie postérieure et se tient dans cette position à l'aide de quelques tubercules qui sont autour du dernier anneau de son corps; alors elle se courbe et forme une espèce de cercle, et, amenant sa tête vers sa queue, elle enfonce les deux crochets de sa bouche dans deux sinuosités qui sont à la peau du dernier anneau et les tient ainsi fortement accrochés. Toute cette opération est faite en un instant. Pour lors, cet insecte se contracte et se redresse vivement et prestement, à tel point que les crochets font un peu de bruit en sortant des enfoncements dans lesquels ils étaient retenus. Ce mouvement brusque faisant frapper fortement le corps sur le plan de position, fait rebondir l'insecte ; il saute souvent très haut par ce mouvement élastique.

Cette larve ayant pris tout son accroissement, quitte le fromage dans lequel elle a vécu et se réfugie dans un abri, où elle se transforme aussitôt en pupe, et une quinzaine de jours après en insecte parfait.

Le Diptère qu'elle produit est classé dans la famille des Athéricère s, dans la tribu des Muscides, la sous-tribu des Piophilides, et dans le genre *Piophila*. Son nom entomologique est *Piophila casei*, et son nom vulgaire *Mouche du fromage*.

106. *Piophila casei*, Fall. — Longueur, 3 mill. Elle est noire, luisante ; la face, une partie du front et les antennes sont fauves ; celles-ci sont courtes, couchées sur la face, à troisième article noirâtre à l'extrémité et au bord extérieur, et surmonté d'une soie simple ; le sommet de la tête et le corselet sont noirs ; l'écusson est triangulaire, convexe, de la même couleur que ce dernier ; l'abdomen est oblong, un peu déprimé, de la largeur du thorax, un peu plus long que la tête et ce dernier réunis et noir ; les pattes sont fauves, avec l'extrémité des cuisses et les tarses antérieurs noirs et un anneau noir aux cuisses postérieures ; les ailes sont hyalines et dépassent l'abdomen ; la nervure médiastine est double et s'étend jusqu'à l'extrémité ; les nervures transversales sont éloignées.

J'ai élevé des larves du fromage qui appartiennent très vraisemblablement à l'espèce que l'on vient de décrire, quoiqu'elles aient donné une mouche un peu différente par la nuance générale. Je vais dire de ces larves un mot qui complétera la description qui en est donnée ci-dessus. Cette larve vit dans le fromage comme la précédente, et on l'y trouve dès le commencement de juillet. Elle atteint son entière croissance vers le 15 du même mois ; elle a alors 4 millimètres de long. Elle est blanche, molle, glabre, apode, de forme ové-conique ; elle peut s'étendre et s'effiler en pointe ou se raccourcir. Elle est formée de onze segments, sans compter la tête, qui est membraneuse et susceptible de rentrer dans le premier segment du corps ; elle est armée d'un double crochet noir, écailleux, de la grosseur d'un cheveu, que la larve fait sortir de sa bouche à volonté pour piocher le fromage et en porter les fragments de l'œsophage en le retirant ; l'extrémité opposée présente deux petits tubercules jaunâtres et des petites dents charnues qui les entourent. Les stigmates postérieurs s'ouvrent dans ces deux tubercules, et c'est par là que la larve respire. La peau étant très fine, on distingue les trachées latérales sous la forme de deux filets blancs, flexueux, qui en partent pour arriver près de la tête, où on les perd de vue. Ils aboutissent aux deux stigmates antérieurs placés sur les côtés du dos du premier segment, au bord postérieur. Cette larve rampe en contractant les anneaux de son corps et en les étendant ensuite ; dans ce mouvement elle s'aide des crochets de sa bouche comme d'un grappin. Elle a la faculté de sauter, mais elle a moins de vigueur que la précédente ; je ne l'ai pas vu s'élever à plus de 2 à 3 centimètres ; le saut est un moyen de locomotion qu'elle emploie fréquemment.

Parvenue à toute sa croissance vers le 15 juillet, elle quitte le fromage dans lequel elle a vécu et va chercher dans le voisinage une cachette dans laquelle elle se change aussitôt en pupe. Elle ne reste pas longtemps sous cette forme, car les mouches commencent à se montrer dès le 28 juillet. Cette petite Mouche est une *Piophila* comme la précédente, et elle a du rapport avec la *Piophila atra*, Meig., mais je doute beaucoup qu'on en doive faire une espèce distincte, et je suis disposé à croire qu'elle n'est qu'une variété de la *P. casei*.

Piophila casei, Var.? — Longueur, 3 mill. Elle est d'un noir-verdâtre luisant ; la face, les antennes sont d'un fauve pâle ; celles-ci sont couchées, courtes, à troisième article ovale, brunâtre, surmonté d'une soie simple ; le sommet de la tête et le thorax sont d'un noir verdâtre un peu bronzé, l'écusson est triangulaire, de la même couleur ; l'abdomen est oblong, un peu déprimé, de la largeur du thorax, un peu plus long que ce dernier et la tête réunis, d'un noir-verdâtre ; les pattes sont nues et en partie noires ; les antérieures ont les hanches, la base des cuisses et les tibias pâles ; les intermédiaires ont la base des cuisses, les jambes et les tarses testacés ; les postérieures ont les tarses pâles, sauf le dernier article qui est noir ; les ailes sont hyalines, à nervures pâles ; elles dépassent l'abdomen et les nervures transversales sont écartées.

Cette Mouche dépose sur le fromage des œufs qu'elles pond successivement et qu'elle place les uns à côté des autres. Ces œufs sont très petits, blancs, cylindriques, un peu atténués et arrondis aux deux bouts. Vu la rapidité avec laquelle cette Mouche se développe, on peut supposer qu'elle a plusieurs générations pendant la belle saison, et que la dernière passe l'hiver à l'état de pupe. Le Diptère se voit fréquemment sur les vitres des fenêtres, dans les cuisines et les salles à manger.

On préserve les fromages de l'atteinte de ces Mouches en les plaçant dans des chasières en toile métallique ou en les tenant sous des cloches en verre ou en toile métallique, de manière à les empêcher de venir pondre leurs œufs sur la surface des fromages. Si un fromage contient des vers, on pourra le laver avec du vinaigre ou avec de l'eau-de-vie, ou simplement avec du lait doux, en répétant au besoin cette opération, on le débarrassera de ces vers.

Je n'ai pas obtenu de parasites des larves de cette Mouche, qui restent à signaler.

107. — La Mouche des celliers.

(*Drosophila cellaris*, Fall.).

Il me paraît convenable de dire quelques mots d'une petite Mouche que l'on voit très souvent se promener avec lenteur sur les vitres des fenêtres, quoiqu'elle ne nous porte pas un préjudice sensible. Elle se tient sur la lie de vin qui est déposée sur les tonneaux d'où on tire le vin avec un robinet; elle recherche le marc de raisin qui s'aigrit et les liqueurs sucrées lorsqu'elles viennent à s'aigrir; on la voit sur les pots où on a laissé du miel s'aigrir, sur ceux qui renferment des compotes de pommes ou d'autres fruits qui se sont aigris. Sa larve vit dans ces matières fermentées et aigries et s'y développe assez rapidement. Elle est longue d'environ 3 à 4 millimètres. Elle est blanche, molle, glabre, apode, atténuée du côté de la tête qui est armée d'en double crochet noir qui lui sert à piocher sa nourriture et à la porter dans sa bouche. Elle ressemble aux larves des Muscides, qu'on a eu fréquemment l'occasion de détruire. Elle se change en pupe ovalaire de couleur marron ou de feuille morte; elle est un peu aplatie à l'extrémité antérieure, qui est terminée par deux petites pointes. L'insecte parfait se montre dix à douze jours après cette première métamorphose.

Il fait partie de la famille des Athéricères, de la tribu des Muscides, de la sous-tribu des Piophilides, et du genre *Drosophila*. Son nom entomologique est *Drosophila cellaris*, et son nom vulgaire *Mouche des celliers*, *Mouche du vinaigre*.

107. *Drosophila cellaris*, Fall. — Longueur, 3 mill. La tête est d'un brun-ferrugineux; la face est carénée entre les antennes; l'épistôme est muni de quelques soies; les antennes sont brunes, à base jaune et couchées sur la face; le troisième article est oblong, surmonté d'une soie plumeuse; les yeux sont ronds et rougeâtres;

le corselet est élevé et testacé; l'abdomen est ovale, de six segments, noir; chaque segment porte une bande transversale jaunâtre; les pattes sont ferrugineuses; les ailes sont un peu brunâtres, transparentes, couchées sur le dos de l'abdomen, qu'elles dépassent. La nervure médiastine est courte; le bord extérieur est muni d'une petite épine à l'extrémité de cette nervure; les nervures transversales sont éloignées l'une de l'autre.

Cette petite Mouche se montre pendant toute la belle saison. Le genre de vie de la larve explique pourquoi on voit le diptère si fréquemment dans les caves, les celliers, les offices, les salles à manger, les cuisines et les appartements.

On s'en délivre en tenant avec une grande propreté les vases dans lesquels on met et on conserve les matières sucrées susceptibles de passer à la fermentation acide et en ne leur laissant pas atteindre ce degré d'altération. On ne doit pas manquer de tuer la mouche lorsqu'on la voit se promener gravement sur les vitres et sur les tables.

On n'a pas encore signalé les parasites qui attaquent sa larve.

—

108. — L'Hippobosque du cheval.

(*Hippobosca equina.* Lin.).

L'Hippobosque du cheval est une Mouche à deux ailes dont la forme et l'organisation diffèrent de celles des autres diptères. Elle a le corps plat, la peau coriacée, les antennes d'un seul article en tubercule, avec une soie apicale. Elle ne possède pas de trompe labiale, mais un suçoir de deux soies, accompagnées de deux palpes formant gaine; ses pattes sont écartées, ses tarses formés de quatre articles terminés par deux crochets bilobés.

Ces insectes se fixent en assez grand nombre sur les parties du cheval les moins défendues par les poils, le plus souvent sous le

ventre, entre leurs cuisses postérieures et la queue. Sans leur
nuire beaucoup, ils les importunent assez pour les inquiéter. L'âne
surtout les craint beaucoup. On les rencontre encore quelquefois
sur les bêtes à cornes et sur les chiens. Ils courent plutôt qu'ils ne
volent, et vont soit en avant, soit de côté.

La femelle pond un œuf aussi gros que le ventre de sa mère et
de cette espèce d'œuf, sans autre métamorphose, sort l'insecte parfait. A sa naissance, cet œuf est d'un blanc de lait, avec une grande
plaque noire luisante à l'un des bouts : il est rond et plat comme
une lentille, échancré et comme muni de deux cornes à l'extrémité
où se trouve la plaque. Cette plaque seule est dure, le reste de
l'enveloppe est mou ; mais dès le lendemain de la ponte elle devient coriace et d'un noir luisant. L'œuf a 3 millimètres de diamètre sur un peu moins d'épaisseur. Cet œuf ou cette coque n'est
que la peau de la larve qui a passé à l'état de pupe dans le ventre
de la mère. L'insecte parfait, venant à quitter son enveloppe ovi-
forme, laisse au fond sa dépouille de nymphe. On doit conclure de
ces faits que l'œuf proprement dit éclôt dans le ventre de la mère
et que la larve s'y nourrit. On ne sait où la femelle dépose naturellement ses pupes et quels soins elle prend pour leur conservation.

L'insecte fait partie de l'ordre des Diptères, de la famille des
Pupivores, de la tribu des *Coriacés*, et du genre *Hippobosca*. Son
nom entomologique est *Hippobosca equina*, et son nom vulgaire
Hippobosque du cheval, Mouche araignée.

108. *Hippobosca equina*, Lin. — Longueur, 8 mill. depuis la
tête jusqu'à l'extrémité des ailes. La tête est jaune et saillante,
marquée d'une tache brune sur le vertex, séparée du corselet ; les
antennes sont très courtes, à peine distinctes, insérées au côté antérieur de la tête, formées de deux articles, le premier en tubercule, le deuxième sétacé ; les yeux sont noirâtres ; le suçoir est
allongé et sa gaine courte ; le corselet a le dos noirâtre, avec une

grande tache aux épaules et une autre postérieure terminée en
pointe, d'un blanc-jaunâtre; l'écusson est de la même couleur;
l'abdomen est d'un jaune obscur, avec quelques taches brunes;
le dessous du corps est d'un jaune pâle; les pattes sont de cette
dernière couleur, avec quelques bandes brunes et les crochets des
tarses bifides; les ailes sont oblongues, arrondies à l'extrémité,
un peu roussâtres, ayant des cellules qui s'étendent jusqu'au
milieu.

Il se trouve en été sur les chevaux, les mulets, les ânes, les
bœufs et les chiens, dont il suce le sang.

On ne connait pas d'autre moyen de débarrasser les animaux de
ces insectes incommodes que de leur faire la chasse, de les chercher sur leur corps, de les prendre et de les écraser. En tenant
ces bêtes proprement, en les étrillant souvent, en les brossant et
les époussetant, on empêche les insectes de s'établir sur eux, de s'y
multiplier, et on en chasse ceux qui s'y sont accidentellement attachés. On ne doit pas négliger de tenir les étables et écuries dans
un état de propreté constant et de bon entretien, ce qui est essentiel, non seulement contre la vermine, mais encore pour la santé
des animaux qui les habitent.

Le nom de *Mouche araignée* est donné à cet insecte à cause de
ses pattes écartées qui élèvent son corps, ce qui lui donne une
grossière ressemblance avec une araignée.

———

109. — Le Mélophage du mouton.

(*Melophagus ovinus*, Lat.).

On trouve fréquemment sur les moutons et dans leur toison un
insecte d'une taille notable, dépourvu d'ailes, et qui court avec
agilité. Il se nourrit en parasite sur ces animaux dont il suce le
sang. On ne connaît pas très bien ses développements; on admet

cependant qu'ils sont les mêmes que ceux de l'Hyppobosque du cheval, c'est-à-dire que la femelle pond un œuf ou une pupe aussi gros qu'elle.

Cet insecte, quoique dépourvu d'ailes, est rangé dans la classe des Diptères, dans la famille des Pupipares, dans la tribu des Coriacés, et dans le genre *Melophagus*. Son nom entomologique est *Melophagus ovinus*, et son nom vulgaire *Mélophage du mouton*, *Pou du mouton*.

109. *Melophagus ovinus*, Lat. — Longueur, 5 mill. Il est d'une couleur ferrugineuse ; la tête est distincte, dégagée du corselet ; les antennes sont nues, en forme de tubercule, enchassées dans la tête ; les palpes sont allongés et forment une gaine renfermant un suçoir qui la dépasse ; les yeux sont fort étroits et petits ; le corps est ferrugineux, couvert de quelques poils ; le thorax est plus étroit que la tête et l'abdomen ; celui-ci est ovale, déprimé, échancré postérieurement, plus ou moins obscur, avec quelques lignes ondées blanchâtres ; les pattes sont velues et les tarses sont terminés par des crochets bidentés. Il n'y a ni ailes, ni rudiments d'ailes, ni balanciers.

On ne connaît pas d'autre moyen de débarrasser les moutons de cet insecte parasite que de le chercher sur leur corps et dans leur toison, de le prendre et de l'écraser.

—

110 à 113. — **Les Puces.**

(*Pulex irritans*, Lin.; — *canis*, Dug.; — *felis*, Bouch,; — *columbœ*, Steph.).

On doit compter au nombre des insectes nuisibles à l'homme la Puce, si incommode lorsqu'elle s'est beaucoup multipliée. Tout le monde la connaît et sait qu'elle préfère la peau tendre et délicate des femmes et des enfants ; qu'elle se nourrit de notre sang, qu'elle perce la peau avec son petit bec pour l'attirer et le sucer, et qu'il reste une tache ronde et rouge autour de la piqûre ; mais on ne connaît pas aussi bien l'instrument dont elle se sert pour nous blesser. Sa trompe est en forme de bec court, cylindrico-conique, tri-articulé, creusé en gouttière dans sa longueur le long de la surface supérieure et formé de deux valves égales ; ces valves, par leur réunion, composent une gaîne qui renferme un suçoir. C'est avec son bec qu'elle perce la peau et avec les soies qui composent son suçoir qu'elle fait monter le sang dans son œsophage dès qu'il sort de la blessure. Tout le monde sait aussi que le corps de la Puce est comprimé, couvert d'une peau dure et élastique ; qu'elle n'a pas d'ailes et qu'elle saute à une grande hauteur relativement à sa taille ; elle s'élance a plus de trente fois sa longueur à l'aide de ses pattes postérieures, qui sont grandes et garnies de soies raides ; les antérieures sont insérées sous la tête et épineuses comme les autres. Sa forme aplatie lui permet de courir entre les poils et de se glisser sous les vêtements. Dans l'accouplement, les insectes sont placés l'un sur l'autre, ventre contre ventre, le mâle en-dessous.

La femelle pond environ une douzaine d'œufs qui sont assez gros, elliptiques, blancs et un peu visqueux. On présume que la mère les colle contre différents corps et les met dans un lieu de sûreté ou les dépose dans la poussière à l'écart. Si la saison est favorable, ils éclosent au bout de cinq à six jours. Les larves, à leur naissance, sont blanches, mais elles présentent ensuite une teinte roussâtre ; elles sont longues, cylindriques, sans pattes et ressemblent à des vers. Elles sont très vives, étant presque toujours en mouvement, se roulant en cercle, en spirale ou serpentant. Leur corps est composé de treize segments bien distincts ; la tête est écailleuse, ovale, sans yeux, munie de deux très petites antennes cylindriques, bi-articulées ; la bouche offre deux petits palpes avancés, coniques ; on y a remarqué une espèce de crochet

13

dont l'animal fait usage lorsqu'il marche ou plutôt lorsqu'il glisse; les segments sont garnis de quelques petites touffes de poils; le dernier porte deux tiges mobiles, transparentes, grosses à leur base, déliées ensuite, arquées en-dessous, écailleuses, en forme de crochet; ce sont deux sortes de crampons; les parties charnues des plumes, le sang des animaux, etc., servent de nourriture à ces larves. Suivant des observations anciennes et modernes, la mère apporte à ses larves des parcelles de sang caillé. On en a trouvé sous les ongles des personnes malpropres, surtout aux pieds. Les colombiers en renferment en grand nombre, mais d'une espèce particulière.

Dans les temps chauds, après avoir demeuré sous cette forme environ une douzaine de jours, ces larves se renferment dans une petite coque soyeuse, ovale, arrondie aux deux bouts, longue de 3 millimètres, blanche en dedans, grise en dehors et souvent recouverte de poussière; ces coques sont fixées aux corps environnants; on en trouve dans les joints des parquets, les fentes et les gerçures des boiseries. Onze ou douze jours après l'insecte sort de son cocon. Les larves qui ne sont nées qu'à la fin de l'été passent l'hiver sous cette forme.

L'insecte, à cause de son organisation et de sa forme particulière, a été placé dans un ordre distinct désigné sous le nom de Siphaptères, Lat., ou de Aphaniptères, Kirby, dans lequel il n'entre qu'un seul genre, celui de Puce (Pulex), lequel renferme plusieurs espèces, dont l'une vit sur l'homme et les autres se portent sur différents animaux. On va en parler successivement.

110. *Pulex irritans*, Lin. — Longueur, 1 mill. 1/2. Le corps est d'un marron-rougeâtre, ovalaire, comprimé; la tête est petite, comprimée, arrondie en-dessus, tronquée et ciliée en-dessous; le suçoir est tri-articulé; les antennes sont droites, petites, insérées dans une fossette en arrière des yeux, composées de quatre articles, dont le troisième plat, élargi en palette et divisé en lanières

le chaperon est mutique ; les segments du thorax et de l'abdomen ne présentent pas de peignes écailleux ; les pattes sont fortes, surtout les postérieures, propres au saut et épineuses ; les tarses ont cinq articles.

Cette Puce habite et vit sur l'homme ; c'est la Puce ordinaire. Linné dit qu'elle est expulsée par la Sarriette (*Saturiga*), le Pouillot (*Puligio*), l'Aulne (*Alnus*). On a proposé, dans le même but, l'emploi de l'eau bouillante dans laquelle on a mis du mercure ; la vapeur de soufre. Mais le meilleur moyen de se préserver des Puces est de tenir dans un état de propreté parfait sa personne, ses meubles et son appartement.

On a remarqué généralement qu'en prenant possession d'un logement abandonné depuis plusieurs mois et occupé précédemment par des personnes peu soigneuses, on y trouve une multitude incroyable de petites puces maigres et affamées qui vous sautent aux jambes ; elles sortent des parquets, des carrelages, de tous les coins. Les casernes, les barraques des camps en fourmillent. On pourrait essayer de répandre de la benzine dans les chambres envahies par les Puces et les tenir hermétiquement closes pendant vingt-quatre heures ; on détruirait peut-être ces insectes incommodes par ce procédé simple et d'une exécution facile. L'essence de térébenthine pourrait encore être essayée.

111. *Pulex canis*, Dug. — Longueur. 1 mill. 1/2. Le corps est brun-noirâtre ; les yeux sont plus grands que ceux de la Puce de l'homme ; le chaperon est bordé d'épines noires recourbées ; le prothorax est muni d'un peigne d'épines noires. Pour le reste, elle est semblable à la Puce de l'homme.

Elle vit sur le chien et n'attaque pas l'homme. Je tiens d'un haut personnage, dont l'esprit observateur ne laisse pas échapper les plus petites choses, les faits suivants : Il a remarqué sur son chien, en le peignant, des petits globules rouges paraissant du sang très pur. Un jour que ce chien était monté sur son bureau et qu'il s'y était couché et gratté, il y aperçut une grande quantité de petits corps blanchâtres, oblongs, arrondis, élastiques, qui produisaient un petit craquement lorsqu'il les écrasait, et qui laissaient sortir une matière blanchâtre et humide. Il semble résulter de ces observations que la Puce pond sur le chien et dépose ses œufs, soit sur la peau, soit sur les poils; que les petites larves se nourrissent des globules de sang que la mère extrait des blessures qu'elle produit et qu'elles trouvent à leur portée; que, parvenues au terme de leur croissance, elles se renferment dans un cocon de soie qu'elles filent, lequel est d'un tissu fin et très ferme et ressemble à une pupe de diptère; enfin, que ces larves abandonnent l'animal lorsqu'elles se sont suffisamment repues et veulent se méta morphoser, se cachent dans la paille où il couche, ou sur la terre, ou dans toute autre retraite. Le nom vulgaire de cette espèce est *Puce du chien.*

112. *Pulex felis*, Bou. — Elle est de la dimension des précédentes. Sa couleur est d'un brun-marron; le bord inférieur de la tête est denticulé, ainsi que le bord postérieur du prothorax; il y a trois rangées de poils sur le métathorax; les arceaux de l'abdomen sont comme écailleux sur les côtés et partagés par une fente oblique; les pattes sont faiblement épineuses; celles de la troisième paire sont les plus longues; le premier article des tarses de cette paire est le plus long.

Elle vit sur le chat et ressemble beaucoup à celle du chien, mais elle ne se tient pas sur ce dernier animal, ni sur l'homme. Son nom vulgaire est *Puce du chat.*

113. *Pulex columbae*, Steph. — Le corps est comprimé, brun, assez allongé, avec le dernier segment en forme de croupion à deux valves entre lesquelles est l'anus, et en arrière de celui-ci se trouve un grand appendice mobile terminé par un petit bouquet de poils; les antennes sont droites sur la tête; le bord inférieur de celle-ci n'est pas denticulé; le prothorax l'est finement à son

bord postérieur ; à la jonction des deux segments naît une rangée de poils.

Elle habite sur le pigeon domestique. C'est sa larve qui est si commune dans les colombiers. Elle ne se tient pas sur l'homme et son nom vulgaire est *Puce du pigeon*. Toutes ces Puces sont conformées comme celles de l'homme quant aux antennes, à la trompe ou bec, au suçoir et aux pattes.

On signale encore la Puce de la poule domestique, celle du lièvre, du rat, de la souris, de l'écureuil, de l'hirondelle, etc.

—

114. — Animaux nuisibles qui ont fait autrefois partie de la classe des Insectes.

Tous les petits animaux dont on vient de parler sont de véritables insectes pour les naturalistes modernes, c'est à-dire des animaux invertébrés (privés de colonne vertébrale), segmentés, pourvus de membres articulés, respirant par des stigmates (petites ouvertures situées de chaque côté du corps) et subissant des métamorphoses. A l'état parfait, ils se reconnaissent au premier coup d'œil, car ils ont deux antennes et six pattes, et de plus ils possèdent presque tous deux ou quatre ailes. Les animaux dont il va être question maintenant se distinguent des insectes en ce qu'ils n'ont jamais d'ailes et ne subissent pas de métamorphoses. Ces caractères ont porté les anciens zoologistes à les réunir tous dans un ordre particulier, celui des Aptères, qu'ils ont placé le dernier dans la classe des insectes. Mais, parmi ces aptères, il s'en trouve qui sont pourvus de deux antennes et de six pattes, et qui ont été conservés dans la classe des Insectes, par Latreille, quoiqu'ils ne subissent pas de métamorphoses ; ils forment son ordre des Parasites, appelé aussi Epizoaires. D'autres, ayant aussi deux antennes et un très grand nombre de pattes, constituent son ordre des Myriapodes ou Mille-Pieds. D'autres Aptères ne subissent pas de transformation, portent huit pattes, ce qui les différencie tellement des premiers qu'on en a fait une classe particulière, celle des Arachnides.

Dans le langage vulgaire, les Arachnides, les Mille-Pieds, les Parasites, sont appelés insectes, comme le faisaient les anciens zoologistes qui donnaient le nom d'insecte à tout animal dont le corps est formé de segments, c'est pourquoi il me semble nécessaire de signaler ceux de ces animaux qui sont particulièrement nuisibles à l'homme, aux animaux et à l'économie domestiques. Je rapporterai sur eux ce qu'en disent Latreille et M. Gervais dans leurs écrits dans lesquels on désirerait trouver de plus grands détails et une histoire plus complète de la plupart des espèces.

Il convient de faire remarquer que les Insectes composant l'ordre des Parasites de Latreille sont bien différents de ceux auxquels on donne ordinairement ce nom. Ces derniers proviennent de larves qui ont vécu dans le corps d'autres insectes, comme les Ichneumoniens, les Chalcidites, les Tachinaires et quelques autres; les premiers se tiennent sur le corps des animaux cachés entre leurs poils ou sous leurs plumes et se nourrissent de leur sang et de la lymphe qu'ils savent extraire de leur peau. Pour empêcher toute confusion, les zoologistes modernes les désignent sous le nom de Epizoaires, laissant celui de Parasites aux Ichneumoniens, Chalcidites, etc. Ainsi les Epizoaires sont les mêmes animaux que ceux dont Latreille a formé son ordre des Parasites.

—

114 à 117. — Les Poux de l'homme.

(*Pediculus humanus*, Lin.; — *cervicalis*, Lat.; — *tabescentium*, Bur.; — *pubis*, Lin.).

Quoique les Poux soient un objet de dégoût pour un grand nombre de personnes; il est cependant nécessaire d'en parler dans un ouvrage tel que celui-ci, dont le but est de faire connaître les insectes nuisibles à l'homme et aux animaux domestiques. L'homme en nourrit trois ou quatre espèces différentes, qui sont : le Pou commun ou celui des vêtements, le Pou de la tête, le Pou des malades ou de la phthiriase, et le Pou du pubis, vulgairement appelé Morpion. Tous vivent du sang qu'ils sucent avec leur trompe qu'on n'aperçoit presque jamais, à moins qu'elle ne soit en action. Ils causent une grande démangeaison produite, à ce qu'on croit, par la piqûre d'un petit aiguillon que les mâles portent dans leur abdomen, car l'introduction de leur trompe dans la peau et les chairs ne produit presque pas de sensation.

Les Poux ont la tête assez petite, ovale ou triangulaire, munie à sa partie antérieure d'un petit mamelon charnu renfermant un petit suçoir qui paraît simple. Ils ont deux antennes filiformes, courtes, de cinq articles ; le corselet est presque carré, un peu plus étroit en-devant, portant six pattes articulées, courtes et grosses, terminées par un fort crochet écailleux, arqué, tenant lieu de tarse, se courbant et servant, avec une petite dent qui termine la jambe, à se cramponner sur les poils ou sur la peau des animaux ; l'abdomen est ovale ou oblong, lobé, composé de huit segments ayant chacun une paire de stigmates, le corps est aplati ou déprimé, couvert d'une peau coriacée, demi-transparente sur les bords et mou au milieu.

Les Poux multiplient beaucoup ; la femelle dépose ses œufs, appelés *lentes*, sur les cheveux ou les habits, où ils restent collés. En six jours, elle peut en pondre cinquante, et il lui en reste encore dans le corps. Les petits sortent des œufs au bout de six jours ; ils ont la forme de leurs parents, et croissent, muent sans subir aucune métamorphose ; ils n'acquièrent jamais d'ailes ; huit jours après leur naissance, ils sont en état de pondre. On voit par là combien leur multiplication est rapide lorsqu'on néglige de les détruire dès leur apparition.

Les Poux font partie de la classe des insectes dans la méthode de Latreille, de l'ordre des Parasites ou Epizoaires, de la tribu des Pédiculés et du genre *Pediculus*.

Le Pou humain s'attache particulièrement aux personnes mal-propres qui ne changent pas de linge assez souvent. Il se tient dans les vêtements où il pond ses œufs et où il se multiplie avec une rapidité si extraordinaire qu'il occasionne la maladie pédiculaire ou phthiriase qui entraîne souvent la mort ; en suçant le sang et les humeurs sur tout le corps, ces Poux exténuent le malade et le conduisent au tombeau. Le nom entomologique de cette espèce est *Pediculus humanus*, et son nom vulgaire *Pou du corps*, *Pou des vêtements*,

114. *Pediculus humanus*, Lin. — Longueur, 2 mill. 1/2. Il est entièrement d'un blanc sale ; la tête est avancée, le deuxième article des antennes est allongé ; le thorax est distinct de l'abdo-men, de sa largeur, subarticulé ; les découpures de l'abdomen sont moins saillantes que chez le Pou de la tête ; les pattes sont allon-gées, plus grêles que chez cette même espèce.

On prévient l'invasion des Poux en se tenant proprement, en changeant souvent de linge, en se lavant et prenant des bains. Si, par des circonstances particulières, on a été envahi par les Poux, il faut prendre un bain, se bien laver le corps, mettre du linge blanc et des habits nouveaux et envoyer au blanchissage ses an-ciens vêtements. Les soins de propreté suffisent ordinairement pour éloigner ces petits animaux. S'ils sont inefficaces, on devra avoir recours à des moyens artificiels. Linné dit que les Poux sont tués par les semences du Vératre (*seminibus veratri*), de la Dau-phinelle staphisaigre (*staphisagriae*), du Menisperme (*menispermi*), de la Rue (*rutæ*), de l'Ache (*apii*), de l'Angélique (*angelicae*), du Laurier (*lauri*) ; et par le Safran (*croco*), le Poivre (*pipere*), le Lédon (*ledo*), le Lycopode (*lycopodio*), la Grassette (*pinguicula*), le Mer-cure (*hydrargyro*), la Gelée (*gelu*), la Chaleur (*Aestu*).

Il arrive quelquefois que les soins les plus assidus et les remè-des les plus puissants ne parviennent pas à détruire ces parasites, parce que le malade est atteint d'une affection qui est la cause de leur multiplication. Dans ce cas, il faut commencer par le guérir de cette affection, et, si on y parvient, les Poux disparaîtront d'eux-mêmes.

Latreille dit qu'il a pu s'assurer que le Pou du corps est celui que l'on observe sur les personnes atteintes de la maladie pédiculaire ou phthiriase; cependant, malgré l'assertion de ce célèbre entomologiste, on a fait une espèce distincte de ce dernier sous le nom de Pou des malades (*Pediculus tabescentium*).

115. *Pediculus tabescentium*, Burm. — Longueur, 2 mill. 1/2. Il est d'un jaunâtre pâle, la tête est arrondie; le thorax est plus grand que dans le Pou humain; les antennes sont allongées et les segments abdominaux sont plus serrés.

Le Pou de la tête attaque plus particulièrement les enfants lymphatiques; il produit sur leur tête des ulcères et des galles qui sont entretenues par l'action des doigts qui enlèvent les croûtes; la démangeaison est si forte qu'il est impossible de ne pas se gratter. Linné dit que les Poux préservent les enfants du rhume de cerveau ou coryza, de la toux, de la cécité, de l'épilepsie, etc., il ajoute qu'on les voit descendre le long des tempes lorsque le temps menace de la pluie ! Cette espèce porte le nom entomologique de *Pediculus cervical s*, et le nom vulgaire de *Pou de la tête*.

116. *Pediculus cervicalis*, Lat. — Longueur, 2 mill. ? 1/4. La peau est plus dure et plus colorée que celle du Pou du corps; il est un peu plus petit; sa couleur est un cendré assez foncé; son corselet est un carré long; il est bordé de chaque côté, ainsi que les anneaux de l'abdomen, d'une raie noire ou brun-obscur, divisée en petits traits ou taches, selon le nombre des segments, et ces segments sont profondément découpés.

On peut détruire ces Poux en répandant sur la tête rasée du tabac en poudre, ou de la poudre des semences indiquées ci-dessus en y ajoutant celles de la Dauphinelle, pied d'alouette. L'onguent mercuriel simple, appelé onguent gris, employé en friction très légère, les tue immédiatement. Mais il peut être dangereux de les détruire, de les faire disparaître instantanément, et l'on devra consulter un médecin prudent et expérimenté avant d'agir.

Le Pou du pubis n'est connu que des personnes sales et malpropres, peu délicates dans le choix de leurs relations. Il s'attache aux poils du pubis et à ceux des aisselles. Sa piqûre est plus vive que celle des espèces précédentes, et les démangeaisons qu'elle occasionne sont plus insupportables. Il est plus commun dans les climats chauds que dans les zones froides et tempérées. Cet insecte, à cause de sa forme subtriangulaire, de son thorax large se confondant avec l'abdomen, de la force de ses pattes postérieures, a été placé dans un genre particulier appelé *Phthirius*. Son nom entomologique est *Phthirius inguinalis, Pathirius pubis,* et son nom vulgaire *Pou inguinal, Pou du pubis, Morpion.*

117 *Pediculus (phthirius) pubis*, Lin. — Longueur, 2 mill. Il est à peu près de la taille des précédents; son corps est plus large, moins allongé, en forme de cœur; son corselet est si court qu'il se confond presque avec l'abdomen; celui-ci a deux crénelures plus allongées que les autres, en forme de cornes, placées vers l'extrémité; ses pattes sont très fortes, surtout les postérieures, dont les pinces sont roussâtres; sa couleur est plus brune et sa consistance plus ferme que celles des Poux de la tête et du corps.

On se débarrasse de cet insecte en frottant les parties qui lui servent de refuge avec de l'onguent mercuriel simple, dit onguentgris, qui le tue immédiatement. On peut encore se servir d'huile en frictions, de tabac en poudre ou en décoction, d'essence de térébenthine, de benzine, etc.

———

118 à 125. — Les Poux des Animaux domestiques.

(*Haematopinus piliferus*, Den.; — *eurysternus*, Nitz.; — *vituli*, L.;
— *stenopis*, Burm.; — *tenuirostris*, Burm.; — *asini*, Red., etc.;
— *suis*, L.; — *apri*, G.

Les animaux sauvages et les animaux domestiques sont exposés aux atteintes des Poux et en sont grandement incommodés lorsque ces parasites se multiplient extraordinairement sur leurs corps ; ils maigrissent alors, perdent une partie de leurs forces, et leur poil, en désordre, n'a plus son lustre accoutumé. Il n'est peut être aucun animal qui ne nourrisse de son sang une et quelquefois deux espèces de ces parasites, appelés vulgairement Poux, mais qui diffèrent assez des véritables Poux par les formes de leurs corps, pour que les zoologistes les aient classés dans un genre particulier.

On n'a pas fait d'observations aussi précises sur les Poux des animaux que sur ceux de l'homme ; mais on peut supposer avec vraisemblance que leur développement est à peu près le même à cause de leur similitude et de leur manière générale de vivre, qui ne paraît pas différer. Ils établissent leur séjour entre les poils des animaux ; ils sucent le sang de ces derniers en piquant leur peau et excitent une démangeaison qui oblige l'animal à se frotter ; souvent les poils tombent dans les endroits où ces insectes se multiplient le plus, comme la crinière et la queue du cheval, le toupet et le col du bœuf, et partout le corps de la brebis. Il n'est pas rare de voir la galle, les dartres, les ulcères artificiels naître de telles morsures, surtout quand elles sont nombreuses et répétées depuis longtemps.

Ceux de ces petits animaux dont on va parler appartiennent au genre Pou (*Pediculus*, Lin.), lequel a été divisé en plusieurs autres et est devenu la tribu des Pédiculés. Ils se classent maintenant dans le genre *Haematopinus*. Ce sont des animaux de petite taille, dont la tête est petite, tronquée en-devant ou obtuse, dont le thorax est généralement plus étroit que l'abdomen et en est distinct, dont les segments moyens de ce dernier sont bien séparés, souvent dentés ou en saillie aiguë à leur bord ; dont les pattes de derrière sont quelquefois les plus longues, ayant deux ou trois fois la longueur de celles de devant. Les espèces qu'il importe de signaler sont les suivantes :

118. *Haematopinus piliferus*, Burm. — Longueur, 2 mill. Il est de couleur testacée unie, grêle, couvert de poils pâles, serrés : la tête est courte, large, de la longueur du thorax ; l'abdomen présente neuf segments ; les pattes sont épaisses et égales.

Il vit sur le chien. Son nom vulgaire est *Pou pilifère*, *Pou de chien*.

119. *Haematopinus eurysternus*, Nitz. — Longueur, 1 mill. 1/3. La tête et le thorax sont testacés ; ce dernier est très large ; l'abdomen est blanc, formé de neuf segments ; les stigmates sont saillants au bord latéral des segments ; les pattes sont testacées, épaisses et égales.

Il se trouve sur le bœuf et le cheval. Son nom vulgaire est *Pou eurysterne*.

120. *Haematopinus vituli*, Lin. — Longueur, 2 mill. 2/3. La tête et le thorax sont gris : l'abdomen est gros, terminé en pointe, d'un gris plombé bleuâtre ; les pattes sont courtes, grosses et grises.

On le trouve sur le veau et rarement sur le bœuf. Son nom vulgaire est *Pou du veau*. On présume qu'il est le même que le *Pediculus vituli*, Lin ; mais il se rapporte certainement au *Pou du bœuf à ventre de couleur plombée*, Geoff. On le trouve encore désigné sous le nom de *Pediculus Eurysternus*, ce qui tend à le confondre avec le précédent, dont il est bien distinct.

121. *Haematopinus stenopis*, Burm. — Longueur, 2 mill. Il est testacé, unicolore ; l'abdomen est allongé, ovale, de neuf segments, couvert de poils longs, épais ; la tête est allongée, étroite, plus longue que le thorax ; les pattes sont épaisses et égales.

Il vit sur la chèvre domestique. Son nom vulgaire est *Pou stenops.*

122. *Haematopinus tenuirostris*, Burm. — Longueur, 2 mill. Il est brun, avec l'abdomen pâle ; les segments abdominaux, au nombre de neuf, portent latéralement les stigmates sur une plaque cornée ; la tête est allongée, étroite, écl ancrée en arrière des antennes ; les pattes sont égales et épaisses.

Il vit en parasite sur le cheval, ainsi que le *Pediculus Eurysternus.* Son nom vulgaire est *Pou tenuirostre.*

123. *Haematopinus asini*, Red. — Longueur, 3 mill. 1/2. La tête est allongée, étroite, profondément sinueuse derrière les antennes ; l'abdomen est oval, de couleur obscure, ferrugineuse et striée, avec des excroissances cornées autour des stigmates ; il est formé de neuf segments ; les pattes sont épaisses et égales.

Il vit sur l'âne et porte le nom vulgaire de *Pou d'âne.*

124. *Hamatopinus suis*, Lin. — Longueur, 3 mill. Il est brun, avec l'abdomen blanc ; les segments de l'abdomen ont de chaque côté une plaque cornée noire qui porte le stigmate ; ils sont au nombre de neuf; la tête est étroite, allongée ; les pattes sont étroites et égales.

On le trouve sur le cochon. Son nom vulgaire est *Pou du cochon.*

125. *Haematopinus apri*, G. — Longueur, 2 mill. 1/2. Il est d'une assez forte taille, d'un brun-ferrugineux noirâtre (desséché) et lisse ; la tête est allongée, ovale, terminée en pointe obtuse ; les

antennes sont formées de cinq articles, allant en diminuant un peu de grosseur jusqu'au bout; elles sont insérées sur le milieu des côtés de la tête; les yeux se trouvent derrière les antennes; le corselet est bi-parti ou formé de deux segments, dont le premier est un peu plus large que la tête, et le deuxième un peu plus large que le premier; les deux ensemble sont à peine aussi longs que la tête; l'abdomen est ovale, plus large que le corselet, une fois et demie aussi long que large, formé de neuf segments dentelés sur les côtés; les pattes sont égales, très fortes; les tibias sont dilatés à l'extrémité, qui est concave, de manière à faire pince avec le crochet du tarse.

Il a été trouvé sur un jeune sanglier. Son nom vulgaire est *Pou du sanglier*.

Lorsqu'on voudra débarrasser les animaux des Poux qui les tourmentent, on devra commencer par s'assurer si ces parasites sont en petit nombre sur l'animal qui les nourrit et s'ils s'y propagent par suite de la malpropreté et du manque de soins. Dans ce cas, on s'empressera de remédier à ces négligences en tenant l'étable ou l'écurie propre, en étrillant et brossant l'animal, de manière à débarrasser ses poils et ses crins de la poussière et de la crasse qui s'y sont accumulées; cela suffira pour le délivrer de ses Poux. Si ces parasites se sont accumulés en grand nombre sur certaines parties du corps, on lavera ces parties avec une décoction de tabac et de staphisaigre, ou on les frottera légèrement avec de l'essence de térébenthine, ou avec de longuent mercuriel simple, appelé onguent gris, ce qui les fera périr à l'instant. Si les Poux reparaissent en grand nombre après ces soins et ces opérations, on devra présumer que l'animal est atteint d'une maladie qui favorise leur multiplication et on devra appeler un médecin vétérinaire qui tâchera de le guérir par un traitement interne approprié à la cause de la maladie, sans négliger la vermine qu'il combattra par les lotions et les frictions; et lorsqu'il aura rendu la santé à l'animal, les Poux disparaîtront pour ne plus revenir.

126 à 129. — **Les Ricins des Animaux domestiques.**

(*Trichodectes sphaerocephalus*, Nitz.; — *scolaris*, Nitz.; — *latus*, Nitz.; — *subrostratus*, Nitz.).

Les Ricins sont des parasites qui ont beaucoup d'analogie avec les Poux. Les anciens zoologistes les confondaient avec eux et les rangeaient dans le genre *Pediculus*, et, comme ils vivent en général sur les oiseaux, ils les appelaient Poux des Oiseaux. Mais ces Poux diffèrent de ceux de l'homme et des animaux par des caractères essentiels tirés de la forme de la bouche, ce qui a engagé les zoologistes modernes à les placer dans un genre particulier, le genre *Ricinus*, et même à créer pour eux une tribu spéciale, la tribu des Ricinoïdes, voisine de celle des Pédiculés, lesquelles composent ensemble l'ordre des Parasites ou Epizoaires.

La bouche des Ricins est armée de deux espèces de mandibules ou de crochets écailleux et pourvue de deux lèvres; leurs antennes sont composées de trois à cinq articles, fourchues à l'extrémité chez les mâles; leur corselet parait bi-parti ou formé de deux segments; ils sont pourvus de six pattes et manquent toujours d'ailes. Ils se tiennent sur la peau des animaux et surtout des oiseaux à laquelle ils s'attachent par les crochets de leurs pattes et sucent le sang de la petite blessure qu'ils font; ils rongent aussi les parties les plus tendres des plumes.

Quelques espèces de cette tribu se trouvent sur les quadrupèdes, mais elles sont en petit nombre et sont comprises dans le genre *Trichodectes*, dont les caractères sont d'avoir la tête déprimée, scutiforme ou en forme d'écu de bouclier, horizontale; le prothorax plus large que la tête; la bouche placée en-dessous; les mandibules bidentées à l'extrémité; les antennes tri-articulées, filiformes; le thorax bi-parti ou formé de deux segments; l'abdomen composé de neuf segments; les tarses recourbés, terminés par un seul crochet.

Les espèces qu'il importe de connaître sont les suivantes :

126. *Trichodectes sphærocephalus*, Nitz. — Longueur, 1 mill. 1/2. Il est blanchâtre, sétigère ou portant des soies sur son corps, avec une tache médiane et deux longitudinales obscures sur la tête et neuf bandes transverses de la même couleur sur l'abdomen ; la tête est orbiculaire ; le thorax est étranglé à son milieu ; le premier segment est petit, subconique ; le deuxième est plus court que large ; l'abdomen est ovale, garni latéralement d'un faisceau de poils sur chaque segment ; les crochets des tarses sont très grands.

On le trouve fréquemment dans la laine des moutons. On lui donne le nom vulgaire de *Ricin du mouton*, *Pou du mouton* ; c'est le *Pediculus ovis*, Lin.

127. *Trichodestes scularis*, Nitz. — Longueur, 1 mill. 1/2. Il est très petit et blanc ; la tête est un peu fauve ; les pattes sont fauves, avec l'extrémité blanche ; il porte sur l'abdomen huit bandes d'un rouge-fauve, et en-dessous cinq bandes transverses seulement semblables à celles de dessus ; ces bandes, tant en dessus qu'en dessous, ne vont pas jusqu'aux bords de l'admomen ; les bords cependant paraissent plus foncés à cause de huit points de couleur brune dont ils sont tachés.

Il vit sur le bœuf ou sur la vache. C'est le *Pediculis bovis*, Lin. Son nom vulgaire est *Ricin scalaire* ou *Pou scalaire*, *Ricin du bœuf*, ou *Pou du bœuf*.

128. *Trichodectes latus*, Nitz. — Longueur, 1 mill. 1/2. La tête est angulaire jaunàtre, tachetée de brun ; l'abdomen est blanchàtre, ovale, dentelé sur les bords ; le corselet est très court.

Il vit sur le chien, particulièrement dans le jeune âge. Il porte le nom vulgaire de *Ricin large*, *Pou large du chien*.

129. On cite encore le *Trichodectes subrostratus*, Nitz.; qui vit

sur le chat, dont la longueur est de 1 mill. 1/3, qui a le sinciput ou dessus de la tête allongé, trigone, ou à trois côtés, et bi-tuberculé à l'extrémité.

Le nom vulgaire de cette espèce est *Ricin du chat* ou *Pou du chat*.

Les animaux atteints par les Ricins doivent être traités de la même manière que ceux qui sont envahis par les Poux.

—

130 à 146. — **Les Ricins des Oiseaux domestiques**.

(*Philopterus pavonis*, Nitz.; — *falcicornis*, Nitz.; — *analis*, Nitz.; — *gallinæ*, Litz, etc.).

Les Ricins qui vivent sur les oiseaux sont extrêmement nombreux en espèces, car il n'est peut-être aucun oiseau qui n'en nourrisse une, et beaucoup d'entre eux en nourrissent deux ou trois espèces. Ces parasites se tiennent sur toutes les parties du corps, mais, en général, ils préfèrent le dessous des ailes. Ils rongent les parties les plus tendres des plumes, ainsi que l'épiderme, et sucent le sang des petites blessures qu'ils produisent. Ils sont compris, pour la plupart, dans le genre *Philopterus*, qui indique leur prédilection pour les ailes, et ce genre lui-même a été subdivisé en plusieurs autres. Les caractères qu'on lui assigne sont les suivants: la tête est déprimée, horizontale, scutiforme ou en forme d'écu et de bouclier; la bouche est placée en-dessous; les antennes sont composées de cinq articles, dont le troisième envoie souvent un rameau chez le mâle; le thorax est bi-parti ou divisé en deux segments, avec le prothorax plus étroit que la tête; l'abdomen est composé de neuf segments; les tarses sont recourbés, bi-articulés et terminés par deux crochets.

Les espèces qu'il importe le plus de connaître sont:

130. *Philopterus pavonis*, Nitz. — Il est l'un des plus grands

14

du genre ; sa tête est large, échancrée sur les côtés, dilatée et mucronée postérieurement ; son abdomen est grand, presque arrondi, un peu lobé, à lignes brunes transversales et latérales.

Le mâle a les antennes fourchues, à premier article muni d'une dent ; la femelle les a simples, sans dent à la base.

Il vit sur le Paon. Son nom vulgaire est *Ricin du paon*, *Pou du paon*.

131. *Philopterus falcicornis*, Nitz. — Sa tête est arrondie antérieurement, avec les angles temporaux très grands ; son thorax est cordiforme, anguleux antérieurement ; son abdomen est court, rétréci à la base, élargi au sommet ; il est d'un gris sale, avec une bande longitudinale sur l'abdomen.

Il se trouve sur le Paon comme le précédent. On a soupçonné qu'ils ne forment pas deux espèces distinctes, mais que se sont les deux sexes de la même espèce qui serait le *Pediculus pavonis*, Lin. Ce qui n'est pas vraisemblable, puisque ce dernier a ses deux sexes décrits. Le nom vulgaire du *Ricinus falcicornis* est *Ricin falcicorne*.

132. *Philopterus stylifer*, Nitz. — Longueur, 3 mill. La tête est arrondie antérieuremeut, avec les angles temporaux prolongés en pointe aiguë et munis de deux autres épines plus petites à leur bord postérieur ; le thorax est étranglé antérieurement, rhomboïdal, cordiforme postérieurement et s'avançant sur l'abdomen ; le dernier anneau de celui-ci est profondément bilobé, avec un stylet à chaque lobe, d'un gris sale, avec une tache brune, oblongue, transversale, et une rangée de points sur les six segments intermédiaires.

Il vit sur le dindon. C'est probablement le *Pediculus meleagridis*, Lin. Latreille a donné de ce dernier la description qui suit :

133. *Ricinus meleagridis*, Lat. — Sa tête est aplatie, arrondie

en-devant, et forme par derrière des angles aigus, presque semblables à des dents pointues ; son corselet, figuré en cœur, a des
angles de chaque côté ; son abdomen, composé de huit ou neuf
anneaux, est gris sur les côtés et blanc au milieu dans toute s₁
longueur.

134 et 135. Outre cette espèce, le Dindon nourrit deux autres
parasites, savoir : le *Philopterus polytrapezinus*, Nitz., et le *Liotheum stramineum*, Nitz. Les Léothés sont des Ricins dont les
antennes, formées de quatre articles, ont le dernier article globuleux, porté sur un pédicule et les tarses droits, terminés par deux
crochets distincts.

136. *Philopterus anatis*, Nitz. — Il est allongé ; la tête est d'un
jaune luisant ; l'abdomen est blanchâtre, avec deux bandes latérales noires.

Il se trouve sur le Canard et l'Oie domestiques. Son nom vulgaire est *Ricin du canard*. C'est le *Pediculus anatis*, Fab. On le
désigne aussi sous le nom de *Philopterus squalidus*, Nitz.

137. *Philopterus anseris*, Lat. — Le corps est filiforme, d'un
blanc-grisâtre ; les bords de l'abdomen sont ponctués de noir.

Il vit sur l'Oie. C'est le *Pediculis anseris*, Lin.

138. *Philopterus gallinæ*, Lat. — Sa tête est arrondie en-
devant et représente un croissant dont les pointes regardent le
corselet ; celui-ci est court, large, armé de chaque côté d'une
pointe droite, aiguë, saillante ; le ventre est allongé ; tout le corps
est parsemé de poils gris ; les antennes sont fort courtes.

Il se tient sur la Poule domestique. C'est le *Pediculus gallinæ*,
Lin. On lui donne aussi le nom de *Philopterus hologaster*, Nitz.
Son nom vulgaire est *Ricin de la poule*.

139. *Philopterus caponis*, Lat. — Sa tête est blanche, arrondie
en-devant ; son corselet est large, anguleux ou pointu sur les
côtés ; son ventre est aplati et finit en pointe mousse ; ses bords

sont noirs et le milieu est blanc, transparent, à l'exception d'une tache noire vers le corselet qui est le cœur, selon Geoffroy. Les antennes sont petites et l'insecte les tient souvent en mouvement.

Il vit en parasite sur le chapon et le coq. C'est le *Pediculus caponis*, Lin. On lui donne aussi le nom de *Philopterus variabilis*, Nitz. Son nom vulgaire est *Ricin du chapon*.

140, 141 et 142. On trouve encore, sur le chapon, deux autres parasites ; le *Philopterus heterographus*, Nitz., et le *Liotheum pallidum*, et sur le coq le *Philopterus dissimilis*, Nitz.

143. *Philopterus columbæ*, Lat. — Longueur, 3 mill. Il est long, étroit, presque filiforme, on peu plus large cependant vers la partie inférieure du ventre ; sa tête est allongée, en fuseau, avec des antennes filiformes presque aussi longues qu'elle ; son abdomen est fort étroit du haut ; son corps est d'un blanc-jaunâtre bordé des deux côtés d'une raie brune ; cette bordure est plus rougeâtre chez les jeunes qui ont le corps plus blanc.

Il vit sur les Pigeons et les Tourterelles. C'est le *Pediculus columbæ*, Lin. On l'appelle aussi *Philopterus bacculus*, Nitz. Son nom vulgaire est *Ricin du pigeon*.

144 et 145. On trouve encore sur les Pigeons deux autres espèces parasites, savoir : le *Philopterus claviformis*, Nitz., et le *Liotheum turbinatum*, Nitz.

146. *Philopterus phasiani*, Lat. — Sa tête est ovale, grande ; son corselet est très court ; son abdomen est globuleux, obtus.

On le trouve sur le Faisan ; c'est le *Pediculus phasiani*, Fab. Son nom vulgaire est *Ricin du faisan*.

J'ai vu un parasite récolté sur un faisan dont j'ai fait la description suivante :

Philopterus phasiani? G. — Longueur, 2 mill. 1/3. Il est allongé, blanchâtre ; la tête est d'un blanc-jaunâtre, subtriangu-

laire, arrondie en-devant, ayant les côtés rentrés et les angles postérieurs arrondis et saillants ; le corselet est de la longueur de la
tête, petit, beaucoup moins large que cette dernière, avec une
pointe de chaque côté ; l'abdomen est en ovale allongé, deux fois
et demi aussi long que la tête et le thorax, dentelé sur les côtés,
avec des poils à chaque dent ; il présente une nuance brune tout
le long du dos ; les côtés sont blanchâtres, ainsi que les pattes.

On prévient l'invasion des Poux sur les oiseaux domestiques en
tenant proprement les lieux qu'ils habitent, en les nettoyant souvent, en changeant et nettoyant la paille qui en couvre le sol, en
lavant les perchoirs, en blanchissant à la chaux les parois des
murs, en les nourrissant convenablement, de manière à entretenir
leur bonne santé. Si une volaille est envahie par les Poux, on
répandra du tabac ou du poivre entre ses plumes, ce qui les fera
périr, ou on la frottera légèrement avec de l'onguent mercuriel
simple, ou bien avec de l'essence de térébenthine qu'on étendra
légèrement avec un pinceau. Si après ces opérations les Poux reparaissent, ce sera une preuve que l'animal est malade, et il faudra tâcher de le guérir en lui administrant des remèdes appropriés
à sa situation. Si on parvient à lui rendre la santé, les Poux disparaîtront d'eux-mêmes.

—

147. — La Lépisme du sucre.

(*Lepisma saccharina*, Lin.).

On peut être curieux de savoir le nom d'un petit animal allongé,
un peu déprimé, brillant comme de l'argent, dont le corps est
terminé par trois soies, qui court avec agilité et que l'on rencontre
souvent dans les maisons, particulièrement dans les lieux obscurs,
qui se cache dans les fentes des chassis qui restent fermés ou
qu'on ouvre rarement, sous les planches un peu humides, dans
les armoires, dans les boites à insectes qui ne sont pas herméti-

quement fermées, dans les boites à sucre, etc., et de savoir si ce petit animal est nuisible ou innocent.

Si on l'examine avec soin, on reconnait que son corps est couvert de petites écailles argentées, brillantes ; que ses deux antennes sont sétacées et fort longues ; que sa bouche est composée d'un labre, de deux mandibules presque membraneuses ; de deux mâchoires portant chacune un palpe de cinq ou de six articles, et d'une lèvre à quatre découpures, munie de deux palpes de quatre articles ; que les yeux sont très petits, fort écartés et composés d'un petit nombre de grains ; que le thorax est formé de trois segments ; que l'abdomen se rétrécit peu à peu vers son extrémité postérieure et porte de chaque côté du ventre une rangée de petits appendices placés sur un court article et terminés en pointes soyeuses ; les derniers sont plus longs ; que de l'anus sort une espèce de stylet écailleux, comprimé et de deux pièces, et ensuite les trois soies artificielles qui se prolongent au-delà du corps ; que les six pattes thoraciques sont courtes et que leurs hanches sont longues.

La faiblesse des mandibules de ce petit animal ne lui permet pas de ronger les corps durs, et l'on peut douter qu'il entame le sucre. Il est probable qu'il se nourrit de substances molles, de petits insectes qui ressemblent à des Poux et qui sont des Névroptères, du genre *Psocus*, privés d'ailes, que l'on trouve dans les lieux qu'il habite, ou de petits Podurelles qui sont d'autres animaux à corps mou, dont l'abdomen est terminé par deux filets qui se replient en-dessous du ventre et qui leur donnent la faculté de sauter, et peut-être aussi de végétations parasites qui croissent sur le bois humide.

Ce petit animal est rangé dans la classe des insectes dans l'ordre des Thysanoures, dans la famille des Lépismènes, et dans le genre *Lepisma*. Son nom entomologique est *Lepisma saccharina*, et son nom vulgaire *Lépisme du sucre* ; on le nomme aussi quelquefois *Petit Poisson d'argent*.

147. *Lepisma saccharina*, Lin. — Longueur, 8 mill. Le corps est couvert de nombreuses écailles d'une couleur argentée un peu plombée, sans taches ; la tête est tronquée en-devant ; les antennes sont un peu moins longues que le corps ; les filets de la queue sont au nombre de trois, égaux en longueur et sont légèrement tachés de ferrugineux ; les six pattes sont argentées et le dessous du corps est blanchâtre.

On pense que cet insecte est originaire d'Amérique. Linné dit qu'il habite dans les sucreries de ce pays, qu'il a été transporté en Europe par les vaisseaux du commerce et s'est ensuite répandu partout. Il ajoute qu'il mange les livres et les vêtements, ce qui parait douteux d'après la remarque, rapportée plus haut, faite par Latreille, sur la faiblesse de ses mandibules.

—

148. — Les Scolopendres.

(*Scolopendra morsitans*, Vill.; — *forficata*, Lin.; — *Geophilus electricus*, Lin.).

Les animaux connus sous le nom de Mille-Pieds, que tout le monde a pu remarquer, sont des insectes dans la méthode de Latreille et forment son ordre des Myriapodes. Ils sont les seuls de la classe des insectes qui ont plus de six pattes dans leur état parfait et dont l'abdomen n'est pas distinct du corselet. Leur corps, qui est toujours dépourvu d'ailes, est composé d'une suite ordinairement considérable de segments, le plus souvent égaux, et portant chacun, à l'exception des premiers, une ou deux paires de pattes, le plus souvent terminées par un seul crochet, quelquefois les anneaux sont partagés en deux demi segments ayant chacun une paire de pattes, mais seulement une paire de stigmates. Leur tête porte deux antennes formées d'un nombre d'articles plus ou moins considérables, à peu près égaux, et leur bouche est composée de plusieurs pièces ressemblant à des petites pattes. L'ordre des Myriapodes est divisé en deux familles; celle des Chilognathes, dont tous les insectes ont sept articles aux antennes, et celle des Chilopodes, dont les articles ont quatorze articles aux antennes ou un plus grand nombre. Cette dernière renferme le genre Scolopendre des anciens auteurs, qui contient quelques espèces nuisibles.

Les Scolopendres ont le corps plat, allongé, linéaire, formé de vingt-un segments, à peu près égaux, recouverts d'une plaque coriace, portant chacun une paire de pattes, dont la dernière, plus longue que les autres, est rejetée en arrière en forme de queues. On y compte neuf paires de stigmates. La tête est ovalaire, plate, pourvue de longues mandibules pointues appelées aussi forcipules, et de plusieurs mâchoires en forme de petites pattes. Les yeux sont au nombre de huit, quatre de chaque côté, et les antennes sont formées de dix-sept articles qui vont en diminuant de grosseur de la base à l'extrémité.

Ces animaux courent très vite, sont carnassiers, fuient la lumière et se cachent sous les pierres, les vieilles écorces soulevées, sous les poutres couchées sur le sol, dans la terre. Ils se nourrissent de vers de terre, de petits insectes qu'ils tuent avec leurs mandibules. Les Scolopendres sont réputées vénimeuses, parce que quand on les prend, elles écartent les crochets de leur bouche avec lesquelles elles tâchent de mordre, et que dans l'endroit qu'elles ont mordu il survient une enflure assez douloureuse occasionnée par le venin versé dans la plaie par les crochets qui sont percés dans le sens de leur longueur. Les habitants des pays chauds, comme les contrées intertropicales, les redoutent beaucoup parce que les espèces y sont d'une grande taille et que leur venin y est plus actif. Mais dans nos pays du centre et du nord de la France les espèces les plus grandes ne sont pas signalées pour avoir produit, par leurs morsures, des accidents bien dangereux, soit que le venin qui sort de leurs mandibules n'agisse que faiblement sur l'homme, soit plutôt qu'il ne pénètre pas assez profondément pour se mêler au sang et à la lymphe et causer des désordres dans les environs de la blessure. Les Scolopendres pondent leurs œufs dans la terre ou dans les endroits cachés. Les petits, à leur naissance, n'ont que six pattes et en acquièrent de nouvelles en grandissant et à chaque mue qu'ils subissent. Les espèces que l'on peut signaler sont les suivantes :

148. *Scolopendra morsitans*, Will. — Longueur, 9 centimètres. Le corps est aplati, à segments à peu près carrés, de couleur fauve variée de verdâtre sur le dos, et de fauve rougeâtre sur les pinces et les pattes postérieures; les antennes et les pattes sont d'un fauve-pâle ; les crochets des pattes et les épines des cuisses postérieures sont noirs, ainsi que les crochets des pinces et les dents ; les pattes de derrière sont assez courtes, aplaties, à cuisses larges, avec quatre ou cinq épines à leur bord interne et deux épines en-dessous.

Cette espèce se trouve dans le midi de la France. Elle a été décrite, selon Gervais, sous les noms de *Scolopendra cingulata*, *Scolopendra complanata*, Lat., parce qu'elle offre des variétés de nuances et de dimensions. Sous la dénomination de *Morsitans* ou *Morsicans*, on a confondu plusieurs espèces qui se ressemblent beaucoup et dont on fait des espèces distinctes.

On rencontre très fréquemment dans nos climats, sous les pierres, sous les morceaux de bois couchés à terre, sous les écorces soulevées et humides, des Scolopendres auxquelles la description de la *morsitans* s'applique plus ou moins exactement, mais qui sont d'une taille beaucoup moindre que celle que l'on donne à cette dernière, soit parce qu'elles ne sont pas encore arrivées à toute leur taille, soit parce qu'elles constituent une espèce distincte. Leur longueur ne dépasse pas 3 à 4 centimètres. Elles paraissent se rapporter à la *Scolopendra forcipata*, Lin.

149. *Scolopendra forcipata*, Lin. — Elle est rousse et possède

quinze paires de pattes ; les antennes sont deux fois aussi longues
que la tête, composées d'un très grand nombre d'articles courts,
environ quarante-deux. Le corps est formé de neuf anneaux écailleux, sans compter la tête ; les dernières pattes, les plus longues,
sont dirigées postérieurement et forment une espèce de queue
fourchue.

La famille des Chilopodes est formée de plusieurs genres dont
un, désigné sous le nom de *Geophilus*, renferme un insecte qu
mérite d'être signalé parce qu'on a constaté qu'il s'est introduit
dans le nez d'une personne et a causé d'assez graves accidents.

Les Géophiles ont le corps allongé, linéaire, formé d'un grand
nombre d'anneaux semblables, habituellement composés de deux
parties égales en-dessus et d'une seule partie en-dessous ; ils sont
privés d'yeux ; leurs antennes sont filiformes, composées de quatorze articles ; les pattes sont très nombreuses, depuis quarante
jusqu'à cent-cinquante ; elles sont courtes et les tarses simples ;
la dernière paire est palpiforme et non ambulatoire.

L'espèce qu'il convient de mentionner est le *Geophilus electricus*, vulgairement appelé *Scolopendre électrique*.

150. *Geophilus electricus*, Leach. — Longueur, 22 mill. Il est
linéaire, un peu fusiforme, plat en-dessus est en-dessous, de couleur d'ocre, avec la tête ferrugineuse et une bande noirâtre tout
le long du dos ; ses pattes sont au nombre de soixante-dix paires,
mais ce n'est que quand l'animal a atteint toute sa grandeur qu'il
les possède toutes, avant cette époque il en a moins ; ces pattes
sont courtes et forment comme deux rangs de cils ou de poils, un
de chaque côté de son corps ; les anneaux de ce dernier sont forts
courts et aussi nombreux que les paires de pattes ; les antennes
sont composées de dix-sept articles.

On le trouve sous les pierres, sur la terre ; pendant la nuit, au
moins à une certaine époque de sa vie, il répand une lumière blanchâtre, phosphorescente, un peu moins vive que celle du Ver-
luisant (*Lampyris noctiluca*).

Cette espèce s'est introduite dans les narines d'une personne sans qu'elle s'en aperçût, probablement pendant son sommeil, et a établi son domicile dans les fosses nasales. Sa présence et ses morsures ont produit des maux de tête violents et des sécrétions abondantes de mucus et de sang, et ces accidents n'ont cessé que par l'expulsion de l'animal qui est sorti de lui-même après une année de séjour dans le nez du malade.

On pourrait, dans un cas semblable, faire respirer de la benzine au malade ou de l'essence de térébenthine, ou l'engager à rendre par le nez la fumée du tabac d'une pipe. Il est probable que par ces moyens on expulserait l'insecte.

On agira prudemment en ne se laissant pas mordre par les Scolopendres d'une grande taille, surtout dans les parties du corps recouvertes d'une peau tendre et délicate. Si cet accident arrivait et qu'il en résultât enflure et douleur, il faudrait employer l'ammoniaque ou les autres remèdes indiqués précédemment contre les piqûres des abeilles, des guêpes, etc.

———

151 à 173. — **Les Acarides**.

(*Acaridæ*, Lat).

Les petits animaux dont on va parler se reconnaissent facilement en ce qu'ils sont pourvus de huit pattes, que leur tête est peu ou point apparente, qu'elle est privée d'antennes, que leur corps est formé d'une masse qui n'offre aucune distinction de corselet et de segments. Ils sont toujours aptères et ne subissent pas de métamorphoses. Ils sont compris dans la classe des Arachnides, dans la famille des Holètres (1) dont ils forment une tribu, celle des Acarides. Cette tribu renferme plusieurs animaux qu'il est important de connaitre parce qu'ils sont fort nuisibles.

(1) *Holètre,* tout ventre.

I.— Les Acarides ou Tiques des Animaux domestiques.

(Ixodes ricinus, Lat.; — *reticulatus*, Lat.; — *plumbeus*, Dug.; *reduvius*, Lat., etc.).

Les Tiques ont la tête fort petite; elle est armée d'un suçoir composé de trois pièces écailleuses, coniques, dont celle du milieu est plus longue que les deux autres et dentée en scie. Ces trois lames sont renfermées dans une gaine de deux valves que l'on considère comme des palpes; la gaine est plus courte que les lames et le tout imite un petit bec court, obtus, dilaté même à son extrémité. C'est avec cet instrument que les Tiques percent la peau des animaux, y enfoncent leur tête qui est retenue par les dents du suçoir, et qu'elles pompent le sang dont elles se nourrissent. Elles ont le corps presque circulaire ou ovale, très plat lorsqu'elles ont jeûné longtemps et très volumineux lorsqu'elles sont repues. Leur peau est ferme, sans anneaux marqués; le corselet est incorporé dans la masse du corps et n'est sensible que par un petit espace arrondi, couvert d'une peau écailleuse située en avant immédiatement après le bec; les yeux ne sont presque pas apparents; les pattes, au nombre de huit, sont courtes, souvent recoquillées et placées à égale distance les unes des autres de chaque côté. Ces animaux sont peu agiles et se propagent par des œufs pondus par la mère.

Ils sont communs dans les taillis, dans les bois, les fourrés, les bruyères; c'est pour cela que les bestiaux qui ont coutume d'y paître ou les chiens de chasse qui les parcourent sont exposés à en être attaqués. Les hommes ne sont pas plus épargnés que les bêtes, et les Tiques trouvent le moyen de s'insinuer sous les vêtements et de s'attacher à la peau. Elles se suspendent aux broussailles ou aux feuilles par deux de leurs pattes, tenant les six autres écartées prêtes à s'accrocher à leur proie. Le ventre est très plat, comme on vient de le dire, lorsqu'elles sont à jeun,

mais par la succion du sang il s'enfle tellement que l'insecte occupe
un volume très considérable, relativement à sa grandeur primitive,
et qu'il n'est plus reconnaissable. Ces animaux multiplient prodigieusement et ont la vie très dure, à cause de la peau épaisse qui
les recouvre.

On a fait la remarque qu'en-dessous du ventre de plusieurs
Tiques se trouve attachée une autre Tique toute noire et luisante,
beaucoup plus petite, n'ayant guère que la grandeur d'une graine
de navet et qui leur embrasse le ventre avec ses pattes, se tenant
dans un profond repos. Cette petite Tique est ovale, aplatie en-
dessus comme en-dessous, couverte d'une peau écailleuse, chagrinée ; son corps est bordé des deux côtés et en arrière d'une
marge relevée, transparente, d'un brun-clair; ses huit pattes sont
fort longues et terminées par une petite vessie membraneuse,
accompagnée de crochets comme chez la grande Tique. La petite
se tient constamment attachée au ventre de la grande, exactement
entre ses pattes postérieures, la tête se trouvant toujours placée
dans l'endroit où se voit une petite partie relevée, et la trompe
enfoncée dans une éminence à laquelle se trouve une ouverture.
Elle garde cette position plusieurs jours de suite, se laissant em-
porter par la grande Tique. On pense que la petite Tique est le
mâle et que l'accouplement s'opère comme on vient de le décrire,
le mâle ayant les organes de son sexe dans les dépendances de la
trompe.

Les Tiques sont bien connues des habitants de la campagne et
des chasseurs sous le nom de *Poux de bois*. Les principales espèces à signaler sont les suivantes :

151. *Ixodes ricinus*, Lat. — Longueur, 3 mill. (à jeun), 6 mill.
(repus). Le corps est en ovale globuleux, d'un blanc-jaunâtre,
avec une tache ronde et noire à la base de l'abdomen en-dessus ;
l'anus est en-dessous de l'abdomen ; le thorax est à peine visible ;
la tête est très petite et le bec bifide; la tête et les pattes sont
noires.

On le trouve fréquemment sur les chiens de chasse. C'est l'*Acarus ricinus*, Lin. Son nom vulgaire est *Tique des chiens*, *Louvelle*.

152. *Ixodes reticulatus*, Lat. — Longueur, 11-14 mill. (repus). La tête, la plaque de la base de l'abdomen et la base des pattes sont noires; l'abdomen est cendré avec des petites taches et des lignes annulaires d'un brun-rougeâtre; les bords de l'abdomen sont striés; le bec et les pattes sont de la longueur du corselet.

Il vit sur les bœufs et s'y trouve quelquefois en si grand nombre qu'il les fait maigrir. On lui a donné aussi les noms de *Ixodes pictus*, Fab., et d'*Acorus pictus*, Fab. On le nomme vulgairement *Tique réticulée*.

153. *Ixodes reduvius*, Lat. — Longueur, 5 mill.; largeur, 7 mill. (repus). La tête, la plaque de l'abdomen et les pattes sont noires; l'abdomen est d'un rouge tirant sur le jaune; la plaque ou écusson est d'une forme ovée et d'un noir brillant.

On trouve cette espèce sur les moutons et les chiens. C'est l'*Acorus reduvius*, Lin. Son nom vulgaire est *Tique réduve*.

154. *Ixodes plumbeus*, Dup. — Il est ovale, un peu aplati, comparable à une petite fève; sa surface est lisse, luisante, d'un gris-plombé sans taches, ni marbrures; l'écusson est pentagonal; les hanches et les pattes sont brunes.

A jeun, il ressemble à une graine flétrie. Il vit en parasite sur les chiens. On lui donne aussi le nom de *Ixodes Dugesii*. Son nom vulgaire est *Tique plombée*.

155. *Ixodes megathyreus*, Leach. — Longueur, 6 mill. L'écusson est obovale, grand, brun, largement ponctué, échancré en-devant, marqué de chaque côté de deux petites lignes dépassant la moitié de sa longueur; le corps est brun, ainsi que les palpes

et les pattes ; ces dernières sont pâles à l'extrémité et à leurs jointures.

On le trouve en Angleterre sur les chiens et sur le hérisson. On l'a aussi rencontré en France, dans les environs de Nice. Son nom vulgaire est *Tique à grand bouclier*.

156. *Ixodes autumnalis*, Leach. — Le bouclier est ovalaire, subhexagone, d'un brun-ferrugineux, bordé de brun-ferrugineux ; les pattes sont ferrugineuses, avec les articulations pâles ; l'abdomen est plombé, marqué de trois lignes plus obscures ; les tarses sont pâles.

Cette espèce se trouve en Angleterre et vit sur les chiens.

Les Tiques, changeant de forme et souvent de couleur à mesure qu'elles se gorgent de sang, ne sont pas faciles à distinguer les unes des autres et à dénommer exactement.

On peut employer contre ces parasites les moyens indiqués pour faire périr les Poux. Les préparations mercurielles, telles que le mercure doux ou onguent gris sont, à ce qu'il paraît, les plus efficaces de tous pour les détruire. Il faut ordinairement faire usage plusieurs fois de suite de ces recettes, attendu que les Tiques ont la peau beaucoup plus dure que les Poux et qu'elles n'ont pas de stigmates apparents. Il est vraisemblable que si l'on touchait ces parasites avec un pinceau trempé dans l'essence de térébenthine on les ferait périr promptement et tomber d'eux-mêmes à terre. Il est fort difficile de les arracher lorsqu'ils ont enfoncé leur suçoir dans la peau, à cause des dentelures qui le garnissent et qui le retiennent dans la blessure, car les dents sont dirigées en arrière. Quelquefois en tirant avec effort on sépare la tête du corps, et la première, restant dans la plaie, occasionne une inflammation plus ou moins vive.

II. — La Tique des Pigeons.

(*Argas reflexus*, Lat.).

Les Pigeons nourrissent un parasite qui suce leur sang et qui se trouve quelquefois en très-grand nombre sur leur corps, surtout dans leur jeune âge. Il ressemble, pour la forme, aux Ixodes que l'on vient de décrire, mais son suçoir n'est pas engainé par les palpes pour former un bec assez épais comme chez ces derniers. Les palpes sont libres, coniques et formés de quatre articles; en outre le suçoir n'est pas porté en avant comme chez les Ixodes; il est inférieur ou situé en dessous. Ces caractères ont engagé les zoologistes modernes à le détacher du genre Ixode où il était placé pour le mettre dans un genre nouveau désigné par le nom de *Argas*.

157. *Argas reflexus*, Lat. — Il est d'un jaunâtre-pâle, avec des lignes couleur de sang foncé ou obscures et anostomosées. Sa couleur est violacée lorsqu'il est en repos; la bouche est située sous une saillie de la partie antérieure du corps et les palpes sont coniques, quadri-articulés.

Cette Tique peut vivre pendant plus de huit mois sans prendre de nourriture, lorsqu'une fois elle s'est gorgée de sang. Après ce long jeûne, elle ne paraît pas avoir diminué de volume. D'après Latreille, cet insecte a quelques lignes de longueur. Il est ovale, très aplati, d'un gris-jaunâtre, avec différents enfoncements plus obscurs. On le trouve dans les maisons au Midi de la France et en Italie.

Les moyens de destruction sont les mêmes que ceux indiqués contre les Ricins des oiseaux ou ceux que l'on vient d'indiquer contre les Tiques des Animaux.

III. — Les Acarides ou Mites de la gale.

(*Sarcoptes scabiei*, Lat.; — *equi*, St. D.).

La maladie connue sous le nom de gale atteint les hommes et
les animaux. Elle est produite par un très petit Acarus, une Mite
microscopique qui vit dans la peau et s'y multiplie considérablement. La Mite est différente selon l'animal qu'elle atteint et selon
la gale qu'elle produit. Voici ce que dit Linné au sujet de la Mite
de l'homme : « Cette Mite habite sous la peau, où elle cause la gale ;
elle y produit une petite vésicule, d'où elle ne s'éloigne guère.
Après avoir suivi les rides de la peau, elle se repose et excite une
démangeaison. Celui qui y est accoutumé peut aisément l'aperce-
voir à l'œil nu en-dessous de la peau ou de l'épiderme, et il est
facile de l'ôter avec une épingle. Quand on l'a place sur l'ongle,
elle ne remue presque point d'abord, mais en l'échauffant avec
l'haleine, elle se met à courir avec vitesse. » On voit par cette cita-
tion que la Mite s'introduit sous l'épiderme, qu'elle fait une petite
blessure dans la peau d'où sort une sérosité qui forme une pustule aqueuse au-dessus de la blessure. En rongeant et piquant la
peau pour se nourrir, elle occasionne une vive démangeaison qui
oblige à se gratter, d'où résultent des plaies et des croûtes et une
plus grande démangeaison. Les Mites s'accouplent dans leurs nids,
pondent des œufs qui produisent des petites Mites qui s'agrandissent promptement et s'établissent dans les environs, et donnent
plus d'étendue à la maladie. Quelquefois ces petits animaux sortent de leur demeure et se promènent sur la peau ; si alors ils
trouvent les mains d'une autre personne, ils passent dessus et portent la maladie sur cette personne. C'est ainsi que le contact d'un
galeux, soit au lit, soit dans un lieu chaud, amène ordinairement
la gale. Cependant cette Mite parait nocturne et ne sort de son
habitation que pendant la nuit, et le contact d'un galeux pendant
le jour n'est pas très dangereux.

15

Cette Mite fait partie du genre *Acarus*, Lin., qui est devenu la tribu des Acarides, et du genre *Sarcoptes*, Lat.

158. *Sarcoptes scabiei*, Lat. — Longueur, 1/3 de mill. Il est blanc, ponctiforme. Vu au microscope, il parait strié en arc de cercle à son pourtour et mamelonné au milieu; l'abdomen est terminé par deux grandes soies; les huit pattes sont un peu rousses; les quatre postérieures sont rudimentaires, terminées par une longue soie; les quatres antérieures sont saillantes, terminées par une petite vessie pédiculée; le museau est petit.

Il vit en parasite sur la peau de l'homme. On lui donne aussi le nom de *Sarcoptes hominis*, Rasp. Linné le désigne sous celui d'*Acarus exulcerans*. Son nom vulgaire est Mite de la gale. Il s'établit de préférence dans les parties où la peau est la plus fine, telles que l'intervalle des doigts, les poignets, la face interne des membres, les aisselles, les jarrets, les aines, et s'y propagerait indéfiniment si on n'y mettait obstacle par des remèdes.

159. *Sarcoptes equi*, St. D — Longueur, 1/3 de mill. Il est ponctiforme et microscopique, comme le précédent, de couleur blanche; les quatre pattes antérieures sont terminées par une pelotte vésiculeuse; les quatre postérieures sont insérées sur les côtés du corps et terminées par de longues soies; les pattes et le museau sont un peu roux.

Il vit en grand nombre dans les croûtes écailleuses qui recouvrent la peau des chevaux aux endroits atteints par la gale. Les auteurs varient sur ses dimensions; les uns disent qu'il est visible à l'œil nu, les autres qu'il n'a que 1/8 de millimètre de long. On l'a placé dans un genre particulier sous le nom de *Psoroptes*, et on l'a désigné par le nom de *Psoroptes equi*, Germ.

Le chien, le chat, la brebis et probablement d'autres animaux sont exposés à la gale qui est produite chez chacun d'eux, à ce qu'on présume, par une Mite particulière.

Puisque la gale est occasionnée par un petit animal, une sorte d'insecte, il suffit de faire périr cet animal pour que la guérison soit complète. On peut employer pour cela des frictions faite avec de la graisse mêlée à des substances qui lui donnent la mort, comme le soufre, le mercure, etc. On peut aussi se servir d'essence de térébenthine qui la tue sur le champ. Il faut que le remède pénètre dans la peau qui doit préalablement être nettoyée et amollie par des lotions d'eau savonneuse un peu chaude, afin que les pores en soient ouverts. Le remède doit être continué jusqu'à ce que les Mites soient toutes mortes et que les petits sortis de leurs œufs le soient également. Les conseils d'un médecin sont nécessaires non seulement pour le choix du remède, mais encore pour le mode de son emploi.

—

IV. — Les Acarides ou Mites domestiques.

(*Tyroglyphus domesticus*, Lat.; — *farinæ*, Lat.; — *lactis*, Lat., etc.).

Les Mites, excepté les Ixodes, sont des animaux de très petite taille, comme on a pu le voir par celles qui causent la gale de l'homme et des animaux ; elles sont privées d'antennes, sont pourvues de huit pattes et leur corselet est confondu avec l'abdomen. Elles sont excessivement nombreuses en espèces et en individus, ce qui a fait diviser le genre *Acarus*, Lin., qui autrefois les renfermait toutes, en plusieurs autres genres, en sorte que le genre primitif est devenu la tribu des Acarides.

Les Mites qui se trouvent sur les vivres et les provisions de bouche sont les plus communes. On les voit sur les différentes provisions de bouche qu'on garde dans les maisons; elles fourmillent sur le vieux fromage ; elles abondent sur la viande sèche ou fumée des garde-mangers, sur le vieux pain, les confitures sèches gardées longtemps, sur les insectes desséchés et les oiseaux empaillés des cabinets des naturalistes. Elles sont si petites, qu'elles échappent à la vue simple et qu'il faut un verre grossissant pour les observer. On voit qu'elles sont d'un blanc-sale rembruni et que leur peau est luisante et velue ; leur corps est ovale, peu rétréci au milieu, ayant de chaque côté comme un enfoncement ; il est lisse et on n'y remarque ni plis, ni rides ; sa partie antérieure est terminée en cône ou en une espèce de museau assez pointu, qui est la tête de l'animal, laquelle est confondue avec le corps même, dont elle fait le prolongement. La Mite peut la courber en-dessous et lui donner diverses inflexions. Elle a en-devant une petite partie pointue, divisée longitudinalement en deux pièces, qu'elle peut écarter et rapprocher l'une de l'autre ; ces pièces ont des petites pointes en forme de dentelure ; ce sont des mandibules composées d'une seule pince didactyle ou griffe cachée dans une lèvre sternale. Leur tête est encore garnie, des deux côtés, de deux autres parties allongées et mobiles terminées en pointe et hérissées de poils ; ce sont sans doute les bras de l'insecte, des espèces de palpes.

Les huit pattes sont courbées vers le plan de position et égales ; les quatre antérieures, dirigées en avant, sont plus grosses que les quatre postérieures dirigées en arrière ; elles sont terminées par une petite vessie à long col que l'animal peut renfler à volonté. Les femelles sont plus grosses que les mâles et portent au derrière une petite partie cylindrique creuse, comme un tuyau, qui donne peut-être passage aux œufs qu'elles pondent. Ces derniers sont ovales, transparents, d'une petitesse extrême. Huit jours après la ponte il en sort de très petites Mites qui, suivant Lœvenhock, n'ont que six pattes ; elles acquièrent les deux autres en grandissant et ces deux dernières forment la troisième paire.

Les Mites, comme on l'a dit plus haut, ont été partagées en plusieurs genres. Celles que l'on va signaler d'abord sont rangées dans le genre *Tyroglyphus*, renfermant ceux de ces insectes dont le corps est étranglé entre la deuxième et la troisième paire de pattes par une rainure transversale qui semble le partager en thorax et en abdomen. Les pattes sont à peu près égales et vésiculeuses.

160. *Tyroglyphus domesticus*, Lat. — Il est très petit ; la tête est distincte ; le corps est mou, pellucide, membraneux, luisant, ovalaire, raccourci, d'un blanc nacré, terminé par des soies ; les huit pattes sont égales et de la couleur du corps.

Il est excessivement nombreux sur le vieux fromage qu'il paraît réduire en poussière, mais cette poussière est formée des insectes eux-mêmes, de leurs œufs, de leurs petits et de leurs excréments. C'est l'*Acarus siro*, Lin. Il est connu sous les noms vulgaires de *Ciron*, de *Mite du fromage*.

161. On trouve encore sur le vieux fromage une autre espèce appelée *Tyroghyphus longior*, Lyon.

162. *Tyroglyphus farinæ*, Lat. — Il est très petit. La tête est distincte ; l'abdomen est hyalin, muni de soies. Les quatre pattes postérieures sont plus longues que les autres. La tête et les cuisses sont ferrugineuses.

On le trouve dans la farine gâtée. Il est connu sous les noms vulgaires de Mite de la *farine*, de *ciron*. Il a été confondu avec l'espèce précédente.

163. *Tyroglyphus lactis*, Lat. — Il est très petit ; l'abdomen est ové, obtus, terminé par quatre soies inclinées ou écartées, aussi longues que lui, le corps est transparent, très obtus en arrière ; la tête et les pattes sont de couleur testacée.

On le trouve sur la vieille crème, sur le lait gardé et aigri, dans les vases à lait et à crème tenus malproprement. Son nom vulgaire est *Mite du lait*. C'est l'*Acarus lactis*, Lin.

164. *Tyroglyphus dyssenteriæ*, Lat. — Il est très petit ; le corps est transparent ; l'abdomen est ové, glabre, terminé par quatre soies horizontales distantes, un peu plus longues que lui, dont deux en-dessus et deux en-dessous, les pattes sont munies de deux soies, l'une au milieu, l'autre à l'extrémité.

On le trouve dans les tonneaux contenant des liqueurs fermentées et aigries. C'est l'*Acarus dyssenteriæ*, Lin.

Linné dit qu'il habite dans les tonneaux infectés de bière aigre, principalement dans les canelles et robinets, souvent dans les gerçures des vases en bois occasionnées par le soleil; qu'il se promène sur la bière de 10 heures du soir jusqu'à 10 heures du matin, et qu'il se cache le reste du temps dans les fentes sous le liquide. Nycander appelait la dyssenterie une gale des intestins. Il rapporte que des *Acarus* semblables à celui de la gale de l'homme (*Acarus exulserans*, Lin.), ont été constatés dans les déjections des personnes atteintes de cette maladie.

C'est probablement en buvant de la bière aigre que l'on avale ces petits insectes et qu'on les introduit dans les intestins, où ils deviennent une des causes de la dyssenterie. Mais ce fait a besoin d'être confirmé par de nouvelles observations pour être mis hors de doute.

Un autre genre de la tribu des Acarides, celui des *Dermanyssus*, renferme une Mite qu'il convient de citer. Les *Dermanyssus* ont le cinquième article des bras ou palpes le plus petit de tous; leur corps est ovale et mou; les pattes postérieures sont plus longues que les autres et les hanches de toutes les pattes sont rapprochées. L'espèce dont il s'agit est le *Dermanyssus avium*.

165. *Dermanyssus avium*, Lat. — Il est très petit, ovale, déprimé, un peu plus large en arrière, de couleur brune ou purpurine; le corps est mou; on y distingue une tache blanchâtre en forme de V. Le cinquième article des palpes est le plus petit.

On le trouve fréquemment en nombre considérable dans les batons creux en sureau ou en canne qui servent de perchoir aux petits oiseaux chantants, que l'on tient en cage. Ces pêtites Mites se tiennent cachées dans ces retraites pendant le jour et en sortent pendant la nuit pour se porter sur les oiseaux, se glisser entre leurs plumes et sucer leur sang. Leurs retraites sont plus ou moins

remplies par les Mites, par les peaux très fines qu'elles ont quit-
tées dans leurs mues et par les œufs qu'elles ont perdus. Les
petits n'ont que six pattes à leur naissance Cette espèce est l'*A-
carus avium*, de G.

166. *Acarus (dermanyssus) gallinæ*, Lat. Il est de forme ovale,
ayant vers le milieu du corps une inflexion ou un enfoncement qui
le divise en deux parties. Le corps, les pattes, les bras ou palpes
sont de couleur grisâtre, mais le corps est bordé, tant en dessus
qu'en-dessous, d'une large marge violette foncée, et en-dessus on
voit encore des taches de la même couleur. Les deux petits bras
de la tête sont courbés en-dessous, divisés en articulations et ont
de la ressemblance avec des petites pattes. Dans l'entre-deux se
trouve une longue pointe conique qui est la trompe. Les huit
pattes sont transparentes, longues, assez grosses et articulées, mais
les deux antérieures sont plus longues que les autres, et la Mite,
en marchant, les remue comme des antennes. Chaque patte est
terminée par un filet très délié, transparent, au bout duquel est
une vessie claire, flexible, que la Mite pose, en marchant, sur le
plan de position, et qui est armée en-dessous de deux petits crochets extrêmement fins. Ces Mites sont rases ou n'ont que quelques poils très courts sur le corps et les pattes. Elles sont très
vives et marchent avec beaucoup d'agilité.

Cette Mite est d'une taille très sensible et visible à l'œil nu. Elle
se trouve en grand nombre sur les poules, dont elle suce le sang.
De Geer en a parlé sous le nom d'*Acarus Gallinæ*, et Latreille, qui
l'a observée, en a donné la description ci-dessus.

167. *Dermanyssus gallopavonis*, de G. — Il est très petit; le
corps est mou, sans pièce clypéacée qui sépare le thorax de l'abdomen marqué de stries comparables à celles de la peau des doigts
de l'homme. On distingue des petites impressions circulaires,
nombreuses, serrées sur le dos. Le corps et les pattes sont
velus.

Il vit dans les plumes du dindon domestique et se nourrit du sang qu'il tire de la peau de cet oiseau.

Il est vraisemblable qu'il existe beaucoup d'autres Mites nuisibles aux animaux domestiques et à l'économie du ménage, qui n'ont pas été signalées. Ces très petits animaux sont difficiles à observer; ils ne peuvent être vus et décrits qu'au microscope; ils se ressemblent beaucoup et doivent être conservés dans l'esprit-de-vin, qui les altère plus ou moins; ils sont facilement confondus les uns avec les autres; d'ailleurs, les zoologistes qui consacrent leur temps à l'étude des Acarides sont en nombre extrêmement limité; il n'y en a peut être pas un sur mille de ceux qui s'occupent des Coléoptères ou des Lépidoptères; ce qui rend les progrès de la science très lents.

On prévient l'invasion des Mites en tenant en bon état les provisions de ménage, en ne les laissant pas trop vieillir, en ayant soin de nettoyer les vases qui les ont contenues aussitôt qu'ils sont vides. Si les Mites ont envahi un pot de confitures, il faut les faire tomber le plus possible avec les barbes d'une plume et recouvrir les confitures avec un papier blanc mouillé d'eau de-vie. Si c'est un fromage qui a été envahi, on commence par le nettoyer le mieux que l'on peut et on le rafraichit en le lavant avec du lait doux, opération qu'il faudra renouveler de temps en temps. Si de la viande sèche ou fumée se couvre de ces petits Acarides, on la nettoiera d'abord aussi bien que possible et on la lavera avec de l'eau salée. On doit visiter et nettoyer souvent les perchoirs creux des oiseaux tenus en cage et faire périr les Mites qui s'y trouvent cachées en les secouant sur le feu, en les écrasant dans leur gîte, en passant du vinaigre dans le tuyau ou en le plongeant dans l'eau bouillante.

Si une poule ou un autre oiseau de basse-cour est atteint par les Mites, on devra mettre entre les plumes du tabac en poudre ou du poivre ou mieux encore de la poudre de pyrèthre, ou les toucher vers la base avec un pinceau trempé dans l'essence de téré-

benthine. Par ces moyens ou d'autres analogues que les circonstances suggéreront, on détruira les Mites. De la propreté, de la
vigilance, des soins assidus sont les meilleurs moyens que l'on
puisse conseiller pour éviter ces petits animaux nuisibles, ainsi
que beaucoup d'autres qui nous portent préjudice.

—

V. — La Mite des Coléoptères.
(*Gamasus Coleoptratorum*, Lat.).

La tribu des Acarides renferme le genre *Gamasus*, dans lequel
se trouve une Mite qui mérite d'être mentionnée, quoiqu'elle ne
nous fasse pas un mal appréciable. Elle est très commune et s'attache au corps des Coléoptères et de beaucoup d'autres insectes
vivants, très supérieurs à elle pour la taille. Elle intéresse particulièrement les entomologistes.

Les insectes du genre *Gamasus* ont le corps ovale, leur tête
n'est pas apparente ; le cinquième article de leurs bras ou palpes
est le plus petit de tous ; leurs mandibules sont en pince didactyle ;
leur corps est coriace, le dessus est divisé en deux plaques ; la
première paire de pattes est la plus longue.

168. *Gamasus Coleoptratorum*, Lat. — Il est très petit ; le corps
est ovale, arrondi, roux, convexe et dur ; la tête et le cou sont à
peine visibles ; le dos est divisé en deux plaques, dont la postérieure est triangulaire et de moitié plus petite que l'antérieure ;
c'les sont séparées par un sillon transversal blanchâtre et entourées par une peau blanchâtre pareille à celle du sillon ; les pattes
sont agiles, hérissées de poils et les antérieures sont les plus
longues.

Cette Mite est de la grosseur environ d'une graine de pavot et
s'attache en grand nombre particulièrement au corps des Bourdons,
des Scarabées stercoraires, des Boucliers, des Nécrophores, etc.
Souvent on les voit parcourir le corps de ces insectes avec une

extrême vitesse, mais elles se tiennent ordinairement autour du cou des Bourdons et en-dessous du corps des Scarabées, et entre leurs pattes. On trouve abondamment cette espèce dans les bouses de vaches et les crottins desséchés, et c'est de là que les individus passent sur le corps des Coléoptères qui vivent dans ces matières.

Quoique ces Mites s'attachent au corps des Coléoptères et d'autres insectes, il n'est pas bien certain qu'elles les sucent et tirent d'eux leur nourriture, en un mot qu'elles vivent en parasite sur les insectes. Réaumur a exprimé ce doute, et son opinion est d'un grand poids. Plusieurs naturalistes pensent que ces Mites empruntent le corps de ces insectes pour se transporter d'un lieu à un autre où elles ont besoin d'aller; ne pouvant pas s'y rendre en marchant; elles ont l'instinct de monter sur des insectes ailés qui les y transportent au vol et les y conduisent sans fatigue pour elles. Il n'y a pas eu, jusqu'à ce jour, d'observations scrupuleusement faites pour appuyer cette opinion qu'on ne peut pas encore regarder comme une vérité acquise à la science.

—

VI. — La Mite tisserande et la Mite du faucheur.

(*Trombidium telarium*, Herm.; — *phalangii*, Dug.)

La tribu des Acarides renferme le genre *Trombidium*, dans lequel se trouvent quelques espèces plus ou moins nuisibles qu'il convient de signaler. Les caractères auxquels on reconnaît les Mites du genre *Trombidium*, de Latreille, sont, d'avoir l'organe que cet entomologiste appelle antenne-pince en griffe ou terminé par un crochet mobile, les palpes saillants, pointus au bout, avec un appendice mobile ou une espèce de doigt sous leur extrémité; deux yeux situés chacun au bout d'un pédicule fixe, et le corps divisé en deux parties, dont la première ou l'antérieure très petite, porte, outre les yeux et la bouche, les deux premières paires de pattes.

Le type de ce genre est le *Trombidium holosericeum*, Fab., ou la *Tique rouge satinée terrestre*, Geof., qui est très commune dans les jardins et sur les murs des maisons exposées au soleil, sur les jambages des croisées, sur les vitres, et que tout le monde a remarqué à cause de sa belle couleur rouge veloutée. On le cite pour donner un exemple de la forme des petits animaux de ce genre, qui est très nombreux en espèces et qui a été partagé en plusieurs autres, dont un, appelé *Tetranychus*, renferme plusieurs espèces nuisibles aux végétaux. La principale est le

169. *Trombydium (Tetranychus) telarium*, Herm. -- Il est très petit, à peine visible à l'œil nu, de couleur jaunâtre; les palpes sont gros, courts, conoïdes, appliqués sur une lèvre triangulaire, formant une sorte de tête obtuse et bifurquée; le corps est ovalaire, plus étroit en arrière, un peu saillant en devant, quelquefois sinueux sur les flancs; la peau est garnie de poils rares et longs, on voit une tache jaune de chaque côté du dos; les pattes sont peu longues, mais les antérieures sont les plus allongées; les hanches forment deux groupes écartés; celui des quatre pattes antérieures et celui des quatre pattes postérieures.

On lui donne le nom vulgaire de *Trombidion tisserand* ou de *Mite tisserande*. On le voit au mois d'août en très grande quantité sous les feuilles de plusieurs végétaux, particulièrement sous celles du tilleul. Il nuit beaucoup aux plantes que l'on cultive dans les serres, à celles qui végètent dans des emplacements privés du grand air. Cette Mite se tient en société très nombreuse et ces animalcules sucent la sève des feuilles avec leur trompe. Elles tapissent d'une soie très fine la surface inférieure des feuilles qui sont retenues dans une position roulée et qui souffrent beaucoup de la présence de ce tissu formé de fils très fins et parallèles. La soie est secrétée par une papille conique située en-dessous du corps, vers la partie postérieure, et les fils sont dirigés et rangés en ordre par les crochets des tarses.

On a observé d'autres espèces du même genre qui se tiennent plus particulièrement sur certains végétaux, tels que les :

170. *Trombidium tiliarum*, Herm., qui se plaît sous les feuilles du tilleul et de la rose-trémière, et qui ressemble beaucoup au précédent.

171. *Trombidium lapidum*, Herm. — Trouvé sous les pierres et sur la surface duvéteuse des feuilles du prunier.

172. *Trombidium lintearium*, L. D., qui vit en société sur les arbustes et qui les revêt d'une toile fine, blanchâtre, comparable à celle des araignées.

173. *Trombidium prunicolor*, Dug. — Trouvé en société au mois de juillet et d'août sur les feuilles du laurier thym. Tous ces Trombidions font partie du genre *Tetranychus*.

Il me reste à parler d'une espèce de Trombidion qui ne nous porte aucun préjudice dans son âge adulte, mais qui, dans son enfance ou son jeune âge, nous est souvent fort incommode ; c'est le *Trombidium phalangii*.

174. *Trombidium phalangii*, Dug., *jeune*. — Il est ovalaire, égalant à peine une graine de moutarde, d'un beau rouge-orangé luisant, peu velu sur le corps, un peu plus velu sur les pattes, qui sont au nombre de six ; le suçoir est en forme de tête mobile, composé d'une lèvre et de deux palpes serrés sur elle, demi-transparent.

Adulte. — Le corps est renflé, subtriangulaire, avec les angles très obtus, d'un aspect velouté, hérissé de poils lamelleux, paraissant plumeux à un fort grossissement du microscope, d'une couleur écarlate ; l'avant-train, les pattes et le bec sont à demi-transparents et de couleur safranée ; les deux yeux sont d'un rouge foncé et sont portés sur une espèce d'auricule ; les pattes sont au nombre de huit et les postérieures sont les plus longues.

Il se tient, pendant son jeune âge, sur les faucheurs (*Phalangium*), et tourmente surtout les femelles. Il se place particulièrement derrière leurs hanches postérieures. Il n'est personne qui n'ait remarqué dans la campagne ou dans les jardins un petit animal monté sur huit pattes grêles et très longues, ressemblant grossièrement à une araignée ; cet animal est un faucheur. Lorsqu'on en prend un pour l'examiner, on remarque ordinairement des points rouges sous son corps, ayant une petite saillie comme une gaine arrondie. Ces points sont le petit Trombidium dans son jeune âge. Il se retire dans les fissures du sol pour se transformer en une sorte de pupe ovoïde, lisse, semblable à un petit œuf d'un jaune-rouge, de laquelle sort, au bout de deux mois, l'insecte parfait.

Ce très petit insecte, pendant son jeune âge, c'est-à-dire pendant tout le temps qu'il n'a que six pattes, était connu depuis longtemps sous les noms vulgaires de *Rouget*, de *Vendangeron*, d'*Août*, selon les provinces. Latreille, qui ignorait qu'en grandissant il acquérait une quatrième paire de pattes, en avait fait le type d'un genre particulier dans la tribu des Acarides, sous le nom de *Leptus autumnalis*, qu'on a dû supprimer. Dans cet état d'enfance, il est quelquefois très incommode, et il arrive souvent qu'en se promenant en automne dans un jardin dont quelques parties ont été négligées et où il croît différentes plantes, surtout des Graminées, on éprouve aux jambes des démangeaisons fort vives. Cette incommodité est produite par une petite Mite rouge qui est précisément l'enfance du *Trombidium phalangii*. Elle se place ordinairement à la racine des poils des jambes et s'introduit dans la peau. Elle habite aussi les campagnes et est plus commune dans le Midi de la France que dans le Nord. Elle tourmente les personnes sur lesquelles elle est placée, presque autant que la gale. On peut l'extraire avec un peu d'adresse en se servant d'une épingle et s'en débarrasser. On calme les démangeaisons qu'elle cause en lavant avec du vinaigre les parties affectées.

175 et 176. — **Les Scorpions**.

(*Scorpio occitanus*, Amor.; — *europæus*, *Lin*.).

Linné et les naturalistes ses contemporains rangeaient les Scorpions dans la classe des insectes par la raison que leur corps est composé de segments ou d'anneaux distincts. Latreille et les zoologistes modernes ayant égard aux différences qui existent dans l'organisation extérieure et intérieure de ces animaux, et celles des véritables insectes, les ont séparés de ces derniers pour les placer dans la classe des Arachnides, dans l'ordre des Pulmonaires, dans la famille des Pédipalpes et dans la tribu des Scorpionides. On croit devoir en parler ici parce que ces animaux sont redoutés, qu'on en trouve dans le Midi de la France et qu'ils sont encore regardés comme des insectes par les personnes qui n'ont pas des notions précises sur les animaux invertébrés et articulés.

Les Scorpions sont reconnaissables, au premier aspect, par leurs deux longs bras en forme de pattes d'écrevisse qu'ils portent à leur tête, laquelle est confondue avec le thorax; celui-ci l'est lui-même avec l'abdomen, qui se termine par une longue queue articulée, finissant en pointe très aiguë, et par leur huit pattes. Voici ce que Latreille en dit: « Les Scorpions ont le corps long et terminé brusquement par une queue longue, grêle, composée de six nœuds, dont le dernier finit en pointe arquée et très aiguë, ou en dard, sous l'extrémité duquel sont deux petits trous servant d'issue à une liqueur vénimeuse contenue dans un réservoir intérieur; leur thorax, en forme de carré long et ordinairement marqué dans son milieu d'un sillon longitudinal, a, de chaque côté, près de son extrémité antérieure, trois ou deux yeux lisses rapprochés; les palpes sont très grands, avec une serre au bout, en forme de main (on les désigne sous les noms de mandibules, antennes, pinces, chélicères); leur premier article forme une mâchoire concave et arrondie. A l'origine des quatre pieds antérieurs est un appendice triangulaire, et ces pièces forment, par leur rapprochement, l'apparence d'une lèvre à quatre divisions.

L'abdomen est composé de douze anneaux, ceux de la queue compris; le premier est divisé en deux parties, dont l'antérieur porte les organes sexuels et l'autre les deux peignes. Ces appendices sont composés d'une pièce principale, étroite, allongée, articulée, mobile à sa base, et garnie, le long de son côté inférieur, d'une suite de petites lames réunies avec elle par une articulation, étroites, allongées, creuses intérieurement, parallèles, imitant les dents d'un peigne; leur nombre est plus ou moins considérable, selon les espèces. On n'a pas encore déterminé, par des expériences positives, quel est l'usage de ces appendices. Les quatre anneaux suivants ont chacun une paire de socs pulmonaires et de stigmates. Immédiatement après le sixième, l'abdomen se rétrécit brusquement, et les six autres anneaux, sous la forme de nœuds, composent la queue. Tous les tarses sont semblables, de trois articles, avec deux crochets au bout du dernier.

Les Scorpions habitent les pays chauds, vivent à terre, se cachent sous les pierres ou d'autres corps, le plus souvent dans les masures ou dans les lieux sombres et frais, et même dans l'intérieur des maisons. Ils courent vite en recourbant leur queue en forme d'arc sur le dos; ils la dirigent en tout sens et s'en servent comme d'une arme offensive et défensive. Ils saisissent avec leurs serres les Cloportes et les différents insectes, tels que: Carabes, Charançons, Orthoptères, etc, dont ils se nourrissent, les piquent avec l'aiguillon de leur queue en la portant en avant, et font ensuite passer leur proie entre leurs chélicères et leurs mâchoires. Ils sont très friands des œufs d'araignée et de ceux des insectes.

La piqûre du Scorpion d'Europe n'est pas, à ce qu'il paraît, ordinairement dangereuse; celle du Scorpion roussâtre des environs de Montpellier, qui est plus fort que le précédent, produit, d'après les expériences que le docteur Maccary a eu le courage de faire sur lui-même, des accidents plus graves et plus alarmants; le venin parait d'autant plus actif que le Scorpion est plus âgé. On emploie, pour en arrêter l'effet, l'alcali volatil, soit intérieurement, soit extérieurement.

Quelques naturalistes ont avancé que nos espèces indigènes produisent deux générations par an. Celle qui semble la mieux constatée a lieu au mois d'août. La femelle, dans l'accouplement, est renversée sur le dos. Suivant M. Maccary, elle change de peau avant de mettre bas ses petits. Le mâle en fait autant à la même époque.

Les espèces de Scorpion que l'on trouve en France sont les deux suivantes :

175. *Scorpio occitanus*, Amor. — Longueur totale, 8 cent. 1/2; la queue seule, 4 centimètres. Il est de couleur jaunâtre ou roussâtre, lavé de brun en-dessus; il est pourvu de huit yeux; les anneaux de l'abdomen sont finement granuleux; les carènes supérieures de la queue sont un peu crénelées; la carène médio-latérale est visible sur toute la longueur du premier et sur la moitié du deuxième et du troisième article; le dessous du dernier article de la queue est granuleux; il y a environ trente dents au peigne; les bras sont sub-quadrangulaires, un peu granuleux au bord antérieur, médiocrement renflés, un peu allongés, à doigts finement dentelés sur plusieurs rangées, à leur côté interne, plus longs que la main; la vésicule à venin est courte, bulbeuse en dessous; l'aiguillon est noirâtre.

On trouve cette espèce dans les environs de Montpellier et sur la montagne de Cette; elle se cache sous les pierres, se creuse une petite cavité dans le sol et ne sort que la nuit pour chercher sa nourriture. Les femelles sont vivipares, portent leurs petits sur leur dos pendant leur très jeune âge et veillent ainsi à leur conservation pendant l'espace d'un mois; après ce temps, ils se dispersent. Ce n'est qu'au bout de deux ans qu'ils sont en état d'engendrer. On lui donne le nom vulgaire de *Scorpion roussâtre*.

On fera très bien d'éviter sa piqûre, surtout lorsqu'il est reposé, que sa vésicule est remplie de venin et que le temps est chaud, Si on est atteint par son dard, il faut avoir recours à l'alcali volatil (ammoniaque), dont on prend quelques gouttes dans de l'eau sucrée et qu'on emploie en fomentations sur la blessure.

176. *Scorpio Europaeus*, Lin. — Longueur, 27 mill. Son brun très foncé, noirâtre ; les yeux sont au nombre de six ; ses bras sont anguleux, avec la main presque en cœur et l'article qui la précède uni-denté au côté interne ; la queue est plus courte que le corps, menue ; le cinquième nœud est allongé, le dernier est simple, d'un brun jaunâtre ; les pattes sont de cette dernière couleur ; les peignes ont chacun neuf dents.

Cette espèce, appelée vulgairement *Scorpion d'Europe*, se trouve dans le Midi de la France à partir du 44e de latitude. Elle se tient sous les pierres pendant le jour et pénètre jusque dans les maisons. Sa piqûre est moins dangereuse pour l'homme que celle du Scorpion roussâtre, parce que sa taille est moindre et qu'il verse moins de venin dans les blessures qu'il fait. On fera très bien cependant de ne pas s'exposer à son aiguillon.

Cette arme redoutable a été accordée aux Scorpions pour qu'ils puissent blesser et tuer les animaux dont ils font leur nourriture.

—

177 à 182. — Les Araignées.

(*Tegenaria domestica*, Walck. ; — *Lycosta tarentula*, Walck. ; — *Tomisus citreus*, Walck.).

Les Araignées ne sont plus comprises dans la classe des insectes ; elles font partie de celle des Arachnides à laquelle elles ont donné leur nom. Les anciens naturalistes, Linné, Geoffroy, de Geer, etc., les regardaient comme de véritables insectes qui entraient dans

16

l'ordre des Aptères, et dans l'opinion du peuple elles ne sont pas considérées autrement. Les Araignées sont connues de tout le monde, et chacun sait que ce sont des petits animaux composés d'un corps auquel est attaché, par un très court pédicule, un gros abdomen mollet ; qu'elles sont pourvues de huit pattes ; qu'elles filent des toiles dans lesquelles tombent les insectes dont elles se nourrissent ; qu'elles se tiennent dans les appartements, dans les écuries, dans les caves ; qu'on les trouve dans les jardins et dans la campagne, ainsi que dans les bois, et qu'elles sont un objet de répugnance et même d'horreur pour beaucoup de monde. Elles ne méritent pas cette réprobation, car elles sont généralement utiles, et s'il en est quelques-unes, en très petit nombre, qui ont été réputées nuisibles à l'homme, cette accusation n'est peut être pas bien fondée. C'est à cause de ces dernières que l'on fait mention de cette classe d'animaux invertébrés et articulés qui mérite d'être mieux connue qu'elle ne l'est généralement dans le monde.

Chez les Araignées, la tête est confondue avec le corselet, qui porte le nom de céphalo-thorax, et qui est d'une consistance assez ferme. La tête en occupe la partie antérieure ; on y remarque deux palpes articulés, en forme de petites pattes, terminées chez les femelles par un petit crochet et dont le dernier article chez les mâles porte divers appendices plus ou moins compliqués, servant à la génération. Les mandibules ou serres frontales sont terminées par un crochet mobile replié inférieurement, ayant en-dessus, près de son extrémité, toujours très pointue, une petite fente pour la sortie du venin renfermé dans une glande de l'article précédent. Les mâchoires sont au nombre de deux ; la languette est d'une seule pièce toujours extérieure et située entre les mâchoires, soit plus ou moins carrée, soit triangulaire ou demi-circulaire ; les yeux sont au nombre de six ou huit, petits, ronds, lisses, semblables aux stemmates des insectes et sont placés sur la partie antérieure du céphalo-thorax. Celui-ci présente ordinairement une impression en forme de V, indiquant l'espace occupé par la tête ; l'abdomen mobile, mou, est suspendu à sa partie postérieure par un pédicule très court; il est muni, dans tous, au-dessous de l'anus, de quatre ou six mamelons charnus au bout, cylindriques ou coniques, articulés, très rapprochés les uns des autres et percés à leur extrémité d'une infinité de petits trous pour le passage des fils soyeux d'une extrême ténuité, partant des réservoirs intérieurs. Les pattes, au nombre de huit, de formes identiques, mais de grandeurs variées, sont composées de sept articles : deux pour la hanche, un pour la cuisse, deux pour le tibia ou jambe et deux pour le tarse, dont le dernier est terminé par deux crochets ordinairement dentelés en peigne, et dans plusieurs par un troisième crochet lisse et petit. On remarque sous l'abdomen deux ou quatre stigmates servant à la respiration.

Le fil de soie que produisent les Araignées n'est pas simple; il est composé d'un grand nombre de fils excessivement fins, collés ensemble, qui sortent en même temps des différentes ouvertures des mamelons de la filière. Cette soie sert aux espèces sédentaires ou n'allant pas à la chasse de leur proie, à ourdir ces toiles d'un tissu plus ou moins serré, dont les formes et les positions varient selon les habitudes propres à chacune d'elle, et qui sont autant de pièges où les insectes dont elles se nourrissent se prennent ou s'embarrassent. A peine y sont ils arrêtés, au moyen des crochets de leurs tarses, que l'Araignée, tantôt placée au centre de son réseau ou au fond de sa toile, tantôt dans une habitation particulière située auprès et dans un des angles, accourt, s'approche de l'insecte, fait tous ses efforts pour le piquer avec son dard meurtrier, et distiller dans sa plaie un poison qui agit très promptement; lorsqu'il oppose une trop forte résistance ou qu'il serait dangereux de lutter contre lui, elle se retire un instant afin d'attendre que ses forces soient épuisées ou qu'il soit plus enlacé; ou bien si elle n'a rien à craindre, elle s'empresse de le garotter en dévidant autour de son corps des fils de soie qui l'enveloppent quelquefois entièrement et forment une couche le dérobant à nos regards.

La soie sert encore aux femelles à construire les cocons dans lesquels elles renferment leurs œufs. La contexture et la forme de ces cocons ou nids est diversement modifiée selon les habitudes des races. Ils sont généralement sphéroïdes; quelques-uns ont la forme d'un bonnet ou celle d'une timbale, on en connait qui sont portés sur un pédicule ou qui se terminent en massue. Des matières étrangères comme de la terre, des feuilles les recouvrent quelquefois, du moins partiellement. Un tissu plus fin, une sorte de bourre ou de duvet enveloppe souvent les œufs à l'intérieur.

Ces animaux étant très voraces, les mâles, pour ne pas être dévorés par les femelles, s'en approchent avec une extrême défiance et la plus grande circonspection. Ils tàtonnent avec leurs pattes antérieures pour voir si elles sont disposées à les souffrir et lorsqu'ils les croient bien disposées, ils appliquent alternativement, avec une grande promptitude, l'extrémité de leurs palpes sur le dessous du ventre de la femelle et opèrent ainsi la fécondation. Ils s'enfuient aussitôt après et sont quelquefois poursuivis, saisis et dévorés par la femelle. Voilà l'accouplement d'un petit nombre d'espèces de la famille des Orbitiles.

Latreille a constaté qu'une seule piqûre d'Araignée de moyenne grandeur fait périr la mouche domestique dans l'espace de quelques minutes. J'ai conservé, dans une boite, une Araignée diadème (*Aranea diadema*, Lin.; *Epeira diadema*, Walck.), d'une grande taille, ayant 16 millimètres de long sur 13 millimètres de large à l'abdomen, que j'ai nourrie pendant quelques jours. Elle saisissait sa proie avec ses pattes, la mordait au cou et la tuait sur champ. C'est de cette manière qu'elle a sucé sans danger des mouches communes, des *Pollenia rudis*, des *Calliphora vomitoria*; elle s'est rendue maitresse d'Abeilles domestiques et de Guêpes vulgaires qu'elle a piquées et tuées sans avoir été blessée par leur aiguillon; mais ayant ensuite engagé le combat avec une Guêpe frélon, elle a succombé. Elle a saisi la Guêpe avec les crochets de ses pattes pour la maintenir, afin de pouvoir la piquer, mais celle-ci, pour se dégager, a coupé trois ou quatre pattes et, devenue un peu plus libre, a plongé son aiguillon dans l'abdomen de son ennemie, qui est tombée morte à l'instant. Il est certain que les blessures des grandes Araignées crabes donnent la mort à de petits animaux vertébrés, tels que de petits oiseaux, des colibris, des pigeons, et peut produire dans l'homme un accès violent de fièvre; la piqûre même de quelques espèces de nos climats méridionaux a été, à ce que l'on rapporte, quelquefois mortelle. On peut donc, sans adopter toutes les fables qu'on a débitées sur la Tarentule, se défier, surtout dans les pays chauds, de la piqûre des Araignées et particulièrement des grosses espèces. Leur venin est de la même nature que celui des Scolopendres, des Hyménoptères Porte-Aiguillon et des Vipères; lorsqu'il se mêle au sang et à la lymphe, il produit des effets d'autant plus dangereux qu'il s'y trouve en plus grande quantité; mais lorsque les armes de ces insectes sont trop faibles pour l'y porter, il est sans aucun effet.

Les Araignées sont excessivement nombreuses en espèces, et de toute leur multitude je me contenterai de signaler les trois suivantes :

177. *Tegenaria domestica*, Walck. — Longueur, 16-18 mill. Elle est d'un cendré-rougeâtre; le céphalo-thorax est pubescent, plus étroit et moins long que l'abdomen, couvert de poils fauves et marqué de deux raies longitudinales brunes et de points marginaux formant deux autres raies; les yeux, situés sur le devant du céphalo-thorax sont au nombre de huit, distribués sur deux lignes, l'antérieure droite, la deuxième parallèle, mais un peu courbe; les mandibules sont d'un rouge brun; l'abdomen est velouté, grand, allongé, ovoïde, très bombé; le dos présente une bande large, longitudinale, d'un rouge-pâle, bordée de chaque côté de sept tarses diminuant de grandeur en allant vers la partie anale, de couleur jaunâtre, bordées de noir ou de brun; les côtés sont d'un fauve-rougeâtre parsemé de points noirs; le dessous est d'un jaunâtre

pâle. Les pattes sont fines, allongées, rougeâtres ou verdâtres en-dessus, tachées, de couleur foncée, mais ne formant pas d'anneaux; les première et quatrième paires sont les plus longues, la troisième est la plus courte.

Cette espèce fait partie de la famille des Pulmonaires fileuses ou Aranéides, de la tribu des Araignées, de la sous-tribu des Tubitèles et du genre *Tegenaria*. Son nom vulgaire est *Araignée domestique*.

Elle est connue de tout le monde parce qu'elle habite nos maisons, où on la voit fréquemment surtout à la campagne. On la poursuit avec acharnement dans tous les coins où elle se réfugie. Elle est un objet de dégoût et d'aversion pour beaucoup de personnes et même pour la plupart des femmes. On l'écrase impitoyablement si on la voit courir à terre ou contre les murs, et l'on attache même une idée superstitieuse à cet acte ; on dit, en lui donnant la mort: Araignée du matin, chagrin ; araignée du soir, espoir. Cet animal ne mérite pas une telle réprobation, car il ne nous fait aucun mal et nous rend au contraire quelques services en détruisant beaucoup d'insectes qui infestent nos maisons, tels que les Mouches domestiques, les Stomoxes, les Cousins, les Teignes, etc.

L'Araignée domestique habite nos appartements et construit dans les angles des murs et du plafond une grande toile horizontale, à tissu fin et serré, relevé vers les bords, enfoncée dans son milieu, soutenue en-dessus et garnie en-dessous de longs fils isolés comme un hamac suspendu et garanti du balancement par des cordes. Cette toile se termine dans un angle par un trou rond, à double ouverture, dont l'une est tournée en-dessus et l'autre se courbe vers le bas de la toile. L'Araignée se tient ordinairement dans ce trou, immobile, la tête tournée vers le dessus de la toile, épiant les mouches et les insectes qui s'y prennent, se précipitant sur eux avec une grande rapidité et les emportant dans son trou, souvent malgré leur vive résistance. Quelquefois elle garrotte sa proie en l'enveloppant de fils de soie qui la couvrent et lui ôtent l'usage de ses membres, et la suce ensuite. Elle construit un sac de soie en forme de bourse, lesté par des platras, pour y suspendre son cocon et recouvre l'entrée du sac avec une toile de soie. Le cocon est formé d'une toile mince et renferme environ cent-cinquante œufs ronds, d'un blanc-jaunâtre.

Si la chasse n'est pas fructueuse dans un emplacement, l'Araignée se transporte ailleurs pour y établir sa demeure et son piège. Ce sont les vieilles toiles abandonnées, chargées de poussière et tombant en lambeaux, suspendues aux plafonds et aux murs, qui sont dégoûtantes et nuisibles, et que l'on doit enlever non seulement dans les maisons, mais encore dans les écuries, les étables et les caves.

178. On trouve encore dans les maisons l'Araignée privée ou civile (*Tegenaria civilis*, Walck.), qui ressemble beaucoup à l'Araignée domestique, mais qui est un peu moins grande et qui en diffère par des couleurs plus claires, par les taches de l'abdomen et par la longueur relative des pattes, dont la quatrième paire est la plus longue; sa toile est petite et blanche; elle habite volontiers dans les caves et les lieux sombres.

179. *Latrodectus malmignatus*, Walck. — Longueur, 13 mill. Le céphalo-thorax est déprimé, resserré vers sa partie antérieure, de couleur noire; les yeux sont fauves, au nombre de huit, presque égaux et placés sur deux lignes écartées, un peu divergentes; l'abdomen est gros, renflé, globuleux, pointu à l'extrémité, de couleur noire; on y compte treize taches arrondies d'un rouge de sang en-dessus et deux taches transverses de la même couleur en-dessous; les pattes sont allongées; la première paire est la plus longue et la troisième la plus courte.

Cette espèce fait partie de la famille des Pulmonaires fileuses ou Aranéïdes, de la tribu des Araignées, de la sous-tribu des Inéquitèles et du genre *Latrodectus*. Son nom vulgaire est *Araignée malmignate*.

Elle se trouve en Corse, en Sardaigne et en Italie. Elle habite les champs et établit de longs fils sous les pierres ou dans les sillons qui arrêtent les Criquets, les Sauterelles et autres insectes qu'elle suce pour se nourrir; elle s'empare aussi des Scorpions qui tombent dans son piège, qu'elle tue et dont elle fait sa proie; elle s'accouple vers la fin de l'été et elle enveloppe ses œufs, au nombre de deux cents à quatre cents, dans un cocon de soie blanche de forme sphéroïde pointue à un bout; elle passe l'hiver engourdie dans une retraite qu'elle choisit parmi les pierres, les vieux murs, les fentes des rochers; son venin est très subtil et le devient encore plus par l'action de la chaleur; sa morsure est dangereuse et on dit que des hommes et des animaux en sont morts; mais le plus ordinairement le mal se dissipe au bout de trois ou quatre jours; elle est fort redoutée et on fera bien d'éviter ses morsures, et si on en est atteint, d'avoir recours à l'alcali volatil.

180. *Lycosa tarentula*, Walck. — Longueur, 27 mill. Le céphalo-thorax présente sur les côtés deux lignes rougeâtres qui se détachent sur un fond noir et aboutissent aux yeux latéraux de la première ligne; les yeux sont au nombre de huit, inégaux, placés sur les côtés et le devant du céphalo-thorax, disposés sur trois lignes; la première de quatre yeux, petits; les deux autres de deux yeux plus gros, formant un carré; les mandibules et les palpes sont revêtus en-dessus et à leur extrémité de poils roussâtres; les pattes sont grises en-dessus, marquées de lignes d'un blanc-vif et d'un noir très foncé au fémoral et au tibial; l'abdomen est en-dessus d'un fauve-brun, marqué de cinq ou six chevrons noirs qui se joignent, bordé de fauve plus clair ou de blanc-rougeâtre, dont les pointes sont tournées en avant; les deux antérieurs sont en triangle ou en fer de lance; le dessous est d'un rouge-fauve, avec une large bande transversale noire au milieu et une tache de la même couleur veloutée près des organes de la génération.

Elle entre dans la famille des Pulmonaires fileuses ou Aranéides, dans la tribu des Araignées, dans la sous-tribu des Citigrades, et dans le genre *Lycosa*, renfermant les espèces chasseuses, courant après leur proie, portant leur cocon attaché à l'anus, soignant leurs petits et les portant sur leur dos. Son nom vulgaire est *Araignée tarentule*, ou simplement *Tarentule*.

Elle se trouve dans le royaume de Naples, dans la Pouille et assez communément dans les environs de l'ancienne ville de Tarente, et de ceux de Bologne, de Florence, de Rome, etc. Elle habite les champs et se creuse un tuyau dans la terre pour son habitation ; elle lui donne 27 millimètres de diamètre et une longueur de 32 centimètres environ. Il est d'abord vertical, puis ensuite horizontal et enfin vertical ; elle le tapisse de soie blanche et se tient à l'affût au premier coude, prête à s'élancer sur l'insecte qui passe à l'entrée de ce piège.

On a écrit beaucoup de faits extraordinaires sur cette Araignée, attribués au venin qu'elle introduit dans la plaie que font ses mandibules ; les uns ont dit que ce venin produit des symptômes qui approchent de ceux de la fièvre maligne ; d'autres qu'il produit des taches érysipélateuses et des crampes légères ou des fourmillements. Les effets merveilleux qui ont été attribués au venin de la Tarentule sont que les accidents arrivés à la suite de la morsure se renouvellent tous les ans pendant l'été, et que ceux qui les éprouvent ne guérissent qu'au moyen de la fatigue et de la sueur produites par un violent exercice auquel certains individus atteints se livrent en jouant de la guitare, se mettant aussitôt à danser et à sauter jusqu'à ce que leurs forces soient épuisées. On ajoute que les *Tarentulés* ou ceux qui sont mordus par la Tarentule crient, soupirent, rient, dansent et font mille extravagances. Ils ne peuvent souffrir la vue du noir et du bleu, mais le bleu et le vert les réjouissent. Pour les guérir, on leur joue avec la guitare, le hautbois, la trompette et le tambour sicilien deux sortes d'airs, la *pastorale* et la *tarentula*, airs qui ont été notés avec soin. Alors les malades

se mettent à danser, sont bientôt baignés de sueur et accablés de
fatigue : on les met au lit, ils dorment et à leur réveil ils sont
guéris et ne se rappellent de rien. Mais ils ont des rechutes pendant vingt ou trente ans de suite, quelquefois toute leur vie.

Tous les faits rapportés par les auteurs qui ont écrit sur la Tarentule sont vrais jusqu'à un certain point. La morsure de cette Araignée cause de légers accidents, ordinairement sans danger. Quant
aux Tarentulés, c'étaient sans doute des personnes atteintes d'accès
de somnambulisme ou des crisiaques qui s'imaginaient avoir été
piqués par la Tarentule et qui entraient en crise soit spontané-
ment, soit à la vue de cette Araignée, soit au son des instruments,
et dont les accès se renouvelaient de temps à autre dans certaines
circonstances qui rappelaient au malade l'idée d'une crise, ou la
volonté, ou le besoin de l'éprouver. Leur état était analogue à
celui de convulsionnaires de saint Médard. On a donné à cet état
anormal de l'âme le nom de somnambulisme, qui ne lui convient
guère, faute d'un autre nom qui manque à notre langue pour le dé-
signer. Peut-être que celui de *ravissement* lui conviendrait mieux.

181. Une autre espèce du même genre, la *Lycosa narbonnensis*,
Walck., se trouve communément dans le Midi de la France, aux
environs de Montpellier et de Nimes. On ne dit pas que sa morsure soit dangereuse et qu'elle ait jamais produit des effets analo-
logues à ceux de la Tarentule.

182. *Thomisus citreus*, Walck., *femelle*. — Longueur, 8 mill.
La couleur générale est vert-pâle, ou blanche, ou jaune uni ; les
yeux sont au nombre de huit, presque égaux, occupant le devant
du céphalo-thorax et placés sur deux lignes en croissant ; l'abdomen est court et bombé, très large à sa partie postérieure qui est
arrondie, avec douze points enfoncés sur le milieu, disposés en
angle ou en pyramide ; il présente quelquefois deux bandes longitudinales plus ou moins rouges sur les côtés ; les pattes sont d'un
vert uni, étendues latéralement, les quatre postérieures sensiblement plus courtes que les quatre antérieures.

Mâle. Longueur, 5 mill. — L'abdomen est ovale, globuleux, d'un jaune-verdâtre et entouré d'une portion de cercle rouge, jaune ou brun-foncé sur la partie antérieure, et présentant à la partie postérieure, du milieu du dos à l'anus, deux lignes longitudinales et parallèles. Les jambes et les tarses antérieurs sont annelés de brun ou de noir.

Cette espèce est placée dans la famille des Pulmonaires fileuses ou Aranéides, dans la tribu des Araignées, la sous-tribu des Latérigrades et dans le genre *Thomisus*. Son nom vulgaire est *Araignée citron, Araignée calycine.*

Le genre *Thomisus* renferme des espèces qui marchent de côté, avec lenteur, qui épient leur proie, qui tendent des fils solitaires pour l'arrêter, qui se cachent dans des feuilles qu'elles rapprochent pour faire leur ponte. Leur cocon est aplati et elles le gardent assidûment. On trouve la Thomise citron sur les fleurs, dans la campagne, pendant les mois de juin et de juillet, surtout sur les ombelles de la carotte sauvage. On voit fréquemment la femelle dans le calice des roses ou des autres fleurs; c'est là qu'elle saisit les abeilles occupées à butiner, qu'elle les tue et les suce : elle en détruit un grand nombre et mérite d'être comptée au nombre des ennemis de ces industrieux et utiles insectes. C'est son industrie qui lui a fait donner par Linné le nom d'*Aranea calycina* (Araignée des calices). Son cocon renferme environ cinquante œufs. Elle se tient pour pondre dans une feuille d'arbre qu'elle plie en deux au moyen d'une toile blanche assez épaisse.

Les Araignées sont très fécondes et deviendraient prodigieusement nombreuses si elles n'avaient pas des ennemis qui en font une très grande destruction. On ne parlera ici que de ceux qui font partie de la classe des insectes et on se contentera de citer leurs noms. On doit d'abord signaler leurs parasites, c'est-à-dire les Ichneumoniens qui se développent dans leurs cocons et dont les larves se nourrissent de leurs œufs. On n'a fait jusqu'à ce jour qu'un petit nombre d'observations sur ce sujet, et l'on ignore quels sont les Ichneumoniens qui s'adressent aux espèces d'Araignées dont il vient d'être question ; mais on connait un certain nombre de ces parasites dont les larves vivent dans des cocons d'araignées dont les espèces ne sont pas toujours déterminées. On peut citer les : *Pimpla oculatoria*, Grav.; — *P. rufata*, Grav.; — *P. Fairmairi*, Lab ; — le *Polysphinetus carbonarius*, Grav ; — le *Cryptus titillator*, Grav.; — les *Hemiteles fulvipes*, Grav.; — *H. rufocinatus*, Grav.; — *H. palpator*, Grav.; - *H. splendidulus*, Grav.; — Plusieurs espèces du genre *Pezomachus* ; — les *Microgaster perspicuus*, N. d. E.; — *M. araneorum*, N. d. E. Ces parasites introduisent, à l'aide de leur tarière, leurs œufs dans les cocons renfermant les œufs des Araignées et les larves qui sortent de ces œufs mangent la plupart des œufs des araignées.

Dans une autre famille d'Hyménoptères, celle des Fouisseurs, on cite, comme destructeurs d'Araignées, les *Pompilus viaticus*, Fab.; — *P. plumbeus*, Fab.; — *P. rufipes*, V. de L. et l'*Anoplius albigena*, St F. — Les trois premiers établissent leur nid dans la terre et l'approvisionnent avec des araignées qu'ils saisissent sur le sol ou sur leurs toiles, ou sur les feuilles des arbres, qu'ils percent de leur aiguillon pour les engourdir, et qu'ils portent dans leurs nids pour la nourriture de leurs larves : le quatrième construit son nid contre une pierre ou le place dans une crevasse profonde de l'écorce d'un vieil arbre ; il lui donne la forme d'une demie-boule irrégulière, au centre de laquelle sont cinq ou six cellules. Il est entièrement formé de parcelles de terre fine, agglutinées au moyen d'une salive visqueuse que rend l'insecte, mais le mortier est peu consistant ; c'est pourquoi la mère qui le bâtit l'abrite de la pluie. Elle approvisionne chaque cellule avec une Araignée à laquelle elle coupe les pattes contre le corselet. Il est probable que toutes les espèces du genre Pompile font la chasse aux Araignées pour approvisionner leurs nids.

—

TABLE

DES INSECTES DÉCRITS OU CITÉS.

———

Pages.

Abeille domestique (Apis mellifica, L.) 107
Aglosse cuivrée (Aglossa cuprealis, L.) 119
— de la Graisse (Aglossa pinguinalis, L.) 116
Anoplius albigena, Dug., ennemi des Araignées. 252
Anthrène amourette (Anthrenus verbasci, Fab.). 34
— des Musées (Anthrenus museorum, Fab.). 34
— à broderie (A. pimpinellæ, Fab.) 33
Aoûtat (Tr. phalangii, Dug.) 236
Araignée citron (Thomisus citreus, Walck.). 251
— domestique (Tegenaria domestica, Walck.) 245
— erythricine (Dysdera erythricina, Walck.) (Détruit les
fourmis) 88
Araignée formivore (Argus formivorus, Walck.) 89
— malmignatus (Latrodectus malmignatus, Walck.) 247
— narbonnaise (Lycosa Narbonnensis, Walck.) 250
— Tarentule (Lycosa Tarentula, Walck.). 248
Blatte américaine, Kakerlac (Blatta americana, L.) 61
— germaine (Blatta germanica, L.) 64
— des Lapons (Blatta laponica, L.) 63
— livide (Blatta livida, Fab.). 64
Bombyx processionnaire (B. processioneæ, L. et B. pythiocampa,
Fab.) 111
Bourdon des Jardins (Bombus Hortorum, Fab.) 105

Bourdon des Mousses (Bombus Muscorum, Fab.) 105
— des Pierres (Bombus lapidarius, Fab.). 106
— terrestre (Bombus terrestris, Fab.). 106
Bracon Truncorum, G., parasite du Callidie sanguin. 52
Caffard, Blatte orientale (Blatta orientalis, L.) 62
Callidie sanguin (Callidium sanguineum, Fab.) 49
Callidium luridum, Fab. 56
— Ani, Fab. 56
— Bajulus, Fab. 56
Callidie variable (C. variabile, Fab., C. præustium, C.testaceum, Fab.) 55
Calosome sycophante (Calosome sycophante, Fab), parasite du
Bourdon procesionnaire. 114
Cantharide (Cantharis vesicatoria, Lat.) 41
Charençon du Riz (Sitophilus Oryzæ, Schæn.). 74
— paraplectique (Lixus paraplecticus, Fab.) 147
Chrysope aveuglant (Chrysops cæcutiens, Fab.) 147
— marbré (Chrysops marmoratus, Meig.) 19
Clairon des Alvéoles (Clerus alvearius, Lat.). 18
— des Ruches (Clerus apiarius, Lat.). 138
Cousin annelé (Culex annulatus, Meig.) 136
— commun (Culex pipiens L.) 139
— des Bois (Culex nemorosus, Meig.). 139
— maculipenne (Culex maculipennis, Meig.) 138
— orné (Culex ornatus, Meig.) 252
Cryptus titillatus, Grav. (Détruit les araignées). 37
Dermeste du Lard (Dermestes lardarius, L.). 39
— pelletier (Dermestes pellio, Fab.) 38
— du Renard (Dermestes vulpinus, Fab.) 13
Dytique (Dytiscus latissimus, L.) . . . .
Dytique marginalis, L.; D. circumflexus, Fab.; D. punctulatus, Fab.;
D. circumductus, L.; D. Rœselii, Fab. 14
Eutodon longiventris, parasite de l'Anobium paniceum 29
Eulophus pilicornis, parasite de l'Anobium paniceum 29
Eupelmus inermis, parasite du Ptilinus pectiniformis 32
Figites scutellaris, Lat., parasite des Mouches sarcophages . . . 183
Fourmi fugace (M. fugax, Lat.). 83
— fuligineuse (Formica fuliginosa, Lat.) 78
— mineuse (F. cunicularia, Lat.) 79
— des Gazons (Myrmica cœspitum, Lat.) 82
— noire (F. nigra, Lat.) 81

Fourmi ronge bois. (F. ligniperda, Lat.) 77
— unifaciée (M. unifasciata, Lat.). 83
Fourmilion, Myrmeleon formicarium, Lat., destructeur des fourmis. 87
Gracilie de l'Osier (Gracilia pygmæa, Serv.). 57
Guêpe frélon (Vespa crabro. L.). 95
— germaine (V. germanica, L.) 100
— vulgaire (V. vulgaris, Lat.) 97
Hemiteles completus, parasite du Ptilinus pectinicornis, ... 31
— fulvipes, Grav. 252
— palpator, Grav. 252
— rufocinatus, Grav. 252
— splendidulus, Grav., détruisent les araignées 252
— modestus, parasite de l'Anobium striatum. 29
Hippobosque du Cheval (Hippobosca equina. L. 189
Lépisme du Sucre (Lepisme saccharina, L.). 243
Lissonota arvicola, parasite du Ptilinus pectinicornis 31
Mélophage du Mouton (Mélophagus ovinus, Lat.) 191
Microgaster Araneorum, N. D. E. ; perspicuus, N. D. E. 252
Mite des Arbustes (Trombidium Lintearium, L. D.) 236
— des Coléoptères (Gamasus Coleoptratorum, Lat.) 233
— du Dindon (Dermanyssus gallopavonis, de G.) 231
— dyssentérique (Trombidium dyssenteriæ, Lat.) 229
— de la Farine (Tyroglyphus Farinæ, Lat.) 229
— du Faucheur (Trombidium Phalangii, Dug.) 236
— du Fromage (Tyroglyphus domesticus, Lat.). 229
— longue du Fromage) Tyroglyphus longior, Lyon.) 229
— de la Gale du Cheval (Sarcoptes Equi, St.-D. 226
— de la Gale de l'Homme (Sarcoptes Scabiei, Lat). 226
— du Lait (Trombidium Lactis, Lat) 229
— du Laurier (Trombidium prunicolor.) Dug. 235
— des Oiseaux (Dermanyssus Avium, Lat) 330
— des Pierres (Trombidium Lapidum, Herm. 236
— de la Poule (Acarus Gallinæ). 231
Mite des Tilleuls (T. Tiliarum, Herm.) 236
— tisserande (T. Telarium, Herm.). 235
Mouche bleue de la viande (Calliphora vomitoria, R. D.). . . . 176
— bourreau (M. carnifex, Macq.). 170
— bovine (M. bovina, R. D.). 167
— carnassière (Sarcophaga carnaria, Meig.). 180
— des Celliers (Drosophila cellaris, Fall.). 188

Mouche Corbeau (M. corvina, Fab.) 168

— domestique (Musca domestica, L.) 163

— du fromage (Piophila casei, Fall.). 184

— fulvibarbe (Call. fulvibarbis, R. D.). 179

— des Jardins (M. Hortorum, Meig.) 171

— météorique (Hydrothea meteorica, Macq.) 174

— hémorrhoïdale (Sarcophaga hemorrhoïdalis, Meig.). . . . 183

— rude (Pollenia rudis, Macq.). 173

— des Vaches (M. vaccina, R. D.) 169

— vagabonde (M. vagatoria, R. D.). 169

— vitripenne (M. vitripennis, Macq.) 170

Nécydale fauve (Necydalis rufa, L.) 59

Œstre du Bœuf (Hypoderma bovis, Cl.). 149

— du Cheval (Œstrus Equi, Cl.). 152

— du Mouton (Cephalemyia Ovis, Cl.) 157

— nasal (Œ. nasalis, L.). 155

— hemorrhoïdal (Œ. hemorrhoïdalis, L.) 155

Philanthe apivore (Philanthus apivorus, Lat.). 89

Pimpla favipes (Parasite de l'Anobium striatum) 29

— oculatoria, Grav. 252

— Fairmairi, Lab.. 252

— rufata, Grav. 252

Polysphineta elegans et soror (Parasites du Ptilinus pectinicornis). 31

Polysphinetus carbonarius, Grav. (Détruit les araignées). . . . 252

Pompilus plumbeus, Fab. 252

— rufipes, V. de L. 252

— viaticus, Fab. (Détruisent les araignées) 252

Pou de Chien (Hæmatopinus piliferus, Burm). 204

— du Cochon (H. suis, L.) 205

— Curysterne (Hæmatopinus curysternus, Nitz) 204

— de l'Ane (H. asini, Red.) 205

— de l'Homme (Pediculus humanus, L.). 200

— inguinal (Phtirius pubis, L.). 202

— des Malades (P. tabescentium, Burm.). 201

— du Sanglier (H. apri, G.) 205

— stenops, (H. stenopis, Burm.). 205

— de la Tète (P. cervicalis, Lat.) 201

— du Veau (Hæmatopinus Vituli, L.) 204

Ptilin flabellicorne, (Ptilinus flabellicornis, Meig.). 29

— pectinicorne (Pt. pectinicornis, Fab.). 31

Ptine voleur (Ptinus fur, L.). 20
Puce du Chat (Pulex Felis, Bor.) 196
— du Chien (Pulex Canis, Dug.) 195
— de l'Ecureuil. 197
— de l'Hirondelle 197
— du Lièvre 197
— ordinaire (Pulex irritans, L.). 194
— du Pigeon (Pulex Columbæ, Steph.) 196
— de la Poule 197
— du Rat. 197
— de la Souris. 197
Punaise à masque (Reduvius personatus, Fab.), parasite de la Punaise des lits. 69
Punaise des Lits (Cimex lectuarius. L.) 64
Ricin du Bœuf (Trichodectes scalaris, Nitz.) 208
— du Canard (Philoptèrus anatis, Nitz.) 211
— de Chapon (Ph. caponis. Lat.) 211
— du Chat (T. subrostratus, Nitz.) 209
— du Chien (T. latus, Nitz.) 208
— du Coq (Philopterus dissimilis, Nitz., et heterographus, Nitz.
   — Liotheum pallidum, Nitz). 212
— du Dindon (Philopterus stylifer, Nitz. — Ricinus meleagridis,
   Lat. — Philopterus polytrapezinus, Nitz. — Liotheum stramineum, Nitz.). 211
— du Faisan (Ph. phasiani, Lat.) 212
— falcicorne (Philopterus falcicornis, Nitz.) 210
— du Mouton (Trichodectes sphærocephalus, Nitz.). 208
— de l'Oie (Philopterus Anseris, L.) . . . . , 211
— du Paon (Philopterus Pavonis, Nitz.). 209
— du Pigeon (Ph. Columbæ, Lat. — P. clavicornis, Nitz. — Liotheum turbinatum, Nitz.) 212
— de la Poule (Philopterus Gallinæ, Lat.) 211
Rouget (Tr. phalangii, Dug.) 287
Scolopendre électrique (Geophilus electricus, Leach.). 218
   forficule (Sc. forcipata, L.). 217
   mordante (Sc. morsitans. Will.). . .) 217
Scorpions (Scorpio occitanus, amor et europæus, L.) 241
Spathius ferrugatus, (G., parasite du Callidie variable) 55
Stomoxe chrysocéphale (Stomox chrysocephala, Rob.-Desv.). . . . 160
— dentelé (Hæmatobia serrata. Macq.). 162

17

Stomoxe irritant (Hæmatobia irritans, R. D.) 161
   — perçant (Hæmatobia pungus, R. D.). 162
   — piquant (Stomox calcitrans, Geof.). 159
Taon d'automne (Tabanus autumnalis, L.). 144
   — des Bœufs (T. bovinus, L.) 141
   — bruyant (T. bromius, L.) 144
   — fauve (T. fulvus, Meig.). 142
   — luride (T. luridus. Meig.). 143
   — morio (T. morio, L.). 142
   — pluvial (Hematopia pluvialis. Meig.). 146
   — à quatre taches (T. quatuornotatus, Meig.). 145
   — rustique (T. rusticus, Fab.). 145
   — tropique (T. tropicus, L.). 143
Teigne à front jaune (Tinea flavifrontella, Fab.). 131
   — de la Cire (Galleria cereana, Lat.) 121
   — friande (Ephestia elutella, Stain.). 126
   — tripière (T. sarcitella, L.). 129
   — des Pelleteries (T. pellionella, L.) 131
   — des Tapisseries (T. tapezella, L.) . . . . , 128
   — des Ruches (Galleria alvearia, Lat.) . . . . , . . 123
Tenebrion Meunier (Tenebrio molitor, L.) 15
Termite flavicolle (Termis flavicollis, Fab.). 72
   — lucifuge (T. lucifugum, Ross.). 73
Tique d'automne (I. autumnalis, Leach.). 223
   — des Chiens (Ixodes ricinus, Lat.) 221
   — à grand bouclier (I. megathyreus, Leach.). 222
   — plombée (I. plumbeus, Dup.). 222
   — réduve (I. reduvius, Lat.). 222
   — réticulée (I. reticulatus, Lat.) 222
   — des Pigeons (Argas reflexus, Lat.) 224
Vendangeron (Tr phalangii, Dug.). 237
Vrillette damier (Anobium tessellatum, Fab.) 23
   — striée (Anobium striatum, Fab.) 26
   — de la Farine (Anobium paniceum, Fab.). 27
Xorides cryptiformis (Parasite du Ptilinus pectinicornis) 32

AUXERRE, IMPRIMERIE DE G. PERRIQUET.

www.ingramcontent.com/pod-product-compliance
Lightning Source LLC
Chambersburg PA
CBHW070548200326
41519CB00012B/2147